中國现代教育社团史

周谷城题

“中国现代教育社团史”丛书编委会

“中国现代教育社团史”丛书书目

《中国现代教育社团发展史论》
《中华教育改进社史》
《中华平民教育促进会史》
《生活教育社史》
《中华职业教育社史》
《江苏教育会史》
《全国教育会联合会史》
《中国教育学会史》
《无锡教育会史》
《中国社会教育社史》
《中国民生教育学会史》
《中国教育电影协会史》
《中国科学社史》
《通俗教育研究会史》
《国家教育协会史》
《中华图书馆协会史》
《少年中国学会史》
《中华儿童教育社史》
《新安旅行团史》
《留美中国学生联合会史》
《中华学艺社史》
《道德学社史》
《中华教育文化基金会史》
《中华基督教教育会史》
《华法教育会史》
《中华自然科学社史》
《寰球中国学生会史》
《华美协进社史》
《中国数学会史》
《澳门中华教育会史》

推进教育治理体系和治理能力现代化……推动社会参与教育治理常态化，建立健全社会参与学校管理和教育评价监管机制。

——《中国教育现代化 2035》

当前，我国改革开放正在逐步地深入和扩大，激发社会组织活力，在整个社会治理体系建设中具有重要作用。现代教育治理体系的建设，也迫切需要发挥专业的教育社团的积极作用。在这个大背景下，依据可靠的历史资料，回溯和评价历史上著名教育社团的产生、发展、组织方式和活动方式等，具有现实意义和社会价值。总的来说，这个项目设计视角独特，基础良好，具有较高的学术价值、实践价值和出版价值。

——石中英

教育社团组织与中国教育早期现代化，既是一个有丰富内涵的历史课题，更是一个极具现实意义的重大课题。由中国教育科学研究院储朝晖研究员领衔的学术团队，多年来在近代教育史这块园地上努力耕耘，多有创获，取得了可喜的成果，积累了深厚的知识储备。现在，他们选择一批有代表性、典型性、产生过重大影响的教育社团组织，列为专题，分头进行深入的研究，以期在丰富中国教育早期现代化研究和为当代中国教育改革服务两个方面做出贡献，我觉得他们的设想很好。

——田正平

国家出版基金项目
NATIONAL PUBLICATION FOUNDATION

中国现代教育社团史　丛书主编 / 储朝晖

中华自然科学社史

葛仁考　著

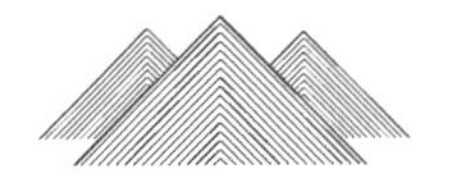

图书在版编目(CIP)数据

中华自然科学社史 / 葛仁考著. -- 重庆 : 西南大学出版社, 2022.12
(中国现代教育社团史)
ISBN 978-7-5697-1358-9

Ⅰ. ①中… Ⅱ. ①葛… Ⅲ. ①自然科学-学术团体-历史-中国-民国 Ⅳ. ①N232

中国版本图书馆CIP数据核字(2022)第054740号

中华自然科学社史

ZHONGHUA ZIRAN KEXUESHE SHI

葛仁考 著

策划组稿: 尹清强　伯古娟
责任编辑: 伯古娟
责任校对: 刘江华
装帧设计: 观止堂_朱璇
排　　版: 瞿　勤
出版发行: 西南大学出版社(原西南师范大学出版社)
　　　　　重庆·北碚　邮编:400715
印　　刷: 重庆市正前方彩色印刷有限公司
成品尺寸: 170 mm×240 mm
印　　张: 18.25
插　　页: 4
字　　数: 318千字
版　　次: 2022年12月 第1版
印　　次: 2022年12月 第1次
书　　号: ISBN 978-7-5697-1358-9

定　　价: 98.00元

总序

在中国教育早期现代化的历史进程中，无论是清末，还是北洋政府和国民政府时期，在整个20世纪前期传统教育变革和现代教育推进波澜壮阔的历史舞台上，活跃着这样一批人的身影，他们既不是清王朝的封疆大吏、朝廷重臣，也不是民国政府的议长部长、军政要员，从张謇、袁希涛、沈恩孚、黄炎培，到晏阳初、陶行知、陈鹤琴、廖世承，有晚清的状元、举人，有海外学成归来的博士、硕士，他们不居庙堂之上，却念念不忘国家民族的百年大计；他们不拿政府的分文津贴，却时时心系中国教育的改革与发展。是“研究学理，介绍新知，发展教育，开通民智”这样一个共同理想和愿景，将这些年龄悬殊、经历迥异、分散在天南海北的传统士人、新型知识分子凝聚在一起，此呼彼应、同气相求，结成团体，组织会社。于是，从晚清最后十年的江苏学务总会、安徽全省教育总会、河南全省教育总会，到民国时期的全国教育会联合会；从中华职业教育社、中华新教育共进社、中华教育改进社，到中华平民教育促进会、生活教育社、中国社会教育社、中华儿童教育社、中国教育学会……在短短的半个世纪里，仅省级以上的和全国性的教育会社团体就先后有数十个，至于以县、市地区命名，以高等学校命名或以某种特定目标命名的各式各样的教育会社团体，更是难以计数。所有这些遍布全国各地的教育会社团体，通过持续不断的努力，从不同的层面，以不同的方式，冲击着传统封建教育的根基，孕育和滋养着现代教育的因素。可以毫不夸张地说，在传统教育变革和现代教育推进的历史进程中，从宏观到微观，到处都留下这些教育会社团体的深深印记，它们对中国教育早期现代化的贡献可谓功莫大焉！

大约从20世纪90年代开始，中国近代教育会社团体的研究，渐渐进入人们的学术视野，20多年过去了，如今关于这一领域的研究，已经风生水起，渐成气候，取得了相当的成果，并且有着很好的发展势头。说到底，这是当代中国教育改革的需要和呼唤。教育是中华民族振兴的根基和依托，改革和发展中国教育，让中国教育努力赶上世界先进水平，既是中央政府和地方各级政府义不容辞的职责，也必须依靠广大教育工作者的自觉参与和担当。从这个意义上讲，中国近代教育会社团体与中国教育早期现代化研究，既是一个有丰富内涵的历史课题，更是一个极具现实意义的重大问题。中国教育科学研究院储朝晖研究员，多年来在关注现实教育改革的诸多问题的同时，对中国近代教育史有着特殊的感情，并在这块园地上努力耕耘，多有创获，取得了可喜的成果，积累了深厚的知识储备。现在，他率领一批志同道合的中青年学者，完成了“中国现代教育社团史”的课题，从近代以来数十上百个教育社团中精心选择了一批有代表性、典型性、产生过重大影响的教育社团，列为专题，分头进行了深入的研究。我相信，读者诸君在阅读这些成果后所收获的不仅仅是对教育社团的深入理解和崇高敬意，也可能从中引发出一些关于当代中国教育改革的更深层次的思考。

是为序。

田正平

丁酉暮春于浙江大学西溪校区

中华自然科学社的成立背景及其相关研究

中华自然科学社在中国近代科学教育中有较大影响力。该社躬行科学研究，普及科技思想，倡导科学精神，尤其是其创办的《科学世界》“供给中小学理科教师的参考材料，和增进国人的科学常识，使明白科学的应用”[①]，这一切都对中国近代科学的发展大有裨益。目前，相对于中华自然科学社的综合成就而言，相关研究成果算不上丰硕，专门性研究欠缺，综合性考察几乎没有。系统梳理中华自然科学社的来龙去脉，追溯该社社员在中国近现代科学教育进程中的砥砺前行，既是对这些科学家及其组织的最好纪念，也可为当前科学教育深化改革提供可资借鉴的素材。

第一节 科学教育视野下的社团生成

回顾中国近代落后挨打和仁人志士反抗搏击的历史，从“师夷长技以制夷”，到科学救国、实业救国意识的产生，这些都昭示着科学成为救国救民道路上的利器，发展科学行之有效的手段就是科学教育。依托西方近代科学体系创建的科学社团则是推广科学教育的主要渠道之一，追述近代科学教育视野下科技教育社团的发展历程必然成为研究中华自然科学社成立背景的重要方面。

中国先秦时期，科学“颇有蓬勃的气象”[②]，墨家曾是当时显学。秦汉以降，

① 《〈科学世界〉发刊词》，《科学世界》第一卷第一期，1932年11月。

② 顾学箕：《我们对于科学的医学应有的认识》，《科学世界》第五卷第九期，1936年5月。

一切学术思想和教育制度开始倾向于尊王重道。汉武帝“罢黜百家,独尊儒术”之后,孔子超越历朝历代的帝王将相,以“华夏第一人物”名号青史长存。魏晋隋唐时期,佛道备受青睐。自此,儒、释、道三教并立,逐渐被众多文人士大夫奉为圭臬,垄断了中国文化教育。宋明理学的做大,知识分子的精力拘泥于程颐、程颢、朱熹等人的思想中,四书五经成为科举考试的规范文本,“明经内四书五经,以程子、朱晦庵注解为主,是格物致知修己治人之学。这般取人呵,国家后头得人材(才)去也”[①]。在这个大的文化背景下,虽然也出现了毕昇、郭守敬等科技名家,印刷术、《授时历》等重大科技成就,但总体上对科技的推崇只是浸润于小众社会,没有受到大众社会的普遍认可。“间或有人从事于物质科学的研究,大家都认(为)这些事情算是异端末节,不足以登大雅之堂。科学在这种思想笼罩之下自然是永远没有机会生根。”[②]作为近代科学界代表之一的李秀峰的这一评判虽失之偏颇,但在一定程度上,表现了部分社会群体对此问题的认知倾向。

图1-1　明代机械的运用

17世纪,西方传教士揭开了西学东渐的序幕,有先见之明的中国士大夫感受到西方科技的精确奇巧(参见图1-1　明代机械的运用)。“在文化交流史上,看来没有一件事足以和17世纪时耶稣会士的入华相比,这批欧洲人既充满了

① 黄时鉴点校《元代史料丛刊·通制条格》,浙江古籍出版社,1986年,第69页。

② 李秀峰:《我国科学教育的后顾与前瞻》,《科学世界》第五卷第六期,1936年6月。

宗教热情，又精通随文艺复兴和资本主义兴起而发展起来的大多数学科”，“即使说他们把欧洲的科学和数学带到中国只是为了传教，但由于当时东西两大文明仍互相隔绝，这种交流作为两大文明之间文化联系的最高范例，仍然是永垂不朽的……同包括中国成就在内的世界范围的自然科学打通了关系”。[①]传教士利玛窦、熊三拔和明朝大臣徐光启分别合作了《几何原本》《泰西水法》，这两部著作填补了当时中国数学和水利科学的空白。汤若望、南怀仁等人深得康熙皇帝信赖，康熙曾经亲自撰写南怀仁的祭文。当然这一时期的西方科学技术主要是在宫廷和部分士大夫之间传播，只能称之为西学东渐的发端。

清末两次鸦片战争失败，有先见之明的士大夫们被西方的“奇技淫巧”所折服，开始发觉中国“义理性学”的科举之学无法与西方“数量分析”的逻辑之学相颉颃，并从学术的角度进行思考，“中国人之所以处处失败，还不在乎经济的恐慌，政治的纷扰，主要的原因却是中国学术本身上有毛病。几千年来，国人所研究的，所倡导的，多半是一种迷信的离开事实的玄学，而假而行之者，都是些迷信之术……别人已经在坐飞机了，我们还在‘安步当车’。别人的文化天天都在突飞猛进，而我国还是‘文明古国’”[②]。由此，逐渐形成“师夷长技以制夷”的思维方式，科学教育渐渐成为时代主题。从这个意义上说，“一部中国近代史就是一部西方近代科学技术在中国被接纳、解读、传播和落户的历史”[③]。李秀峰曾将清末至1936年前的科学教育分为三个阶段：“从前清同治元年到光绪廿六年(1862—1900)算是科学教育的萌芽期，从光绪廿八年到宣统三年(1902—1911)算是科学教育的建立期，民元以后到现在可算是科学教育的进展期”[④]。在萌芽期，曾国藩、李鸿章、张之洞、康有为等人倡导科学教育，“选聪颖幼童送赴泰西各国书院，学习军政、船政、步算、制造诸学”[⑤]；“我中华智巧聪明、岂出西人之

① 李约瑟：《中国科学技术史》(第三卷　数学、天学和地学)，梅荣照等译，科学出版社，2018年，第440页，第465页。

② 《〈科学世界〉发刊词》，《科学世界》第一卷第一期，1932年11月。

③ 霍益萍等：《科学家与中国近代科普和科学教育——以中国科学社为例》，科学普及出版社，2007年，序第6页。

④ 李秀峰：《我国科学教育的后顾与前瞻》，《科学世界》第五卷第六期，1936年6月。

⑤ 曾国藩：《曾国藩全集》，岳麓书社，2011年，第492页。

下。果有精熟西文者转相传习，一切轮船火器等巧技，当可由渐通晓。于中国自强之道似有裨助”[①]；“夫二十年来，都中设同文馆，各省立实学馆、广方言馆、水师武备学堂、自强学堂，皆合中外学术相与讲习，所在皆有”[②]。因为学生大量的时间耗费在学习外文上，再加上仪器设备不健全、新的教育制度不系统等因素，此一时期派遣留学生、培养外语人才、创设新式学校等诸如此类的措施大多事倍功半。“甲午一役，竟败于蕞尔三岛，于是有识之士，恍然觉悟，仅仅模仿西方之机械文明殊不足以图强，于是更进一步从事改革政治的运动。”[③]尤其是庚子之役受到八国联军重创之后，现实打破“中学为体，西学为用”的限制，教育领域发生根本变化，学部成立，小学堂、中学堂、大学堂应运而生，高等学校以及职业学校、师范学校等的章程得以建立，专门学校、实业学校大幅增加，工、农、医各学科教育随之而生。这一时期的科学教育仍然没有摆脱科举教育的束缚，各学堂毕业生仍被授予不同级别的官职。中华民国成立以后，教育的宗旨发生了根本改变，尤其是1929年正式公布的三民主义教育宗旨是“中华民国之教育，根据三民主义，以充实人民生活扶植社会生成，发展国民生计，延续民族生命为目的，务期民族独立民权普遍，民生发展以促进世界大同”[④]。科学教育进入一个新阶段，人们意识到科学方法和科学精神的重要性。对于科学方法和科学精神，《科学世界》第六卷第六期发表的黄似馨整理的《科学与民族复兴》(此文为秉志在四川大学的演讲稿)曾作专门论述。科学方法包括：观察、实验、比较、分类、演绎、证实。科学精神有以下五点：公开、忠实、诚信、勤快、持久。

同任何事物一样，落实“科学方法和科学精神”的科学化运动不可能一蹴而就，如何改变“拘泥在迷信的、不卫生的、浪费的、落伍的种种劣根性之下”[⑤]的中国社会，“首先要调查和研究人民、社会及产业各方面之不科学的地方，然后设法改良，期全国人民之身心日趋健强，社会秩序进步，产业发达，如是则民族可

---

① 尹福庭译注《李鸿章张树声刘铭传诗文选译》，巴蜀书社，1997年，第14页。

②《李端棻请推广学校折》，载朱有瓛主编《中国近代学制史料》(第一辑上册)，华东师范大学出版社，1983年，第593页。

③ 雷肇唐：《论中国科学化运动》，《科学世界》第十卷第一期，1941年2月。

④ 李秀峰：《我国科学教育的后顾与前瞻》，《科学世界》第五卷第六期，1936年6月。

⑤《创刊词——科学大众化大众科学化》，《科学大众》第一卷第一期，1937年6月。

期复兴。唯此项工作极繁难，望海内科学界同仁，及教育界人士，共起图之”[①]。面对这样伟大的事业，单凭科学家个人的力量实在难以奏效，“思开风气，开知识，非合大群不可，且必合大群而后力厚也。合群非开会不可”[②]。“无公众组织，则于科学之广大与普遍性，得有不能发挥尽致者，是吾人所宜留意者也。”[③]由是，在这场科学化运动中，以组织科技学会、传播科学精神、强化科学共同体为主要工作的科学社团发挥了重要作用。

清末，科学救国为维新变法人士所接受。1905年，康有为提出“科学实为救国之第一事，宁百事不办，此必不可缺者也”[④]。戊戌变法以后，科学社团的产生背景与戊戌变法时期康有为宣扬的动机基本相同，都含有科学救国的强烈愿望。1915年，《科学》“发刊词”指出“世界强国，其民权国力之发展，必与其学术思想之进步为平行线，而学术荒芜之国无幸焉。历史具在，其例固俯拾即是也”。又说，“百年以来，欧美两洲声明文物之盛，震铄前古。翔厥来原，受科学之赐为多”。[⑤]

民国初年，新文化提出的“赛先生”更是将科学思想推广到大众的视野中，莘莘学子接受科学洗礼，初步认识到建立社团的重要性，“今兹时代，非科学竞争，不足以图存；非合群探讨，无以致学术之进步”[⑥]。任鸿隽等人创办的中国科学社开宗明义地指出“文明之国，学必有会”[⑦]。“科学家只有联合起来，才能使人感觉到科学对社会的重要性。不过单单联合还是不够的。科学在技术上的重要性虽然极大，并不足以使哪怕是联合起来的科学家们拥有巨大的政治影响……科学家们要想拥有巨大政治影响，就只有通过自己的组织，同

---

① 郑集：《科学到民间去》，《科学世界》第五卷第十、十一期，1936年。

② 康有为：《康南海自编年谱（外二种）》，中华书局，1992年，第29页。

③ 任鸿隽：《科学研究之国际趋势》，载樊洪业、张久春选编《科学救国之梦——任鸿隽文存》，上海科技教育出版社，上海科学技术出版社，2002年，第431页。

④ 马洪林：《康有为评传》，南京大学出版社，1998年，第388页。

⑤ 任鸿隽：《〈科学〉发刊词》，载樊洪业、张久春选编《科学救国之梦——任鸿隽文存》，上海科技教育出版社，上海科学技术出版社，2002年，第14页。

⑥ 陈遵妫：《中国天文学会〉，《科学大众》第四卷第六期，1948年9月。

⑦《〈科学〉的创刊例言》，《科学》2015年第2期，2015年3月。

抱有促进社会进步的同一目标的其他集团联合起来。"[①]科技教育社团就是这样一个组织。

中国的科技教育社团最早可追溯到明穆宗隆庆二年(1568年),徐春甫在直隶顺天府(今北京市)发起成立的一体堂宅仁医会。然而由于明清专制时期重视传统的四书五经,科学社团发展迟缓。直到1895年谭嗣同、唐才常在湖南浏阳创办算学社,科技教育社团的发展步伐才加快。1907年留欧学生在法国巴黎成立了中国化学会欧洲支会,这是中国第一个真正具有科学学会性质的团体。该学会"戊申报告"记载会议讨论的工作,"会中拟行之事,为划一名词、编译书报、调查、通讯四项。其中以划一名词,关系最要,爰首及此。他凡有益于实业学术者,亦必量力次第推行"[②]。然而由于留学生的陆续回国,其谋划的各项事业未能付诸实施。1910年秋天,留美学生创建了中国学会留美支会,强调其宗旨有三:一是为中国输入学术知识,二是研究并发展学问,三是专门联络各种专业的学人。当然这两个学会影响并不大,真正具有一定影响的学会团体是1909年张相文等人成立于天津的中国地学会。该学会举行演讲、发行期刊。1909年12月,其邀请北洋大学地质科讲师美籍学者德瑞克博士作《论地质之构成与地壳之变动》的报告,报告发表在1910年3月会刊《地学杂志》创刊号上。然而,从其学术活动机制和各项成果来看,它还不能算是完整意义上的科学学会。

1914年6月,中国第一个真正意义上的综合性自然科学社团——中国科学社在美国康奈尔大学诞生,该组织是科学救国思想发展到一定时期的产物。"同人等负笈此邦,于今世所谓科学者庶几日知所亡,不敢自谓有获。顾尝退而自思,吾人所朝夕诵习以为庸常而无奇者,有为吾国学子所未尝习见者乎?其科学发明之效用于寻常事物而影响于国计民生者,有为吾父老昆季所欲闻知者乎?"[③]中国科学社发行《科学》杂志,1918年该团体迁回国内。1916年,日本东京大学、东京高等工业学校、早稻田大学等学校的47名同学创办丙辰学社,后

① (英)J.D.贝尔纳:《科学的社会功能》,商务印书馆,1982年,第531页。

② 袁翰青:《有关我国近代化学的零星史料·二十世纪初期的化学团体》,载袁翰青著《中国化学史论文集》,生活·读书·新知三联书店,1956年,第296页。

③ 任鸿隽:《中国科学社社史简述》,《中国科技史料》1983年第1期。

改称中华学艺社，出版《学艺》刊物。其后，中华农学会、中华森林学会、中华天文学会、中华地质学会、中国生理学会、中国植物病理学会等，如雨后春笋般纷纷成立，“1919—1937年成立的大大小小的各类科学技术团体近400个”[①]。这些科技团体以“科学共同体”的形态推动中国近现代科学事业的快速发展。在民国时期众多科技教育社团中，综合性自然科学方面以中国科学社、中华学艺社、中华自然科学社的影响最为显著。

与社会上各种社团相比，大学生社团更是一个活跃激进的新生事物，“大学和科研机构在近代中国科技的发展中起着重要作用，特别是那些研究型大学堪称近代科技的摇篮……我国近代科技社团有不少是在大学中诞生的，如中国数学会诞生在上海交通大学，并在运行中密切依靠大学和科研机构”[②]。据刘训华先生考证，“中国第一个现代意义上的大学生社团是1900年求是书院(今浙江大学的前身)的学生成立的励志社”[③]。1904年京师大学堂成立的抗俄铁血会是在日俄战争的特殊背景下由学生自发成立的爱国组织。1917年蔡元培担任北京大学校长后，借鉴西方的办学模式，提倡大学生创办社团，助推中国大学生社团的勃兴。伴随着近代高校理、工、农、医学科体系的逐步建立，数学、化学、生物、地理等业缘型大学生社团蓬勃而起。同时，宣传科学精神、传播科学知识的科普活动日臻活跃，综合自然科学性质的大学生社团也应运而生。

综上，立足科学教育的视角，梳理中华自然科学社的发展脉络，分析其运作机制、运行方式，探讨历史贡献，既有助于进一步了解中国近现代科学教育的发展历程，又可以提炼科技社团变迁的客观性、规律性。鉴于此，本书选择了中华自然科学社作为研究对象，试图利用相关留存文献和前人研究成果，还原中华自然科学社的本来面貌，总结其历史经验和教训，为今天的教育现代化改革增砖添瓦。

---

① 谢清果:《中国近代科技传播史》,科学出版社,2011年,第389页。

② 中国科协发展研究中心课题组编《近代中国科技社团》,中国科学技术出版社,2014年,第208页。

③ 刘训华:《困厄的美丽——大转局中的近代学生生活(1901—1949)》,华中科技大学出版社,2014年,第161页。

第二节　中华自然科学社基本文献及相关研究

中华自然科学社从1927年成立到1951年解散，历时25年之久，尽管只是肇基于少不更事的国立中央大学的4名学生，但由于其发展方向契合了中国近现代科技教育的演进趋势，尤其是这一科技教育社团由吴有训、朱章赓、杜长明等学界名流担任社长，童第周、曾昭抡等业界翘楚引领学术，并吸收了陈立夫、朱家骅、叶秀峰等国民党政要和辛树帜、李书田等教育精英为赞助社员，再加上其创办的《科学世界》一度成为最有影响力的综合性自然科学杂志，故此，中华自然科学社在近现代诸多中国教育社团中的影响力不容小觑，到1949年社员发展到2000多人，为当时全国第二大的综合性科学团体。一定程度上，中华自然科学社基本可以与中国科学社、中华学艺社、中国工程师学会相提并论，堪称近现代科学技术史上最有影响的四大综合性科技教育社团之一。

当然，与中国科学社相比，中华自然科学社在存在时间、领导人社会名望、社员规模等方面差距很大，故此对中华自然科学社的研究比较薄弱，“从学术界研究的现状来看，绝大多数学者都把中国科学社作为了研究的目标。其实，民国时期中国的科学技术团体有99个。中国科学社仅仅是近百个科学社团中的一个，中华自然科学社、中国工程师学会等都是很有影响的科学社团，但对它们的研究很少”[①]。

中华自然科学社自成体系的史料主要是其自身出版的《社闻》《科学世界》、部分调查报告、系统整理的本社简史、社员个人回忆录等。《社闻》于1931年8月在南京创刊，其后曾随总部迁往重庆，它是最能全面反映该社发展轨迹的连续出版物，它报道社务进展情况，不定期印行，历年来总计出刊73期。由于历史原因，现存《社闻》极不完备，除中国国家图书馆收藏数量较多外，还零散被中国第二档案馆、南京图书馆、南京大学图书馆、四川图书馆、上海图书馆等处收藏。

《科学世界》的出版是中华自然科学社最常规但倾注心血最大的工作。在1932年召开的第五周年年会上，中华自然科学社决定出版《科学世界》。关于其

① 曲广华、刘喆：《关于中国近代科学社团的研究现状与展望》，郭德宏、吴宏亮主编《回顾与新探——“中国现代史研究前沿问题”学术研讨会论文集》，郑州大学出版社，2011年，第32页。

出版情况，该社曾在新中国成立后做过简要回顾，“同年十一月第一卷第一期出刊，这是当时国内首先编行的通俗科学期刊。第一卷计二册，第二卷以后至第五卷均按月出一期，年各出十二期。一九三七年第六卷刊出第七期后，即遭逢七七抗战，日本帝国主义的侵略火焰已波及当时编辑部所在的南京，社友们大部随军工和事业机关西迁，本刊出版暂告中断。一九三八年在重庆复刊，第七卷计出刊八期。一九三九年因后方印刷和经费的困难，仅刊行四期。一九四〇年编辑部移成都，第九卷计刊出七期。一九四一年改为双月刊，第十卷第十一卷各出六期。第十二卷至第十四卷各刊出二期。一九四六年第十五卷仅刊出一期即因复员而停顿。第十六卷在上海复刊，恢复月刊；第十六卷第十七卷各出十二期。一九四八年蒋匪帮面临崩溃时节，物价波动，朝夕不同，致令本刊出版受到极大阻碍”[①]。中华人民共和国成立后，《科学世界》继续刊行至该社终结。《科学世界》的出版发行可以分为3个时期：第一卷至第六卷（1932—1937）为第一阶段，侧重介绍普通科学知识，解答的科学问题主要针对中学师生；第七卷至第十五卷（1938—1946）为第二阶段，内容多是全面抗战中科学家应尽的责任和介绍防毒、防空及战时科学应用知识，另外还有大后方的科学调查，如第十卷第五期的《川康建设特辑》；第十六卷至第十九卷（1947年—1950年）为第三阶段，较多刊登各方面的专门报告，专号为该时期的特色，如原子核专号、航空专号等。

近现代科学化浪潮中，出现多种以“科学世界”命名的刊物，王细荣、潘新将这些期刊置于近现代科学普及的背景进行考察，指出中华自然科学社主办的该刊“成为现在中国科学院和国家自然科学基金委员会共同主办的《科学通报》的源头之一”[②]，其时间最长、影响最大。《科学世界》作为中华自然科学社最有代表性的成果，自1932年创刊一直持续到1950年，共出版19卷。陶贤都、罗元论述了《科学世界》的发展历程，归纳了其办刊宗旨及内容、编辑特色，认为“《科学世界》作为我国近代重要的科技期刊，在科技传播史上占有重要的地位。一方面，《科学世界》刊登了大量的含有科技内容的文章，积极介绍科技知识，引进国外科学新知，推广科学在中国的应用，从而促进中国科学技术的发展。另一方面，

① 《十九年来的科学世界》，《科学世界》第十九卷第六期，1950年6月。

② 王细荣、潘新：《中国近代期刊〈科学世界〉的查考与分析》，《中国科技期刊研究》2014年第4期。

《科学世界》传播了科学理性精神”[1]。该刊有两个办刊宗旨,一是普及民众科学知识,达到科学救国目的;二是传播当时世界之先进技术,促进国家发展。他们还对其编辑特色给予高度认可,“多样化的编辑技巧;鲜明的读者意识,编辑活动中注重读者反馈;栏目多样,刊发文章体裁、形式丰富;既注重内容科学性,又注重语言的通俗性;既重视科学知识的传播,又有广告经营意识”[2]。朱华探讨了《科学世界》所进行的科学宣传方式,强调这些活动“为近代中国科学知识的普及和国人科学观念的进步创造了有利条件,在一定程度上促进了近代中国思想文化的变革”[3]。

《中国科学通讯》是中华自然科学社在全面抗战时期出版的综合性英文科学刊物,孙磊、张培富、贾林海依据新发现的刊物文本及相关史料,挖掘了有关该刊物的创刊史实、编辑发行情况等,阐释了征稿情形并统计学科布局,还基于具体案例论证其对外科学交流的作用,肯定其时代价值,“该刊是当时唯一具有与*Nature*相似的内容布局的科学刊物,因此被李约瑟视为发挥了与*Nature*相似的作用”[4]。

全面抗战期间的1940年5月,中华自然科学社曾对其建立以来的材料进行系统整理,该资料在重庆沙坪坝铅印出版。李学通重录了原文,“资料简要介绍了中华自然科学社自1927年成立至1940年期间的发展历史、立社宗旨、组织结构及所从事的科学活动,并附有该社章程和《社务会理事选举条例》、《本社分社组织条例》”[5]。1943年,中华自然科学社从创社旨趣、组织、工作三个方面做了系统总结。在即将解散的时间节点,中华自然科学社对自身的发展历程做了全面回顾,从史略、立社精神和努力目标、组织、经费、事业、过去工作之检讨等方面加以概括。

全面抗战时期,为了更好地建设大后方,许多科学工作者开展了艰苦的科

① 陶贤都、罗元:《〈科学世界〉与中国近代科学技术传播》,《科学技术哲学研究》2010年第4期。

② 陶贤都、罗元:《试论〈科学世界〉的办刊宗旨与编辑特色》,《中国科技期刊研究》2010年第5期。

③ 朱华:《20世纪30年代中国的报刊与科学宣传——以〈科学世界〉和〈科学时报〉为例》,《河北大学学报(哲学社会科学版)》2007年第1期。

④ 孙磊、张培富、贾林海:《〈中国科学通讯〉与大后方的对外科学交流(1942—1945)》,《自然科学史研究》2016年第1期。

⑤ 李学通:《中华自然科学社概况》,《中国科技史杂志》2008年第2期。

学调查工作，中华自然科学社组织了西康、西北两次科学考察，还参与了川康、大凉山、西北史地等多项活动，韩建娇对这些考察活动进行了梳理。戴美政从专题研究曾昭抡的角度，对西康科学考察团考察前的准备、考察路线、考察报告、曾昭抡的《西康日记》和科学考察思想、作品特色等做了全面研究。1941年，中华自然科学社组织西北科学考察团。出发前，考察团筹备委员会编写了《中华自然科学社西北科学考察计划大纲》，对本次考察的缘起、考察路线及范围、考察目的、分组及人选、经费预算等做了认真的部署。1942年，考察团总干事、国立中央大学地理学教授李旭旦等人完成了“中华自然科学社考察报告第二种”——《中华自然科学社西北科学考察报告》，报告由四部分组成。李旭旦的《西北科学考察纪略》按照考察路线分四个部分做了系统整理，并以归途杂记收尾。浙江大学地形学教授任美锷的《甘南川北之地形与人生》从地理位置、成都至兰州间地形概况、地质构造与地形之关系、地形与人生几个角度进行分析。国立中央大学森林学教授郝景盛的《甘肃西南之森林》在研究西北无林害之纪实、卡车沟油松林生长概况、洮河南岸云杉林生长概况三方面问题的基础上，提出西北建设应走的途径。四川大学养羊学教授张松荫的《甘肃西南之畜牧》从地形与分区、农牧区畜牧概况、纯牧区畜牧概况、羊毛、兽疫五个方面分析了该地区畜牧业状况，还提出了发展畜牧业的注意事项。彼时，李旭旦担任地理学报总干事及总编辑，以上四篇文章遂被《地理学报》编为专号，用中英文两种文字发表。

中华人民共和国成立前夕，中华自然科学社积极参与科学社团的统一战线工作，资深社员谢立惠叙述了该社为中华自然科学专门学会联合会(简称“科联”)和中华全国科学技术普及协会(简称“科普”)的成立所做的努力。

沈其益是中华自然科学社的资深社员，长期担任该社的常务理事，曾任总务部主任、总干事、《科学文汇》总编辑、基金保管委员会委员、出版委员会常务委员等职，还代理过理事长，主持总社工作，是第十七届第四次社务会理监事联席会议、第十八届第三次社务会会议、第十九届第五次理事会会议、第十九届第七次理事会等多次社务会主席，也是《科学世界》复刊、社址选地、动植物园筹备等众多事项的负责人或参与者，中华人民共和国成立后还曾任中国科协书记、中国农业大学副校长等职务，其一直高度关注中华自然科学社的资料搜集整理工作。1947年,沈其益从本社的发轫、全面抗战以前、全面抗战时期、复员与整理、立社精神与工作目标五个方面,按照“简史”方法勾勒出中华自然科学社的发展历程。1948年,国民党在大陆的统治行将结束之际,沈其益积极撰文,以“我们的信念”“我们所进行的工作”肯定了中华自然科学社的事业,“前程的展望”中期望本社的事业和我国科学的发展于安定的社会和光明前程中。沈其益和另一个资深社员杨浪明合作,对中华自然科学社的历史资料加以整理,分为本社的成立和发展、组织概况、科学事业、经费来源、25年工作回顾5个部分,还附录了大事年表、分社组织及社友分布概况等表格。沈其益还阐述了中华自然科学社社员们所追求的平民精神、科学民主思想、服务精神等改良主义道路,并加以分析,概括了其三个方面的成就和作用:普及科学知识、提高科学技术、团结科学工作者。20世纪末,耄耋之年的沈其益还在其回忆录中记载中华自然科学社活动的点点滴滴。

基于对中国科学社的深入研究,范铁权对与之关联密切的中华自然科学社高度关注,发表了数篇文章。范铁权早就对中华自然科学社和中国科学社的历次合作进行过较详细的整理。20世纪30年代“九一八”事变之后,科学救国思想大行其道,中国科学界随之展开了轰轰烈烈的科学化运动,中华自然科学社同中国科学社等社团是这场运动的“旗手”,范铁权又对中华自然科学社在科学化运动中的种种活动作了概括,认可了科学化运动对科学普及、科学教育的推动作用,但也指出“运动中亦存在着一些‘美中不足’,表明民众科学素养的提高并非一蹴而就,科学普及工作任重而道远”[①]。范铁权、韩建娇在对中华自然科学社的历史系统梳理的基础上,阐述了其创立与发展历程、组织变迁及主要活动,分析其对于中国科学体制化的作为,揭示其在中国科技史上的重要地位。韩建娇对中华自然科学社作了系统研究,从初期发展、战争时期的曲折与成长、历史使命的完成三个方面梳理该社的发展进程;从组织、经营两方面概括分析其运行机制;重点内容落脚在主要活动上,从创办刊物与出版丛书、召开年会与举行演讲、组织科学考察及其他科学活动四个方面展开论述;最后从功绩和局限性两个方面加以评价。中国科协发展研究中心课题组将中华自然科学社与

① 范铁权:《20世纪30年代科学化运动中的社团参与》,《科学学研究》2010年第9期。

中国科学社、中华学艺社当作“三大综合性科技教育社团”，归纳了中华自然科学社的3个作用：普及了科学知识、促进了科学技术的提高、加强了科学工作者之间的团结。截至目前，对中华自然科学社研究最充分的当属孙磊的博士论文，该文立足科技生活史视角，以十分专业的“科学职业、责任伦理、学科规训、科学职业伦理”为核心理念，重点从公共领域方向的体制化与责任伦理的兴起（1927—1937）、责任伦理的应用科学学科规训化实践（1938—1941）、责任伦理的基础学学科规训化实践（1942—1945）、责任伦理的学科规训制度化与科学职业伦理的表达（1946—1949）等方面加以研究。

第二章

中华自然科学社的创建及起步阶段（1927—1937）

作为中国近代最有影响的综合性科技教育社团,1914年成立的中国科学社和1916年成立的中华学艺社分别由在美国、日本的海外留学生倡议发起并成立于国外。与他们相比,1927年成立的中华自然科学社晚了十多年,发起者也仅仅是中国国内的大学生,成立地点是在国内的南京。然而,这样一个社团如何能与前两个社团平起平坐,并在艰苦的抗战岁月中为中国科学的发展贡献出不菲的力量?这从该社团的创建及其早期活动中可见一斑。

国立中央大学堪称20世纪上半叶中国实力最强的高校,正源于此,脱胎于该校的中华自然科学社才有了日后强大的基础;中华自然科学社在组织建设、科学推广、社会影响等方面前期的奋斗,集中体现在1928年至1936年的前九届年会上;《科学世界》作为中华自然科学社最有代表性、系统性的成果,从创刊及早期办刊的发展轨迹上可以显示出其独特性。故此,本章围绕这三方面陈说中华自然科学社的早期历史面貌。

第一节　中华自然科学社的创建

南宋大教育家朱熹所写的七绝《观书有感》有言“问渠那得清如许,为有源头活水来”。树之有根,水之有源,国之有史,家之有谱,这些都强调追溯历史根源的重要性。研究中华自然科学社,必然要从其发轫地民国时期国立中央大学发端,因为这里就是它的根基及数十年发展的主要依托所在。

国立中央大学,“其规模之宏大,学科之齐全,师资力量之雄厚,均居全国各大学之首,因而有‘民国最高学府’之称。中央大学一校的经费,相当于北京、清华、交通、浙江四校[①]的总和。抗战初期开始的全国大学名校‘联考’统一招生中,三分之二的考生将中央大学作为第一志愿来填报”[②]。该校发端于1902年两江总督张之洞在南京筹建的三江师范学堂。1905年,其改名两江师范学堂(1911年该校停办)。1915年,在两江师范学堂原址筹建南京高等师范学校。1921年,以南京高等师范学校为主成立国立东南大学,校址改在南京四牌楼。1927年国民政府定都南京,鉴于此,将南京打造成为全国新的文化、教育、学术中心成为必然。1927年6月,东南大学改组并合并河海工程大学、商科大学、江苏政法学堂、江苏医科大学及江苏省立南京工专、苏州工专、南京农业、上海商业等专门学校,成立第四中山大学。1928年3月,改名为江苏大学。然而,改名一事再起波折,一个月之后的1928年4月24日,中华民国中央政府大学委员会临时会议通过决议:江苏大学改称中央大学,并且冠之以“国立”二字。1928年5月16日,中华民国中央政府大学委员会正式决议:学校易名为国立中央大学,此名一直延续至南京解放。1949年8月,国立中央大学改名为南京大学,并在三年后被拆分,“1952年全国高校院系调整,南京大学各学院拆分为南京大学、南京工学院、南京农学院等诸多学校,名噪一时的超级大学从此解体”[③]。中华自然科学社就是由该校在读青年学生酝酿发起,并凭借国立中央大学超强的实力,迈开坚实的步伐。

① 四校指北京大学、清华大学、交通大学、浙江大学。

② 南京市档案馆编《民国珍档:民国名人户籍》,南京出版社,2013年,第111页。

③ 王鑫:《重回民国上学堂》,湖北人民出版社,2013年,第123页。

图2-1　国立中央大学校门

辛亥革命及紧随其后的中华民国成立,尤其是倡导民主和科学两面旗帜的新文化运动以后,社团建设如雨后春笋,步伐加快。学术更加趋向于现代化规范,众多知识分子阶层在边疆危机意识的驱使下,在“学术济世安民”理念的推动下,加深了对边疆问题的关注。在常规的书斋式科学研究之外,东北、西北、西南等边陲之地,广袤的大自然,渐渐地进入学者们的研究视野。就读于南京第四中山大学(参见图2-1　国立中央大学校门)的四名四川籍学生赵宗燠、李秀峰、郑集(参见图2-2　1930年的郑集)、苏吉呈(四川邛崃人,化学专业),无心于“政党狂热”的时代思潮,不慕名利,声气相求,“热心科学而想以科学贡献社会协助国家”[①]。他们“看到国内政治的日趋腐恶,科学工业的长期落后,想用自己的爱国热忱唤起大众,做普及科学的运动,求人民生活的改进”[②]。考虑到中国西部地区自然资源优势得天独厚,堪称“亟待开发的宝库”,只是该地区科学技术相对落后,尤其四川更是亟待开发,1927年9月9日,他们聚集在一起开会,酝酿成立了华西自然科学社,希望集中西南各省研究自然科学的专家、学者,为国家、社会做出贡献。“本社组织之要旨,简言之,在乎联络国内研究自然科学者,冀以团体之力量,促进吾国科学之发展而已。科学发展之促进云者,约有二义:从事高深科学之研究,冀有所新的发现与新的发明,一也;从事普通科学之应用,冀以科学研究之结果,改良国人之生活,推进国家之建设,二也。为

① 沈其益:《本社简史》,《社闻》总第七十期,1947年8月20日,第2页。

②《二十三年来的中华自然科学社》,《科学世界》第十九卷第六期,1950年6月。

求达到前一目标，则社友间之砥砺切磋，殊属切需；为求达到后一目标，则社友间之协力合作，尤为首要。”①

图2-2 1930年的郑集

华西（中华）自然科学社之所以朝气蓬勃，与建立之初商定的正确科学思想密切相关，这些思想经过不断“检讨和刷新”，已然成为这个群体的集体信念。沈其益先生曾专门撰文表述了中华自然科学社的五点信念。

（一）科学是现代文化的重心，立国的基础。在现代史中，一个国家的兴衰成败，每每可以拿她在科学上的努力和成就来衡量。我国百数十年来，科学落后，以致在国际角逐的场合中，每每惨败！人民痛苦愈深，国家地位日落。如果想力争上流，跻于富强，则举国上下，必须一致警觉，加强对于科学的信仰和努力，才能利用厚生，充沛国力。而我科学界同仁，实负有唤起政府与人民重视科学的重大责任。

（二）科学是人类共同累积的资产，科学应为人类谋幸福。科学的发展溯源于希腊，发展于西欧，现代美国与苏联，又均急起提倡，浸浸然将超过诸先进国家。但是任何一种科学的成就，都是通过全世界科学家协同研究的结果；也就是人类智慧的结晶。科学在纯学理上是在探求宇宙的奥秘，而在应用上是要以增进人类共同福祉为目的。科学的果实，不容为垄断的资本家所窃取以奴役一般人民，或者为黩武主义者所利用以毁灭文化，残杀人民。我们赞同英美科学家所主张，确认科学家应保有研讨及发表充分自由和应用科学以增进人类幸福的基本原则。

① 《创刊弁言》，中华自然科学社成都分社组织股：《成都社讯》创刊号，1938年8月15日，中国国家图书馆缩微胶卷，第1页。

(三)高深科学研究是建筑在人民的科学知识水准,和其生活的需要(上)。那就是说,科学的发展必须和人民的需求,紧密的结合起来。科学不能和社会脱节,科学家不能离开人群而单独生存。我们不能祈望单单设立几个研究院所就可以得到优异的成绩,更不宜以此为饰国家的门面。科学家更不宜以深居研究院所为遁世法门。我们曾经提出过:“高深科学研究以人民科学知识为基础”及“纯理科学与应用科学相配合”的口号。我们认为从事科学研究的人,也负有普及科学知识的责任。如果能使人民了解现代科学知识,使科学与人民日常生活不可分离,深入民间而为人民所支持所拥护,科学事业才有发展的基础。关于纯理与应用科学,曾一度为人所争执,有人赞成提倡纯理研究,有人赞成科学应用,其实纯理与应用,可视为车的两轮,鸟的双翼,相辅而行,相得益彰。由于应用的广泛,往往刺激理论上作进一步的探求。而理论上的阐明,又每每扩大其应用的范畴。我们以为科学家应该就人民的需要上,掘发科学题材,而从理论上作深一层的探索,以求出其基本原则。

(四)科学的成就,建立在科学家大公无私协力合作的精神上。科学在于求真,科学家不以浮名私利为目的,所以能推诚研讨,公开他的研究结果。伟大的科学家常常冒极大的危险,甚或不顾自己的健康和生命,来探索宇宙自然现象的真实理性。在现代科学研究上,尤其说明了集体研究协力合作的重要性。例如原子能理论的阐述,是集合各国科学家历数十年的精力所获致的结果。盘尼西林的发现以至应用于实际医疗,也动员了无数细菌学家、化学家和临床病理学家,共同探求,才推衍出这医疗圣药,以保障人民的健康与幸福。现代科学的发展,集体协力研究已经替代了个人独立研究。至于科学事业的发展,协力合作精神所占的重要性,尤易明了。因此整个国家科学的发展,实为我国科学界同仁的共同使命。尤其需要通力合作,才能有所成就。本社包括纯理与应用科学各方面的人才,尤其易于培养协力合作的精神,以求研究、事业以及全盘科学事业的发展。

(五)中华自然科学社,是全国科学界同仁的共同园地。发展我国科学是一件伟大无比的事业,决非少数人或短期间所能奏效的。因此我们认为本社既以发展我国科学为宗旨,本社即应为全国科学界同仁的共同事业。凡是和我们具有共一信念的科学家,我们欢迎他们的参加;凡是和我们采取同一立场的科学团体，我们热忱的希望，互相携手，一同致力于发展我国科学的伟大任务。[①]

成立伊始，华西(中华)自然科学社就确立了“研究及发展自然科学”为该社宗旨，并确定常务会和年会的职责，这四名成员分别担任主任(即以后的社长)、书记、会计、事务。万事开头难，华西自然科学社虽然名义上成立了，但仅以4人的微薄之力，每人缴纳5元入社费和4元常务社费的惨淡收入，开展工作举步维艰，既受到人员短缺、社务进展不利的掣肘，又有经费不足的困顿。

第二节　中华自然科学社的前九届年会及其发展

经过近一年的发展，社友增加了数倍，1928年7月21—22日举行第一届年会时，出席24人，实际已经拥有26名社员。出席人员普遍感觉到与西方国家相比，中国科学整体上落后，尤其是当时社友的籍贯已不限于华西，为谋划长久经营，避免画地自限，“以求广征科学同道，努力于全国的科学工作”[②]，“佥谓华西自然科学社原名，不足代表举国社友”[③]，经过与会全体社员投票表决，遂议决改名为中华自然科学社。该社是继中国科学社、中华学艺社、中国工程师学会之后的第四个综合性自然科学研究团体。随着社员人数的增多，组织机构当然也健全起来。这次年会设置两个机构：学术部和基金保管委员会。前者负责科学研究，下设数学、物理、化学、地学、生物、心理六个小组；后者负责向社员征收基金捐，作为社务发展基金。本次会议还选出了六名委员组成社务会，该社务会是中华自然科学社的第二届社务会。大约也是在这次会议上，中华自然科学社的立社精神和奋斗目标得以确立。

本社立社之初，即认为人类是平等的，科学上的创造发明，应以增进整个人类的幸福为鹄的，科学应为大众服务。在中国人民思想受科学熏陶太少，过的生活是极不科学的，连年天灾人祸，百业不振，在在(注：原文如此)需要科学来拯救大众，因此确定平民精神，为本社之基本精神，希望从平民精神而产生大众

① 沈其益：《中华自然科学社的宗旨和事业》，《科学大众》第四卷第六期(中国科学团体特辑)，1948年9月。

② 沈其益：《本社简史》，《社闻》总第七十期，1947年8月20日，第2页。

③《本社略史》，《中华自然科学社第二届年刊》，1929年，北京大学图书馆藏，第1页。

精神和刻苦精神；朝着下面四个目标来努力：

1.谋科学之普及，以启民智；

2.求科学之发展，以裕民生；

3.作科学之调查，以固国本；

4.行科学之研究，以倡文化。[①]

第二届社务会期间，前后举行7次会议，主要办理以下事项：通过新加入社友，拟定征收及保管基金简章，议定分组研究细则，制定各种表解，指定每次出席讲演人员，商定年刊内容，决定必备用具，调查各地社友概况，调查各组研究概况。其中调查社友情况主要通过书信联络方式，要求社友填充并寄回社员生活调查表，该表样式如下：

表2-1　中华自然科学社社员生活调查表

最近住址
最近通讯处
最近工作及心得
每月经常收入
对本社提议
其他

1929年7月3—4日，在国立中央大学科学馆(参见图2-3　国立中央大学科学馆)，中华自然科学社举行第二届年会，到会社员32人，时已发展到社员43人，社务委员会增加到7人。本届年会主持杨浪明，年会书记赵宗燠，年会

①《二十三年来的中华自然科学社·立社精神和努力目标》，《科学世界》第十九卷第六期，1950年6月。

查账员江志道、屠祥麟。出席人：章涛、汪积恕、方文培（赵宗燠代）、郑集、谢立惠、李国鼎、赵宗燠、王运明（四川绵阳人）、雷肇唐（郑集代）、余瑞璜、江志道、屈伯传、杨浪明、李锐夫、王德森（郑集代）、霍秉权、陈芳洁（四川永川人）、顾衡、屠祥麟、周隆孝（四川南川人）、徐国英（湖南浏阳人）、涂维（江西南昌人）、王曰玮、颜承鲁（浙江温州人）等。7月3日讨论下列社务：推举主席，推举查账员，第二届社长报告，第二届社务会学艺报告，第二届社务会会计报告，讨论议案，改选社务会职员。4日进行以下学术讲演：王运明《有理化因子与未定系数》，郑集《醋母之初步研究》，李锐夫《火星内之生物》，还有临时性的社友讲演，最后是摄影和聚餐活动。本次年会修改了本社总章，通过了掌握社务发展基金的决议，制订了征收基金捐简章、基金保管章程。为了加强学术性质，还增加了3场科学演讲和宣读5篇学术论文等内容，会后出版了年会论文集。此后，一部分社员离开学校生活，进入社会；一部分留学海外，继续研究；还有的继续在校读书，社员范围扩大，社务随之有新的进展。

图2-3　国立中央大学科学馆

这一届年会社务会“学艺报告”介绍了各个学组研究情形。数学组研究计划分三项：一是各组员自行阅读数学杂志作为报告；二是个别阅读专书；三是个别研究或译述。个别研究主要有:李达翻译的《统计学》作为国立中央大学算学系讲义,王运明撰写的《用画图法求极轴应数之微积分》,熊先珪撰写的《线性微分组与线性代数方程之比较》和《应用方程式图解之理论以研究根之性质》。物理组的研究计划也是三项:一是每人每半年须将自己的心得作为报告;二是在两年内共同编译《大学物理》一册;三是余瑞璜拟作两篇文献翻译:Teans的《机械理论》(Theoretical Mechanics)和Houstons的《光的理论之题解》(A Treatise on Light)。化学组主要是两项计划:一是共同研究方面,个别阅读化学论文,作为互相讨论的报告;二是赵宗燠的个人研究《含砒霜之有机化合物研究》。生物组主要工作分为两类:一是采集标本,二是专门研究。采集标本分为共同采集和个人采集:共同采集,全体组员共同调查南京植物以及团体在钟山、燕子矶采集标本;个人采集,杨浪明和吴功贤在苏杭一带各采集标本百余种,江志道的昆虫采集。专门研究:郑集的《镇江醋母之初步研究》和《冬眠、人工饥饿及复饲影响鲫鱼胃细胞之变化》;吴功贤的《各种食物对于洋鼠脑经之影响及Torry Jeku之解剖》;方文培的《南京木本植物之调查》。地学组的成果是王德森关于中国矿产的六篇专门调查报告(已经在《矿业周报》发表),它们是:《阳泉保晋公司第三矿厂调查》《江西丰城煤田调查报告》《山西平定煤铁矿概况》《阳泉保晋公司第二矿产调查》《石家庄之煤业》《大同保晋公司之近况》。

关于中华自然科学社总章程,这次会议进行了以下四处修改:一是第二章第二条应改为“本社以研究及发展自然科学为宗旨”;二是第十八条第五项应节为“有遵守本社一切社章之义务”;三是第三十一条应改为“本章经社务会及社友十人以上之提议,及年会到会人数三分之二之通过得修改之,但二十及二十一两条,须经全体社员同意,始得修改之”;四是第十四条第二项应加“惟基金则由基金保管委员会保管之”。[①]

经费问题是这次会议讨论的重要问题,除了“征收基金捐简章”“基金保管章程”外,这次会议还涉及“成立科学贮金会”的提议,“本社宜设一科学贮金会,

①《第二届年会记录·议决案·关于总章之修改》,《中华自然科学社第二届年会年刊》,1929年,北京大学图书馆藏,第7页。

凡社员已在生利时代，须限定其每月至少贮五元或十元于贮金会，多则任便。至未生利之社员，愿贮金者，亦所欢迎。社员交来之贮金，由贮金委员会贮于妥当之银行，生得之利息，概归入本社基金，至本金则至少须贮至一年方能取出”[①]。这次会议对这份提案的最后决议是保留，从现存的中华自然科学社资料中来看，或由于有了基金的缘故，应该没有成立“贮金会”这一运行机构。

1930年7月第三届年会举行时，社员已经发展到57人，社务委员会相应增加为9人。鉴于社员不仅有学习纯粹自然科学的，而且多数从事自然科学应用推广方面的工作，社内机构学术部重新做了调整，改为理学、工学、农学、医学四个学科组。为了便于联系各地社员，还完善了社员登记方式。

1931年日军悍然发动“九一八”事变，平津危急，华北危急，中华民族危急，举国上下同仇敌忾，中华自然科学社的同人们自然也不甘落后，积极投身到这场抗战救国的斗争中。一方面，该社社员积极联络南京科学界，率先促成军事科学研究会的成立，从战略方面加强战时军事科技研究；另一方面，切身投入到反抗日军侵略的各种运动中，如赵宗燠亲自组织并参加学生义勇军。另外，为使社友之间互通声气，内部刊物《社闻》开始发行，刊登社内各种社务，旨在成为联结广大社员的核心纽带。

1932年，为谋普及科学知识，鼓励国人对自然科学进行研究，创刊《科学世界》月刊。自此而后一直到1950年，共发行19卷。《科学世界》在近代科学教育方面是奠定中华自然科学社的根基之物。

1933年，中华自然科学社在南京举行第六届年会（参见图2-4　第六届年会合影），参会社员98人，时有社员119名。年会宣读论文10篇，还成立了第一个分社——上海分社。为了办好《社闻》和《科学世界》两份刊物，还专门成立了出版委员会。

---

①《第二届年会记录·议决案·临时提议议决案》，《中华自然科学社第二届年会年刊》，1929年，北京大学图书馆藏，第8页。

图2-4　第六届年会合影

1934年7月21日,中华自然科学社在南京华侨招待所举行第七次年会,时有普通社员201人。本届年会通过辛树帜、韩祖康、叶秀峰、李书田、沈百先、吴道一、赖琏、俞大维、陈立夫9人为赞助社员。辛树帜对《科学世界》的创刊有经济赞助之功。韩祖康是国内知名的化学专家。排名在后面的6人为叶秀峰所提,鉴于能够在经费上支持,中华自然科学社也勉强通过他们为赞助社员。会议还“修改内部组织,社务会分总务研究推广三部;为使各地社友发生联系起见,增设社友区。”[①]

“科学的进步,一方面要靠少数聪明才智的努力,同时也有赖于社会环境的鼓励。我们活在科学落后的中国,很少享受到物质文明的赐予,深深的感到非科学不足挽救当前的厄运。我们要藉科学救国,就应求自己科学的进步,栽培自己的科学人才,造成自己的科学环境。”[②]正是从“造成自己的科学环境”层面

① 沈其益:《本社简史》,《社闻》总第七十期,1947年8月20日,第2页。

②《小引》,《科学世界》第四卷第六期,1935年6月。

考虑，中华自然科学社认为“推进这件重大事业”，必须“介绍近代科学的发展”，在第七届年会上，中华自然科学社确定了“《科学世界》每年出专号一期，以介绍最近科学的进步”的原则。

图2-5　第七届年会合影

第七届年会(参见图2-5　第七届年会合影)上宣读论文15篇。其中有:杨昌业的《竺箸东南季风与中国雨量》,余瑞璜的《电系统中歪变测量法》,朱炳海的《风暴雷雨一例之三度观》,萧戟儒的《皮粉对于数种气体之吸着研究》,方文培的《中国杜鹃属之初步观察》,王桂五的《中棉杂交育种之研究》和郑集的《制造大豆蛋白质之新法》等。

图2-6 第八届年会会场——中央农业实验所

1935年召开第八届年会(图2-6 第八届年会会场——中央农业实验所)时适逢中国科学化运动的重要节点,并且与中国科学化运动协会有较大关联。故此,这里有必要交代一下中国科学化运动。1932年夏,“南京部分学者有感于国民科学知识贫乏,许多事务未能遵循科学原则,特别是‘九一八’事变后,更需要依靠科学救亡自强,于是他们酝酿发起组织中国科学化运动协会,以期‘科学化民众,科学化社会’”[①]。8月22日,由陈果夫、陈立夫、吴承洛、张其昀、顾毓瑔等三十多人成立筹备会。11月4日,在南京召开中国科学化运动协会成立大会。鉴于科学知识只有国内绝对少数的科学家所领有而未尝普遍化、社会化,未尝在社会上发生过强烈的力量,中国科学化运动协会发起旨趣书,开宗明义地提出“我们集合了许多研究自然科学和实用科学的人,想把科学知识送到民间去,使它成为一般人民的共同智慧,更希冀这种知识散播到民间之后,能够发生强烈的力量,来延续我们已经到了生死关头的民族寿命,复兴我们日渐衰败的中华文化,这样,才大胆地向社会宣告开始我们中国科学化运动的工作”[②]。协会章程中规定了该协会的宗旨是“研究及介绍世界科学之应用,并根据科学原理,阐扬中国固有文化,以致力于中国社会之科学化”。1935年中国科学化运动掀起了高潮。1月10日,上海各大报纸同时刊登了王新命、何炳松、武堉干、孙寒冰、黄文山、陶希圣、章益、陈高佣、樊仲云、萨孟武十大教授联名发表的宣

① 彭光华:《中国科学化运动协会的创建、活动及其历史地位》,《中国科技史料》1992年第1期。

②《中国科学化运动协会发起旨趣书》,《科学的中国》,第一卷第一期,1933年1月。

言——《中国本位的文化建设宣言》。该宣言从文化建设视角呼吁“我们的文化建设就应该不守旧、不盲从，根据中国本位，采取批评态度，应用科学方法来探讨过去，把握现在，创造未来。……用文化的手段，产生有光有热的中国，使中国在文化领域能恢复过去的光荣，重新占着重要的位置，成为促进世界大同的一支最强的生力军”[①]。此举引起了全国学术界极大的反响。任鸿隽的《科学与教育》《科学与实业》《科学与工业》，顾毓琇的《中国科学化的意义》，丁文江的《科学化的建设》，胡刚复的《科学和科学化》等，都是推动中国科学化的杰出成果。

与中华自然科学社社址相同，中国科学化运动协会的会址设在南京市四牌楼蓁巷4号，后因办公房屋不够，1934年12月转移到蓝家庄兰园12号。其时，基于共同的社址、共同的追求目标，中华自然科学社也极力声援中国科学化运动，“在普及科学的呼声中，本社首先发起做了一点初步的工作”[②]。杨浪明在中央电台的专题演讲中也将这场科学化运动与新文化运动相提并论，并且对这场运动表现得极为亢奋，“这次运动……前途的希望极大，将来的贡献，应当是超过以往的新文化运动，甚至可与欧洲十六十七世纪的科学运动并驾齐驱”[③]。此种论调，虽有夸大的成分，但反映了科学家及其引导的这场科学化运动的影响之大。

当然，中华自然科学社与1935年中国科学化运动最亲密的表现，恰恰在第八届年会(参见图2-7　第八届年会摄影)宣言中清楚地表达出来。兹录其文于下：

科学是近代文化的重心，支配了全人类的生活。失了科学辅育的中国民族，在近几十年来，也渐渐知道科学的重要，自动的向科学下功夫了。自从晚清的士大夫，慑于帝国主义者的科学利器，主张中学为体西学为用，派遣留学生出国留学。民初以来回国学生相率做点介绍和研究工作。直到“九一八”以后，一班科学青年，感于科学之不普及而从事科学运动。在普及科学的呼声中，本社

① 《申报》，1935年1月10日、11日第20版。转引自：刘新铭《关于“中国科学化运动”》，《中国科技史料》1987年第2期。

② 《中华自然科学社第八届年会宣言》，《科学世界》第四卷第八期，1935年8月。

③ 杨浪明：《革命的科学运动》，《科学世界》第四卷第一期，1935年1月。

首先发起做了一点初步的工作。

我们深深的感到中国科学之不发达,固然是由于政治的纷扰,经济的恐慌,而主要的原因,还是由于主持学术的人和一班科学者对于环境和时代没有深切的认识;对于科学的发展,没有整个的打算。所以虽然提倡科学已有几十年,终久不看见有长足的进步,我们如果真想用科学来救中国,科学界的人就应当取一致的行动,做通盘的筹划,换言之,就是要形成一种强有力的科学运动。

时代昭示着我们,社会正朝着平民化的路上走,人们一切的行动,一切的设施,都应为大众设想。就科学说,人人应有学习科学的机会,享受科学的利益,科学的恩惠应当普及到全人类、全民众。科学者不要再如从前一样,不管科学在社会上的运用,结果致为少数人做工具造福利。再回头看看中国的情形因为几千年中国人所研究所倡导的是种离开事实的玄学,支配社会的也是一套迷信的法术,国人为迷信所侵染所陷害,饱受天灾人祸而不能自拔。中国的科学者应全体动员,首先去冲破这种迷信的屏障,使大众受着科学的熏陶。我们认清了这几点,所以确定平民精神为本社的基本精神,根据这种精神来推行科学运动。

为达到科学平民化的目的,特拟定了下列几种工作目标,从目标中可以看出我们不仅注意科学的普及和研求,同时勉力于科学企业的发展。

第一,普及科学知识:要使国家的科学发达,首当谋科学的普及;要使民众的生活改善,首当使民众的知识提高。近四年来,本社发行《科学世界》(通俗科学刊物);举行通俗科学讲演;编纂中学教科书籍,联络中小学理科教师谋改良科学教育。现在又着手编纂通俗科学小丛书,制造生物标本,进行设立玄武湖自然博物馆。处处都显示普及科学工作的需要,有待于我们努力的地方很多。

第二,应用科学发展生产:中国的经济恐慌,由于生产方法的落后。改进生产方法,正当利用科学。本社对于中国农业方面,业已取得全国各农业专校各农业机关人士的联络。并已拟定初步的计划。在计划中特别注意农业技术,农业教育,农业计划及行政等方面人才的培植;农业机械的利用和推广;农村的合理组织;以及农民生活的改善和知识的提高。在工业方面,早有工艺研究所创设的刍议,很愿研究一些目前中国在工业上需要最迫切的问题。其次是从事调查全国的工业和资源。关于全国陶瓷工业,快由本社社员调查完竣。现在又着手组织调查团，准备首先调查江苏和四川两省的物产。至于医药卫生事业，因与生产力有直接的影响，更与民族的存亡有密切的关系，也是我们所时刻关怀，正在努力的一个途径。其中对于公共卫生的推行，与中国药物的研究和利用，已经下了不少的功夫。中国的科学，自然是整个的落后，而内地各省更属可怜，在本社科学事业的计划中，目前只能偏重内地的发展。所以鼓励社员往内地服务，将来的建设也预备先在内地着手。

第三，从事科学研究：要有高深的研究，才能解决难题，才能在致用上发生大的效力。本社社员在国内外各大学各研究所从事研究和领导研究的颇不乏人，都能体念国步艰难，刻苦工作。研究的题材，切于民生实用。关于研究的计划，也将选择在科学幼稚的内地先行创立。务使科学的空气和机会平均分布于全国。

科学的发展，固有赖于科学者朝着正当的方向努力，同时也当与社会发生密切的关系，取得密切的联络。一方面使社会人士对于科学和科学者有明确的了解；一方面使科学的力量能普遍的达于全社会。因此愿将本社所取的态度，作一番坦白的陈述。我们所勉力修养的第一种态度是负责的态度。我们既愿忠实于科学，也当忠实于社会；对社会抱合作的热忱，不敢辜负社会的期望。社会对我们有甚么使命，只要是力之所及，决不推诿，决不敷衍。第二种态度是大公的态度。我们认识社会是整个的有机体，不应分门户生界限，凡是思想和行为值得我们的同情或是与我们一致的，都愿取得密切的联络，发生友谊的互助。始终抱定和衷共济的决心，本着廓然大公的胸怀，与社会开诚相见。决不让人事的纷扰，妨碍事业的进行；决不因私自的方便，有伤整个的大局。

当此国难紧急的关头，本社举行第八届年会，全体同人感到责任非常重大和自身能力的有限，谨此宣述本社实情和怀抱，希望社会人士予以指导和赞助。

民国二十四年七月一日[①]

①《中华自然科学社第八届年会宣言》，《科学世界》第四卷第八期，1935年8月。

图2-7　第八届年会摄影

1936年第九届年会（参见图2-8　第九届年会合影）是中华自然科学社迁往重庆前的最后一次年会，“年会中社员提交大会相应提案，主旨在于讨论‘以科学贡献于国家民众之实施方案’，形成关于制定这一实施方案的决议，推定实施方案设计委员7人，包括社员朱季青、杜长明、朱炳海、杨浪明、沈其益、郑集、高行健等”[1]。从照片提供的信息来看，这届年会规模空前，超过以往任何一届年会，这也是中华自然科学社事业旺盛的重要表现之一。不难想象，如果没有接下来的全面抗战局面，中华自然科学社推动科学发展的步伐会更快。

图2-8　第九届年会合影

这里有一个问题需要提及，那就是年会的届数问题。1936年8月15日发行的《科学世界》第5卷第8期卷首插图清晰地标注为“本社第十届年会摄影”。然而，按照第七、第八两届年会召开时间的1934年、1935年推断，这次会议应该算

① 孙磊：《中华自然科学社的历史考察（1927—1949）——基于科学职业伦理视角的分析》，山西大学2018年度博士论文，第53页。

是第九届年会。1938年8月10日《第十一届年会筹备委员会通告》也与这个推断一致,该通告明确指出“本社第十届年会,因战局影响未能如期举行,所有已收到之选举票,大部遗留南京,无从开票,决予全部作废”[①]。然而,何以出现这般低级错误,并且在发行量极大的公开出版物上刊登,实难理解,有待考证。

第三节 《科学世界》创刊及早期运行

1931年日军在东北发动了“九一八事变”,1932年又在上海发动了“一·二八事变”,1932年3月1日,日本扶植的伪满洲国宣告成立。不到半年的时间,整个东北三省100万平方千米的领土沦丧于日军铁蹄之下。中华民族抗日烽火由此燃起。国难当头之日,中国科学界真正体会到科学教育对于抗战的重要性,“近年来,国难日趋严重,民族灭亡在即,在这样极大的刺激之下,大家对于科学的价值,才得到一个比较正确的认识,对于科学教育,似乎已经开始转向一个新的趋势,这种新的趋势,就是上面所说的要求自力更生;这种自力更生的精神才是我国科学教育唯一的出路”[②]。

1932年,在科学普及教育思潮的背景下,推广抗战科学如火如荼,“九一八事件发生,举国振奋,本社社员参加各项反日运动及促成军事科学研究会的设立,同年,为社员互通声讯起见,刊行《社闻》,创刊《科学世界》月刊”[③]。“正当中华自然科学社成立的第五周年,在第五届年会上即决定出版《科学世界》,作普及科学知识的运动”[④]。同年11月,中华自然科学社首次在国内创办了通俗科学刊物《科学世界》(The Scientific World)。其以《科学世界》这一刊物为平台,向社会各层面宣传科学知识。这种思想意识在其“发刊词”中淋漓尽致地表现出来。

我们敢大胆的说一句,中国人之所以处处失败,还不在乎经济的恐慌,政治的纷扰,主要的原因却是中国学术本身上有毛病。几千年来,国人所研究的,所

① 《社闻》总第四十八期,1938年8月20日,第2页。

② 李秀峰:《我国科学教育的后顾与前瞻》,《科学世界》第五卷第六期,1936年6月。

③ 《二十三年来的中华自然科学社》,《科学世界》第十九卷第六期,1950年6月。

④ 《十九年来的科学世界》,《科学世界》第十九卷第六期,1950年6月。

倡导的,多半是一种迷信的离开事实的玄学,而假而行之者,都是些迷信之术,因此一般不知不觉的民众,都成了些迷信的动物。近年来提倡科学的声浪虽也曾微波鼓荡,准备去冲破这迷信的屏藩,然而国人中毒已深,迷信的堡垒,坚牢如故。别人已经在坐飞机了,我们还在"安步当车"。别人的文化天天都在突飞猛进,而我国还是"文明古国"。像这样落伍的民族,宜乎要惨遭内忧外患,宜乎不能生存于狂波怒潮中的二十世纪。

可哀的中国民族,失了科学的哺育,以致智识的幼稚,能力的薄弱,不能认识他自己,不能改善他自己;同时不能了解他的环境,所以民众的体质一天一天的萎弱,行为一天一天的恶劣,社会随而崩溃,再加上外人的压迫,致一切成了僵局,举国不安。

东邻的震雷,使我们再从梦中惊醒。有志之士,群起高呼救国。救国的方法很多,途径不一,我们认清事实的需要,和自身能力所及,出而普及自然科学,开始发行一种通俗科学刊物,以与我亲爱的四万万同胞相见。

我们是科学的信徒,我们很能体会得"科学无国际"的伟大精神。我们承认惟有世界上研究科学的人携手向大自然进攻,才能解决宇宙和生命的问题,才能造成人类的幸福。但同时我们承认各时代的学术,不论主持的人如何超越,总是受时代背景的支配。我们处在内忧外患的时代中,我们一切努力和工作,当然偏重于我们现在隶属的社会的利益。

我们决不挂招牌,决不唱高调。发行本刊的使命,在供给中小学理科教师的参考材料,和增进国人的科学常识,使明白科学的应用。懂得什么,便说什么,不以自己懂得少而不说,并且要懂清楚了才说,万一说错了,便老实的承认错。

科学的精神,逼迫我们向求真的路上跑。我们愿虚心若谷,希望海内外人士,随时加以指导。①

《科学世界》主要面向的读者是中小学师生,向他们传播各种新颖的科学知识,促使他们成为民族自救和国家建设的有用人才。《科学世界》的主要栏目有科学通论、专题论述、科学纪新、理科教育、调查报告、军事科学、科学文艺(科学

① 《〈科学世界〉发刊词》,《科学世界》第一卷第一期,1932年11月。

小说和科学游戏)、科学歌谚解(解释有关气象、农作、医药和饮食的各种歌谣谚语)、科学名人传、天文预告、气象月报、科学疑问解答、书报介绍及评论等。该刊以多样化的版面、通俗化的内容等介绍科学知识,还出版化学、物理、医药、儿童科学等各种专刊,以便读者系统掌握某一领域的专门知识。

1933年1月1日,按照期刊通行的出刊方法,《科学世界》出版第2卷第1期。为此,编辑部在该卷期的《科学世界》上专门发表了《本刊改卷改期启事》:

本刊问世以来,仅及两月,承远近读者厚意的赞助,实使本刊同人感愧交集;所感谢的自然不外乎读者这样的厚爱,所惭愧的是本刊内容,尚未能达到理想之境。好在本刊无论何时对于读者赐给我们的指示和批判,均能诚意接受,那末(么)改造之望,或可预期。现在我们要向读者申明的,就是本刊自第一卷第三期起改为二卷一期,以后仍是月出一册,不过只把期数改称而已。理由很简单,就是照各种月刊的惯例,每卷期数,以月份为准,而一卷三期适在本年一月发行,所以我们为了以后种种方便计才毅然的改掉,这点想来读者一定能见谅的。[①]

1933年《科学世界》共出版了12期。其上发表的文章有多种类型,都具有现代意义。第3期发表《中国公年之创用》(原名为《创用中国公年之建议》),该方法为张国维创制,从三皇五帝的黄帝开始起,自黄帝前三年为开国元年。这种计算方法完全依照中国历史发展纪元。《科学世界》专门发布"编者按"。第4期王维克的《科学与迷信》一文开篇即云"只有科学的精神、科学的方法、科学的研究,可以打倒一切的迷信"。该文借助自己亲身经历的三件事情批判迷信思想:观音讲话了,淹死鬼吓煞全村人,金光万道。作者感叹"有许多事情,发生于精神不健全者的身上,他自己没有辨别能力,反而说得千真万确,这也是迷信发生的重要原因之一"。第9期张其昀的《变易的环境》从天气、地理、人种三个方面谈论变易。第12期王维克的《所谓科学的精神——关于本年十月二十三日之天空异象》针对当时的科学精神,首先指出"时到如今,谁不感着中国人没有科学的精神,谁不知有急于提倡科学的精神之需要。但什么是科学的精神呢?我想,与其引证群籍,作一篇理论的空话,倒不如拿一件事实来做例子,指出这

① 《科学世界》第二卷第一期,1933年1月。

样是科学的精神,那样是反科学的精神。”

1934年8月,《科学世界》编辑部进行了大调整。新的编辑委员如下:总编辑朱炳海,数学主编高行健,天文主编汪积恕,物理主编江元龙,化学主编李秀峰,气象主编杨昌业,地学主编邓启东,生物学主编黄其林,心理学主编龙叔修,农学主编叶常丰,工学主编成希颗,医学主编苏德隆。《科学世界》的目录页也做了重大调整,上述这些编辑的职务、姓名,均出现在目录页醒目位置。这次新旧编辑委员会交替之际,《科学世界》编辑工作出现失误,不久编辑们发现这些错误。对此编辑部于9月1日专门发表启事。该启事刊于第9期:“本刊第八期编印之时,适值新旧交替之际。由于交代手续之疏漏,铸成意外之错误不少,尤以《容又铭君之化学方程式之记忆及计算法》一文中为最多。敬希读者作者,宽于原谅是幸。”该卷第9期编辑委员人数增加,生物学分为动物学和植物学两个主编,原生物学主编黄其林改为动物学主编,增加了植物学主编童致稜、无线电主编王佐清。第11期又增加两名编辑人员,一个是总干事梅斌夫,另一个是药学主编俞人俊。《科学世界》的发行人为贺壮予,订阅处为:南京国立编译馆转中华自然科学社编辑部。全国各地设有经售处,具体情况如下表(参见表2-2《科学世界》经销情况表)。

表2-2 《科学世界》经销情况表

城市名称	经售处名称	地址
南京	钟山书局	四牌楼及太平路
重庆	尚志书店	白果巷
长沙	金城图书公司	府正街
成都	开明书店	小城祠堂街93号
	上海画报社	华兴街公安局对门
汉口	生活书店	交通路中市
	现代书局	交通路五八号
	大众书局	特三区湖北街
	光华书局	特三区湖北街
	金城图书公司	特三区保华街

续表

城市名称	经售处名称	地址
运城	丽丽合作社	运城
太原	同仁书局	柳巷中间路东
广州	南中图书供应社	财厅前昌兴马路十四号二楼
	现代书局	永汉北路210号
昆明	云岭书店	西华街中市
南昌	儿童书局	中山路东百花洲
天津	天津书局	法界二十六号路
	商务印书馆	法界二十六号路
	世界图书局	法界二十六号路
上海	钟山书局	西门陈英士纪念塔南首
	新中国书局	四马路中市
	开明书店	福州路八十五号
	现代书局	福州路九十一号
	作者书社	四马路
保定	直隶书局	西大街
西安	大公报西安分馆	中山大街骡马市口
青岛	荒岛书店	广西路新五号
广西	横县中学消费合作社	横县
开封	统一派报社	南书店街45号
各省	各大书局	

这次编委会调整后,《科学世界》即着手筹办《生物专号》。当年《科学世界》第九期刊发了《生物专号征稿启事》:

我们三年来对于科学世界的努力,除力求其成为普遍和通俗的刊物而外,同时尤顾及各方面的兴趣。我们有限的篇幅,来容纳一切关于自然科学的文字,这自然是达到"普通"的唯一方法;然而在某一方面感特殊兴趣的读者们设想,又不免有内容庞杂之感!我们在这两种矛盾的需要中,不得不求一个折中的办法。因此便决定了于每卷中刊行专号数次,以期两全。化学专号已于三卷一期中刊行了,现在我们打算在三卷十一期刊行生物专号。生物是我们日常最易接触的东西,也许(是)多数读者所最感兴趣的研究对象。深盼海内外生物界同人和本刊的读者,仅量赐以鸿篇巨著,以光大本刊的篇幅。

生物专号的内容大概包括动植物的形态、生理、生态分类和应用等。希望惠稿的先生们尽十月半以前将大作寄下。①

或许由于稿件较多,实际出版时分成《动物专号》和《植物专号》两个专号,分别为《科学世界》第3卷第11期、第12期。

刊物的质量取决于稿件的质量,《科学世界》对稿件有相当高的要求,这可以从下述内容中体现出来。

1. 本刊为读者讨论科学之公共园地,故对于国人投稿,均所欢迎。

2. 来稿内容以自然科学及其相关之应用科学为限,且内容务以浅显通俗为原则,过于高深及专门之论文,恕不登载。

3. 来稿文字以简短为佳,每篇字数,最多不得过一万字。

4. 文字务宜誊正,不得过于潦草,否则惟有割爱。

5. 来稿中如有照像图版,请将照片附上,否则亦请将原书寄下,以便照印。如有绘图,须用黑色墨汁绘书,因如用红蓝墨水,及铅笔绘图,则制版绝难明显;此点务希投稿诸君,特别注意。

6. 来稿登载后,酌赠以本刊若干期为酬。并得斟酌内容印赠复印本四十册,惟须先行申明方可。

7. 来稿内容,本刊有修正全权,其不合本刊性质者恕不登载。

8. 未登稿件,除寄稿时特别声明外,概不退还。②

除了稿件质量以外,刊物的发行工作也相当重要。《科学世界》作为中华自然科学社最基本的传播阵地,扩大其影响力主要通过提高刊物的发行量。除了前述在全国各地设立的经售处以外,《科学世界》杂志社还曾专门组织"科学世界读者会",不管是否订阅该杂志,只要阅读《科学世界》者,即可入会。每月发行《科学世界读者会月刊》一期,大小格式依照《科学世界》,10个版面左右,内容

---

① 《科学世界》第三卷第九期,1934年9月。

② 《投稿简则》,《科学世界》第三卷第一期,1934年1月。

有当月出版的《科学世界》摘要、疑问解答、有趣问题的解答、改良《科学世界》的意见、会员录等。《科学世界》专门开辟三五个版面的“读者园地”栏目，发表审定后读者的作品。读者会会员常年费4角大洋，入会费1元。入会费作为基金留存，常年费作为刊物的印刷费用等，单独寄送《科学世界读者会月刊》刊物者，还需要缴纳邮费1角2分。

基于中华自然科学社与国立中央大学的特殊关系，再加上《科学世界》通俗性科学办刊的定位，依托国立中央大学的在校生利用寒暑假推行该刊很有必要。一份现存的20世纪40年代档案文件显示“征得中华自然科学社《科学世界》发行部之同意，凡一年级及先修班清寒学生在暑假期间，愿代《科学世界》负推销之责者，可予以优厚之折扣作为助学金”[①]。该档案还详细列举折扣办法：5份以下，8折；5份以上10份以下，7折；10份以上，6.5折。

1936、1937年，国防为万事之首。充分利用科学为作战工具是现代战争的重要特征，“科学之目的，大部分是战争，战争的方法，大部分是科学。战争的进化与科学成正比例，是千真万确的事实。所以现代战争的进化，就是科学的进化，知道了现代科学，也就知道了现代战争”[②]。为此，1937年中华自然科学社专门编辑《科学世界》之“战时科学号”，欧陆分社和英国分社发出问题三则，被置于卷首。第一个问题是指出“科学家对于战争应有之认识与态度”，将国际战争分为侵略战争和自卫战争两种，“科学家探求宇宙真理，发扬人类文化为天职，对于抹杀真理、摧毁文化、蛮性的、凶残的侵略战争，应当彻底反对，但对于反侵略的自卫战争，却应尽自己的学识能力来参加，为生存而战，为正义而战，为人类文化而战，为世界和平而战。”第二个问题是强调越是战争之际，中国科学家战时的责任越是重大，要求中国科学家在战前应做好包括训练个人、教育民众和充实国力三个方面的准备工作。就个人训练方面，一是积极锻炼身体，参加军事训练，取得军事知识；二是研究其个人所专精的科学及其对于国防之关系，以谋战时之切实应用，并联合同志互相探讨。就教育民众方面，一是组织民众，

---

① 《利用暑假推销〈科学世界〉可得助学金》，《学生申请的工作自助请证明家境清寒》（1940年起，1948年止），南京大学档案馆藏。

② 杨杰：《现代战争》，载杨杰著《杨杰文集（全三册）》（三），云南大学出版社，云南人民出版社，2018年，第3页。

灌输民族思想，唤起国民自信心和责任心，纠正颓废自私等恶习；二是普及防空、防毒、救护等知识于大众。充实国力方面就是发展基本工业和促进国防建设。第三个问题是“战时中国科学家应如何努力以最大效能发挥国力”。“二十世纪的战争是科学的战争，科学家应具有百折不挠、视死如归的精神，择最有效能的工作努力，协助政府用科学方法统制全国各种专门事业，然后可以发挥最大国力。”[①]同期还发表了童志言的《军事科学之体系》，该文对军事科学做了两种分类，一是按照和数学、物理、化学、生物、地学五种学科的相关程度，划分军事科学：弹道学、射击学、炸药学、火工学、毒气学、兵器学、冶金学、航海学、航空学、气动学、气象学、地形学、电学、光学、军医学、兽医学。关联度强的工程学科包括：筑城学、路工学、架桥学、造船学、飞机学、汽车学、机工学。二是以军事为出发点的另一种体系：兵器、弹药、工事、军需、救护。另外，张文裕、李国鼎的《声音测距法》普及了“依据声音测定飞机和大炮距离”的方法。

① 《科学家和战争》，《科学世界》第六卷第一期，1937年1月。

第二章

中华自然科学社的鼎盛阶段（1938—1945）

正当中华自然科学社踌躇满志，计划在1937年夏季举行盛大的十周年纪念大会并筹划科学事业上的“更有意义的工作”时，日军悍然发动卢沟桥事变，中国人民全面抗战进入新的历史阶段。中华自然科学社社址不得不由南京迁往重庆，社员也因抗战需要奔赴各地，社务活动大受影响。在生死存亡的抗战重要关头，中华民族坚定“抗战必胜，建国必成”的信念，前方广大将士浴血奋战。同后方的大多数科学工作者一样，中华自然科学社同人勠力同心，苦干实干，谱写了“科学抗战”的壮丽诗篇。

中华自然科学社作为一个社会团体，几乎没有专职工作人员，社务会乃至以后的理事会主要成员均是兼职，社长及其他工作人员都是在日常工作之余，管理社内事务。集中反映该社社务的资料就是《社闻》《科学世界》等，其他资料因效用不同，尽可能作为补充材料。然而由于种种历史原因，目前存世的《社闻》极不完备，其他相应资料又很难补充，再加上全面抗战期间特殊的历史际遇，全面反映中华自然科学社常规工作及其进展的年会、社务会(理事会)也不可能有条不紊地举行，这两类会议史料断档很明显，所以很难用连续规范的标准梳理中华自然科学社的科学抗战壮举，只能结合相关史料，尽可能地连缀成篇。兹依据现存史料，对中华自然科学社西迁时期所见的历次年会、社务会(理事会)等主要会议情况做较详细的叙述，以期还原该社团鼎盛时期的真切面貌。

第一节 中华自然科学社迁址重庆

早在1935年“冀东事变”时，国立中央大学校长罗家伦就已经“觉得战鼓敲得愈来愈紧”[①]，“(中日之间)这场抗争不打则已，一旦打起来，就不是三年五年、十年八年能够结束的”[②]，要求总务处做好550只钉有铅皮的大木箱，以备应急之需。1937年“七七事变”爆发近一个月后的8月4日，罗家伦主持召开校务会议，着手迁校事宜。8月14日，日军轰炸机袭击国民政府所在地南京。8月15日，在一片逃难声中，校长罗家伦宣布国立中央大学准备迁至重庆。为慎重起见，罗家伦派人分别考察了湘鄂、重庆、成都三地。9月4日校务会议议决“重庆如有适当地址，则迁重庆。否则，迁成都。以最大之努力准备于十一月一日开学，各院系并以集合地上课为原则”[③]。11月22日，国立中央大学在重庆沙坪坝校址正式开学上课。11月23日，《大公报》(汉口)第1期第2版为此专门发布特写《中央大学在渝开课》。国立中央大学从南京成功迁至重庆，“在抗战之初成为全国内迁最为彻底和成功的高校，为学校的重建积蓄力量”[④]。罗家伦对这次成功迁校极为满意，国立中央大学的全部图书、仪器，甚至农学院的良种牲畜也于1938年11月安全抵达重庆，“这个特殊队伍到达重庆那天，中大校长罗家伦步出校外，猛抬头看到了黄昏里的李教授(李木森，笔者注)和王酉亭，接着看到了他们身后风尘仆仆的牛、羊、猪和被牛羊猪背在背上的小动物，以为是做梦。当他知道不是梦，就跑过去，拥抱李王二人和每一个职工，又挨个拥抱每一只动物。牛羊们在纱缦似的暮色中肃立着，让他拥抱，像也认识这是它们的校长。当天夜里，罗家伦提笔写成一首诗：‘嘉陵江上开新局，劫火频摧气益遒。更喜牛羊明顺逆，也甘游牧到渝州’”[⑤]。对此，南开大学校长张伯苓感慨全面抗战时期“两个大学有鸡犬不留”。南开大学的鸡犬不留是被日本人的飞机投弹全炸

① 罗家伦：《抗战时期中央大学的迁校》，载罗家伦著《罗家伦文萃》，商务印书馆，2019年，第42页。

② 刘瑛、昭质：《抗战时期中央大学西迁重庆沙坪坝》，《档案记忆》2017年第1期。

③《校务会议记录》，1937年9月4日，国立中央大学档案648-915，中国第二历史档案馆藏缩微胶卷。转引自蒋宝麟：《抗战时期中央大学的内迁与重建》，《抗日战争研究》2012年第3期。

④ 蒋宝麟：《民国时期中央大学的学术与政治(1927—1949)》，南京大学出版社，2016年，第197页。

⑤ 罗伟章：《太阳底下》，作家出版社，2012年，第16页。

死了,而中央大学的鸡犬不留,是全部搬到重庆了。正是由于罗家伦主导成功的战略转移,为重庆时期的中央大学重建和发展保留了力量,在全面抗战八年中,“教学从未间断,损失最小、秩序最稳定,这在当时全国高校中,确实绝无仅有的”①。

尽管母体基本毫发无损地完成了战略大转移,但中华自然科学社却元气大伤,社务活动颇受影响,《科学世界》被迫停刊。从“卢沟桥事变”一直到1938年3月,大约是因为搬迁、个人工作变动、时局不稳、经费不足等诸多问题,数个月内社务会没有举行,一切社务停滞。然而,此时的抗战牵动着每一个中国人敏感的神经,远离战区的欧陆分社以急迫的心情为中华自然科学社的命运担忧,为该社的前途献计献策。欧陆分社来函充分展示了这种心情。

总社社务会、西北分社干事会公鉴:

常听到国内传来的本社消息和读到西北分社出刊的《西北社声》,知道我国此次艰苦抗战之中,处处都有我们的社友,秉着最高的爱国热忱,以平日研究所得的学力,贡献于伟大的救国事业,以无上英勇的精神,在前线及后方参加着神圣的争斗,我们在海外社友感觉无限的鼓舞,同时也感到非常的怀愧,自恨不能立即回国和你们并肩前进,只有遥望祖国,向努力抗战的社友们谨致民族解放的最(高)敬礼!

我们这次抗战的历程是艰苦的,时限是长期的,因此我们青年们,尤其是我们青年科学者们的责任更为重大,使命非常繁剧,本社成立已经十载,自来以拯救国家和服务社会为立社的基本精神,到现在社的组织已渐巩固,力量已渐充实,在这抗战之中,正是我们报效国家,贡献能力的好机会,我们决不能以过去的成就为自满,应当以更大的努力,加紧工作来支持长久的抗战和保证抗战的胜利。

因此我们认为目前社的全部工作自然应以抗战为中心,战时社务的努力原则,应与平时稍有区别,就我们商致所得,略有一点小小意见,有的也许是社友们早已是见到的,有的也许大家还没有想及,列呈如下:

(一)更严密的组织。要工作有效地进行必定要有严密的组织,在戎马仓皇

---

① 罗久芳口述,李菁整理《三十一岁的清华大学校长——忆我的父亲罗家伦》,《文史博览》2017年第1期。

的战时，严密组织更为一切的重要前题(提)，自战事发生以来，因为总社西迁，社友们分散，一时社务不免有联络松懈，失去重心的现象，这个危险应当赶快地设法去补救，以免社务复长期遭影响，补救的办法我们所见到的有下列几点：

(甲)请总社恢复办公——总社是全社的重心，社务的总枢纽，地位最为重要，所以希望于迁定地址之后早日恢复办公，草成战时的全社工作计划，继续并加紧地□□□(注：原文损坏，推测应为“恢复总”)社的工作。

(乙)恢复《社闻》及《科学世界》——《社闻》是全社传达消息的喉舌，我们希望总社速将《社闻》恢复，假若经济困难可以采取劣等纸张和减少篇幅，似不可任其停顿，还有《科学世界》在可能范围以内也希望设法复刊，在抗战期中，民众需要科学知识比平时更为迫切。

(丙)整理各地组织——本社原有分社社友会和区组的组织，战事发生以来，各地社务不免也大受影响，所以希望总社对各地的组织，切实加以整理，务使各分社、各社友会、各区、各组都有人负责主持社务，经常地召集当地社友讨论各种战时问题和工作计划，实地进行战时工作，寇区以内的社务(如上海)在可能范围内也希望继续甚且加紧地进行。

(丁)重新调查社友——战时社友住址变更极多，联络因此困难，应请总社和各地分社社友会等重新调查社友住址，随时在《社闻》及《西北社声》上公布，并应责成各地社务的负责人举行社友登记，凡由外处新来的社友都应到各地的分社或社友会等处报到。由各分社和社友会尽量招待，设法代为解决各种问题，并分派相当战时工作。

(二)切实推动救亡工作。在抗战期中无论前方或后方随时都是需要大量的科学人才，解决各种问题。因此希望总社，各地分社社友会等，设法与各地的政府机关、科学团体和民众组织等，经常与他们实切联络和合作，组织前方和后方的服务团、咨询团等以发挥科学者的能力，切实推动抗战救亡工作。

(三)发展后方建设事业。长期抗战和全面抗战的重要决定条件在于国力的充足和给养的丰富。因此，如何推动后方的科学建设，发展内地的生产事业，以供战争的消耗和维持战局的延长，成为当今中国科学家之最要亟务。后方各省，如四川、两湖、桂、云、贵、新、甘、宁、陕，将来都是我国生产事业最重要的区域。本社除如(二)项下所述，应在各地广泛地切实参加战地救亡工作之外，更应当集中相当的社友在这几个区域内与当地政府及实业界合作,以谋推进科学建设和发展生产事业。四川为总社所在地,西北与湖南都有了分社,已经集中了许多社友,大可立刻向这一方面努力,同时并注意两广和云贵,先组织分社以奠定社务的基础。

(四)国内外取得密切联络。国外的社友虽然不能实地参加抗战的工作,却可以担任研究的责任,在抗战的过程中,国内必然地会发生许多科学问题亟待研究解决,国外的社友还没有直接受到敌人炮火的威胁,比较国内更有研究的便利,但是我们离开祖国太远,不知道国内目前究竟有些什么问题需要研究解决,必须总社把国内所发生的各种问题及其有关资料,作一个详细的调查,传达给国外的社友,然后我们才有研究的对象,不致白费气力。要达到这个目的,必须总社对国外的分社经常密切联络,不断地交换消息,使海外的研究工作和国内的抗战需要配合起来,然后才能收得最大的效果。此外,就整个的社务讲,总社和国外的分社也非保持密切的关系不可。

以上几条纲领,若能逐一实行,我们相信对于目前的社务,必定可以打开新局面,敢以贡献于全体社友以供讨论批评与采择,专此敬祝。

社务发扬,抗战利胜!

欧陆分社干事会谨启

二十七年一月二十五日①

直到1938年3月21日,搬迁重庆后的第一次社务会才得以在重庆盘溪正式召开。此次会议出席人员有:高行健、朱炳海、杜长明、杨浪明(谢立惠代)、郑集(杜长明代)、沈其益(李秀峰代)。会议采取座谈会形式,讨论事项为该社在全面抗战时期的中心工作。鉴于《科学世界》为该社普及科学的主要工具,"如何短时内设法复刊"是讨论的核心问题,对其费用、征集稿件及发行等诸多问题都做了详细讨论。会议决定自5月1日起恢复出版《科学世界》,编辑事务由童致诚、李秀峰负责进行。

3月27日,紧接着在重庆大学召开第二次社务会。出席者为朱炳海、杨浪明(谢立惠代)、杜长明、郑集(杜长明代)、杜锡桓(罗士苇代)、高行健。杜长明为主席(注:此处主席意为主持,以下同),朱炳海担任记录。会议主要议决了以

① 《抗战期中我社的工作》,《社闻》总第四十七期,1938年6月20日,第2–4页。

下三个问题：一是重庆分社提出的"战时科学问题讨论委员会如何组织案"。议决聘定下列人员为委员：唐培经、谢立惠、高行健、江志道、朱炳海、龙叔修、俞启葆、王昶、顾学裘。二是议决通过伦敦分社提出的议案：在战争时期通信困难，凡各地分社通过的新社友即为正式社友，但须即向社务会备案。这项议案是针对社章"（社员）经社务会之选决者，得为本社普通社员"的条款而提出的战时特殊办法。三是通过下列新社友：陈士伟、李春芬、张其耀、张敏政、张剑、李本汉、毛庆德、李翰和、王器瑚、黄震东、黄怀桢、申学年、程宇启、吴文辉、王自新、张维、王兆华、刘士豪、张师鲁、赵邰民、卢嘉锡、唐崇礼、谭桢谋、吴仲贤、梁百先、周如松、黄肇兴、黄锡炎、刘永和、金理文、王叔明、颜闿、潘剑虹，共33人。

在本年度第一次社务会上确立的《科学世界》复刊问题，按计划如期实现。5月1日，《科学世界》第7卷第1期恢复出刊，由童致诚任总编。此前3月份在武汉召开的国民党临时全国代表大会上通过的《抗战建国纲领》，4月1日正式公布。《科学世界》复刊词肯定了国民政府提出的"抗战建国"的可行性，论证了科学对全面抗战建国的重大意义，表明了《科学世界》以后奋斗的目标。其文如下。

自从"八一三"全面抗战，开始以来，全国民众大家都感觉得这次战争，意义的重大，与情势的严重，是我国四千年来所没有的。我们为要完成这种救亡的神圣任务，应当不惜任何牺牲以与敌人作殊死战。不过近代的战争，除士气的奋发和军械的犀利而外，军需工业的生产与组织，工业和农业的有机结构，交通工具的配布，人事的调整，财政金融与现金准备的状态，以及思想文化动员的可能性等等都是决定战争胜败的主要因素。我国过去对于这些因素未能十分令人满意，固无庸讳言，如果我们要把握着最后的胜利的话，我们必须集中全国的人力与物力，本着必胜的决心，去谋这些因素的调整与充实。

最近临时全国代表大会，主张一面抗战，一面建国，即所以谋整个国力的调整以增强抗战的力量，换句话说就是要抗战必须建国，要建国必须求之于抗战，所以抗战与建国，不仅是并行不悖，而且是相得益彰，事理的必然趋势。为了要达到抗战建国的目标，这次全国代表大会，并提出两种基本的途径，就是要提倡道德的修养，和努力于科学的运动。科学在平时对于人类文明的贡献，已极伟大,而在战时的效力更为显著,这是无可致(置)疑的。

本社从事于普及科学运动,已经有十年的历史,《科学世界》的发行,即为其推动事业之一。自从全面抗战以来,本刊因为人事上的种种变迁,不得已而停刊了几个月。现在感觉得普及科学运动的需求,比以往尤其是迫切;基于运动要求,本社同人不得不在万分困难中,把它恢复出版。

在努力抗战与加紧建国的二大国策下,本刊今后编辑的目标,不能不重新加以估定。就是:第一,仍旧保持着本刊原有的方针,从事于普及科学的宣传运动;第二,侧重于抗战及国防有关的材料,以应时代的要求;第三,撰载关于本国农工业的调查与改进的文字,以引起国人对于本国物产的注意。我们当本着这三种标的,从事于复刊的工作;同人等明知前途的荆棘殊多,但为了祖国,我们必须以最大的努力去克服一切的。[①]

这一期《科学世界》还刊登了郑集撰写的《战时科学家的责任》,这是其在同年1月7日成都广播电台播出的一篇讲稿。该文倡导战时科学家"应以取得抗战胜利为研究科学之出发点,凡与抗战无关的研究,均应暂时放下"。在普及科学的同时,坚持全面抗战与建国,成为《科学世界》的指导思想,"第一,仍旧努力于普及科(学)的宣传运加;第二,侧重于抗战及与国防有关的材料,以应时代的要求;第三,撰载关于本国农工业的调查与改进的文字,以引起国人对于本国物产的注意"[②]。

尽管《科学世界》如期复刊,但稿件和经济的困顿依然存在。为此,一个多月后,中华自然科学社专门发布征稿和催缴社费的启事。

本社刊行六年之《科学世界》,前因战事初开,稿件经费均成问题,不得已而暂告停顿。自本社迁渝以来,一切社务,亟谋继续进行,《科学世界》为本社事业之具体表现,更不容其长此停版,因此经诸社友之努力,得于五月一日实行复刊。但在此非常局面之下,因交通梗阻,人事不定,稿件既感缺乏,复因纸张昂贵,印刷经费尤感佶(拮)据。故际此复刊之后,有不得不向诸位社友急急求助者:

① 《复刊词》,《科学世界》第七卷第一期,1938年5月。

② 《今后的本刊》,《科学世界》第八卷第一期,1939年1月。

1.毋待催速，早惠鸿文，对于抗战及建国有关者尤所切需。

2.速寄二十六年社费之半数二元，以资挹注。

诸社友通讯处多所变更，尚请随时将通信处通知，以便直接邮送，谨此奉达即请诸位社友亮詧：

中华自然科学社理事会启

六月十日[1]

1938年6月20日，中华自然科学社发布《抗战期中我社的工作》，提出以下两点要求。一是继续科学宣传。他们归结初期全面抗战失利的原因在于科学武器没有日军精良。故此，认为更有必要加强科学宣传。至于宣传工作的方法，或以文字，或用演讲，或开设各种训练班。强调各地分社应同期进行，才能形成较大的效果。二是后方努力生产工作。要求该社社员想方设法积极参加后方的生产事业。既可通过筹集资本，开发各种地方资源，也可以改良手工业生产方法，以便代替各种舶来货物。

6月26日，第三次年度社务会在重庆餐馆举行。出席人员有：杜长明、李秀峰（陈传璋代）、郑集（童第周代）、高行健、朱炳海、杜锡桓（屈伯传代）。这次会议增加了童第周、陈传璋、屈伯传3位列席人员。会议主席和记录者依旧分别为杜长明和朱炳海。这次会议与第二次社务会相隔3月之久，故议题多达9项。第一项，因苏吉呈离渝，请辞会计干事一职，推举查雅德继任。第二项，在重庆设立通俗科学图书馆，推定屈伯传为筹备委员会主席，其他筹委由屈伯传推选后函聘。第三项，设立战时科学工作设计委员会，推定杜长明、童第周、陈传璋3人负责筹备。第四项，长沙分社提议设立长沙职业学校。第五项，各分社得视事务之需要，增设干事至7人。第六项，全面抗战期间，各分社在不违背本社宗旨章则之下，允许独立开展工作，但事后须向总社呈报备案。第七项，暂定11月底在重庆举行第十一届年会，推定12名筹备委员：杜长明、朱炳海、谢立惠、周绍濂、徐宗岱（以上为常务委员），杨浪明、郑集、李国鼎、徐国栋、刘伊农、沈其益、任邦哲。第八项，通过欧陆分社新社友：陈志定、戚作钧、王象复、张书

[1]《社务会征求〈科学世界〉稿并催交社费启事》，《社闻》总第四十七期，1938年6月20日，第4页。

农、陈永龄、王之卓、郭官仁、陈宗器、蒋以模、于志忱。第九项,在全面抗战期间入社费及常年费一律暂收半数。

8月6日,年度第四次社务会议在国立中央大学化工实验室举行。出席人员为杜长明、杨浪明(谢立惠代)、朱炳海、李秀峰(杜长明代)、高行健(徐宗岱代)、杜锡桓(龙叔修代),徐宗岱、龙叔修、郭祖超三位列席。这次会议只有两项议程。一是通过新社友名单。与以往单纯列举新社员名单不同,这些新加入的社员,都附有介绍人,并标明新社员所从事专业。谢立惠、汪楚宝介绍:曾昭抡(化学)、张大煜(化学)、夏行时(土木)、王功勋(土木)、王伯高(化工)、袁翰青(化学)、徐近之;朱炳海介绍:胡焕庸(地)、周淑贞(气象);李秀峰、高行健介绍:何维凝、程守泽、蔡德注、孙善抡、范际平、顾炳章、祁致贤、郭锡嘉、陆福培、高晓枫、李文海、曲漱蕙、陈同新、郭质良、田新亚、孙凤英、李景晟、王志馨。新加入的社员胡焕庸和曾昭抡后来成为中华自然科学社的重要领导人。胡焕庸被推选为社长,曾昭抡是西南联大的风云人物、中华自然科学社西康考察团团长,二人都是该社的中坚力量。第二项议程为设立昆明分社,函请汪楚宝社友负责筹备。时西南联大在昆明,昆明成为中华自然科学社的一个中心所在,李庄分社也由此而生。

第二节　中华自然科学社第十一届年会

随着国民政府在重庆局势的逐渐稳定,再加上近半年来社务活动的逐渐常规化,中华自然科学社第十一届年会的筹备工作稳步推进。在由朱炳海、杜长明、周绍濂、谢立惠参加的第十一届年会筹备委员会常务委员第一次会议上,议定11月13日为年会开会日期,会议招待地点在重庆市大樑子青年会(大厦),还推定年会各职能机构如下:

筹备会主席 杜长明

司选组干事 徐宗岱、罗士苇、郭祖超

论文组干事 周绍濂、周鸿经

提案组干事 杜长明、朱炳海

招待组干事 屈伯传、童第周、江志道、章涛、李嘉会

总务组干事

干事 谢立惠

文书 朱炳海

会计 查雅德①

1938年8月6日上午，在中央大学化工实验室举行第十一届年会司选组会议，出席人员为徐宗岱、谢立惠、罗士苇(龙叔修代)、朱炳海、杜长明、周绍濂(谢立惠代)。会议议决3项内容：凡8月6日以前通过的新社员一概有权利参加选举；流落战区及地址不明的社员不发给选举票；11月10日开票。8月10日，中华自然科学社在《社闻》中发布了《第十一届年会筹备委员会通告》。

11月13日，中华自然科学社第十一届年会在重庆巴县中学召开。出席社员共计三十八人：张兆麟、屈伯传、陶天性、邓静华、王熙强、江志道、徐宗岱、孙遂初、章涛、王文瀚、谢立惠、陈立夫、叶秀峰、胡焕庸、俞启葆、周鸿经、柳大绰、周绍濂、陈传璋、高行健、朱炳海、郭祖超、徐凤早、袁著、高晓枫、孙凤英、周立三、何维凝、徐尔灏、闻人乾、孙善抡、龙叔修、杜长明、吴简心、李秀峰、袁翰青、李春芬、雷著兰。

会议先由社员王文瀚司仪举行会前礼仪，接下来推举：杜长明、胡焕庸、朱炳海为大会主席团，李秀峰、屈伯传为大会记录，谢立惠、袁翰青、周绍濂为查账员。

大会主席杜长明致开会辞。在致辞中，杜长明代表中华自然科学社对前方浴血抗战的将士致无上敬意，申述了本届年会的3点宗旨，“(1)本社历来努力于普及科学运动、提倡科学研究及应用科学发展生产等之三大目标在目前抗战建国期中尤感重要，吾人今后益当奋勉。(2)如何充分利用本社之科学人才，以参加抗战建国工作，希加以详细之讨论。(3)检讨过去，策励将来”②。杜长明还表达了对参加会议的赞助社友陈立夫、叶秀峰的感谢。

---

①《社务报告·第十一届年会筹备委员会常务委员第一次会议》，《社闻》总第四十八期，1938年8月20日，第4页。

②《第十一届年会专刊·年会记录》之甲《开会仪式及宣读论文》，《社闻》总第四十九期，1938年12月1日，第2页。

主席团成员、总务组文书朱炳海做了《年会社务报告》。报告共分7个部分:第一部分汇报社友情况:社友共计788人,计国外112人,国内676人。强调时局影响阻滞社友消息联通,国内有通讯处的社友仅有375人。社友较多之处另立分社,国内有北平、青岛、上海、南京、武汉、长沙、广州、重庆、成都分社,国外有英伦、欧陆、美国分社,总计12分社。鉴于前往昆明的社员很多,新近成立昆明分社。依据所学科目不同,社员被分为9个学组:算学组、物理组、化学组、生物学组、地学组、心理组、农学组、工学组、医学组。第二部分为会计报告,附有详细收支列表。分为3类:刊物发行股决算(1937年7月至1938年10月),主要收入为国民党中央津贴及国外捐款(另有订户、代售、杂收、利息等项收入),主要支出则为印刷费用(另有工资、文具、邮费、杂费、房租等项支出);社务经济决算(1937年7月至1938年11月),主要收入为社费(另有副刊稿费、利息等微不足道的收入),主要支出为纸张及邮费(还有杂费、文具、稿费等项开支);基金(1936年10月至1938年10月),主要收入为入社费及基金捐(另有很少一部分利息)。第三部分为推广部工作。刊物编辑方面主要事务为编辑《科学世界》,已出至第7卷第7期。对陈立夫和叶秀峰为《科学世界》复刊的赞助之力表达感谢。提及《科学世界》因总编辑童致诚早已离渝,自始即由李秀峰负责。由谢立惠负责的广播演讲,每两星期一次,由社友在中央广播电台轮流讲演。强调了中华自然科学社尽管因经济关系,没有自己专门的研究所,但社员们大都在国内大学及研究机关任职,每年研究成绩亦颇可观。第四部分为研究部工作。该工作由郑集负责,每届年会上宣读的论文就是这方面工作的体现,即为研究部的报告。第五部分通报了中华自然科学社原计划筹办的两件事:一是拟在重庆设立通俗科学图书馆,正在规划中;二是原来打算在长沙设立工科职业学校,因时局影响不得不停止筹备。另外专门提到昆明分社已经办成的砖瓦厂及科学工程顾问社。第六部分是通报了英伦分社工作的新成就。1938年3月和9月,在英国分别召开了两次大型科学会议,一次是国际和平运动科学委员会会议,另一次是英国科学促进协会会议。英伦分社36名社员以团体的名誉,向两次会议提出了3点要求:请协助来英研究的中国学生;请协助对于战时中国的科学研究;请拨款项、书籍、仪器至中国,扶助中国科学研究发明。两会主席对于这3点请求表示认可。第七部分汇报关于1937年总社迁移事项。该社原址在南京蓁巷四号，租定江苏银行房屋四间。自南京被轰炸后，于1937年9月上旬先将图书、杂志移置于大石桥胡焕庸私宅，以节省房租。10月中旬将一部分重要文件随中央大学西迁入川，其余大部分旧刊物仍留存胡宅，唯恐已零乱散失。

随后，由时任国民政府教育部长的陈立夫和西康建设厅长的叶秀峰作为贵宾发言。该社以“陈部长训辞”名义对陈立夫的大会讲话做了整理。全文如下。

此次委员长曾召集一部份（分）科学家讨论关于中国之科学问题，提出两种感想：第一，中国科学知识落后，在抗战期中极为显著，军队虽有优良之武器，而不能发挥应用，殊属可惜。第二，中国科学家缺乏组织，组织实为一切行动之基础，总理之建国方略有三大要点，即：(1)求人力之集中，(2)物力之动员，(3)人力物力之组织，而组织尤为关键之所在，一部建国方略即为一种国防建设。中国目前最危险之因素即为科学教育之落后与退步，此就本届统一招生考试之结果自然科学成绩之低劣，足以见之；要知一切农工等业之基础及其建设非有充分科学修养之青年推动，决非发达之望。但一般青年对于自然科学程度幼稚，实为今日建国之绝大危机，故吾人亟应努力以建立国家之科学基础。促进工业之建设与发展，其责任应由自然科学者切实担负之。工业发达，则凡社会科学亦得从而发展，社会工业发展之进步，国家亦于以安宁，反之则凌乱无序，奸慝横行，故不上轨道之原因，须归咎于自然科学落后，盖自然科学之发达与否实系乎国家之治乱兴衰也。

次述及文明与文化意义之不同，文化由文明中蜕变而来，所谓明则通，通则变，变则化，是也。文化者，以人之力量征服自然而利用之，征服自然之结果改进人类之生活，故欲改善今日民族之生存，必须由自然科学以至工业上建设着手，欲完成此种使命，必须集合全国科学家集中精力为科学问题之解决，故科学团体之组织必须具有共同之理想与目标。其共同之目标为何，即以科学之智识，解决国家所急需之问题。

今日科学团体每多失败，其失败之原因即为其工作仅限于情感之联络。按我国古代教育颇合教育原理，所谓六艺即礼乐射御书数。礼为人之组织标准，均须循规矩，合乎法度，以完成民族之组织，但过于整齐划一，生活易感枯涩，故以乐调节之，使精神兴奋生气活泼，故礼乐能使民族具有坚固之组织及蓬勃之生趣，惜嗣后乐失而礼亦衰，遂致民众生活散漫不羁，而使国家动荡。委员长倡导之新生活运动即为先恢复礼着手。至于射与御在平时为发展体育之基础,在战时则赖以共赴国难,使民众成为国防劲旅,意义深长。书与数则为智识之源泉,盖书与数为人类智慧之两大轮环,由书而产生史地及社会科学,由数而产生物理化学及其他自然科学。故我国之古代教育兼筹并顾,极为完备,能使智、德、体平均发展。智则社会科学与自然科学并重,德则注意于组织及情感之调剂,体则重视于射御。俾得作为万一之准备,及乎近日反多偏废,言之浩叹。

至古代之科学,颇足研究,尤堪注意者,厥为易经,今日科学界之发现,在数千年前之《易经》已论之详矣,举五行为例,与今日所需五个方向者适相符合:水示下也,火示上也,金示密集也,木示辐射也,土示平也,名之曰五行者,示五方向也。此种科学上阐述实为精心结构之大杰作,其他可供研究者甚多,足证我国古代科学之进步。而近代在科学界上之供(贡)献实寥寥不数见也。总之,我国民族一定复兴,但复兴之前必须有充分准备及完美基础,是则有赖于自然科学家之努力矣。①

陈立夫对于科学组织的见解比较有个性,讲话中关于科学组织的重要性、自然科学和社会科学的关系、文明和文化的差别、古代教育的合理性、《易经》所代表的古代科学观等,都是这一方面的表现。与长篇大论的陈立夫的讲话相比,叶秀峰的讲话极为简约,大意有两点:一是强调科学研究的精神,研究不能单凭个人兴趣,专为兴趣而研究,并非发展科学要义。同时应具有责任心,而完成此种责任者,应当具有刻苦耐劳的精神。二是要求科学家研究问题必须从现实出发,研究问题当以社会上实际需要为前提。

接下来,会议的主要议程就是宣读论文,由论文组干事周绍濂主持,共宣读论文27篇。论文题目及摘要被收入《科学世界》第8卷各期。兹列举数篇论文作者及题目如下:杨允植《柴油低温流动性质之新检验——过滤性》(原文系德文),刘炳焜《耐火材料之牵引抵抗力》(德文),赵宗燠《植物油之紫外线光带吸收谱及其成份之关系》(德文),何家泌《禾木科植物根生理研究——吸收作用之位置问题》(德文),杨曾威《人种分析方法之研究》(英文),陈克诚《黄土筑堤之功能》。

---

①《第十一届年会专刊·年会记录》之甲《开会仪式及宣读论文》,《社闻》总第四十九期,1938年12月1日,第3-4页。

下午自二时起，主要是社务会议。社务会由朱炳海主持，共分为以下5项议程。

第一项为三个修改《社章》的议题。一是议决通过年会筹备委员会提出的社章第三十七条"年会以全体普通社员十分之一为法定数"得撤销案。二是成都分社提出的社章第二十五条修改案，拟改为"社务会理事任期一年，每年改选三分之二，其余三分之一得连任一次，于年会前用通信选举法举出之"。审查意见认为"现行办法，流弊甚多，亟应改变"，但鉴于成都分社所改内容"前后抵触，似亦欠妥"，拟改为"社务会理事，任期三年，每年改选三分之一，连选不得连任，于每届年会前用通信法选出，其办法另订之"。议决照审查意见通过。三是通过年会筹备委员会提出的《社务会理事选举条例》修订案。

第二项议程是由司选组干事徐宗岱报告理事选举结果。这次选举理事因出现迁址重庆、社员变动等全面抗战特殊情况，共发出选举票495张，因地址改变而退回者14张，寄回者113张，不足发出票数二分之一。需要公决选举能否成立，经大会议决选举成立。当选理事者及得票数如下：杜长明，117票；朱炳海，106票；杨浪明，77票；徐宗岱，74票；郑集，71票；谢立惠，56票；屈伯传，45票；李国鼎，42票；李秀峰，41票（以票数多少为序，李秀峰、周绍濂抽签决定）。当选的候补理事有：周绍濂、沈其益、徐国栋、高行健、罗士苇。

第三项议程是确定理事任期限制。根据社章第二十四条理事任期的相关规定，对这一届各理事任期使用抽签法决定任期：郑集、谢立惠、李秀峰（十四届年会满任），杜长明、屈伯传、朱炳海（十三届年会满任），杨浪明、徐宗岱、李国鼎（十二届年会满任）。

第四项议程是公推社长。年会全体公推杜长明为社长。

第五项议程事关多个方面，内容极为烦琐，又可分为甲、乙两方面。甲为战时科学工作，乙为日常社务，共计16个议案。

关于战时科学工作方面有4个议案。一是屈伯传、李秀峰的"组织中华自然科学社西南及西北科学考察团"提案。议决通过，并推定陈立夫、叶秀峰、辛树帜、胡焕庸、曾昭抡、杜长明、屈伯传、李秀峰、江志道为科学考察团筹备委员，负责一切筹备事宜。二是杨允植提案。举办包括防空防毒、掘壕等内容的军事科学通俗讲演班;与政府或其他机关合作举办战时技术训练班,组织救护训练、兵工人员训练;举办战地科学服务团,实地帮助解决战场科学问题。议决通过并交社务会酌量办理。三是欧陆分社提请总社组织国防科学丛书编辑委员案。议决通过,交社务会酌量办理。四是英伦分社提出的战时科学发展一揽子计划。用中华自然科学社的名义呈请国民政府,由中央研究院、教育部、经济部联合组成统筹全国科学建设事业的总机关,计划科学事业发展。提出五点注意事项:(1)统筹各项研究计划,适当分配于各大学及研究机关进行,彻底清除工作重叠及不切实用之弊。(2)详细调查全国现有科学技术人才,依其专长,分发任用,以使人尽其才。(3)调整科学教育机构,将现存于各省区的大学,依其性质分别合并,使成为数个人才设备完整的大学或独立学院,责令担任某项人才训练及某项问题的研究。(4)增设中级职业学校,培养生产建设方面的干部人才。(5)中小学理科课程,应删除重复及不切实用的材料,而代以农工劳作等训练,以适用目的为需要。应当说,这项提案宏大,站位较高。但鉴于当时的情况,会议议决“本案用意确当,惟用本社名义呈请政府恐鲜实效,应交《科学世界》总编辑归纳本案内容作社论发表,以广宣传”[①]。

关于日常社务者议案多达12项,其中成都分社6项,英伦分社5项,杨允植1项。

成都分社所提议案为以下6项:一是严密本社组织案。严格执行社务公约,对第六、七条特予注意。总社应有专负组织之责者,以推动并联络各分社及社友会事宜;总社应督促各地分社及社友会推定通讯负责人员,并将各负责人的姓名刊布《社闻》;社友录应详细刊载各社友的专研门类。议决:交社务会执行。二是总社设立“介绍部”案。建议总社派出专门负责人员,办理社友介绍事宜,并在《社闻》上开辟“介绍”栏目,代社友义务,刊发人才供应。请求介绍者暂为隐名。议决:社员的职业介绍事宜,可经过组织股办理,不必另设一部。三是本社应参加实际社会事业。议决:与第十二案合并办理。四是请总社从速制定社徽案。议决:保留。五是请总社设立奖章以赠予社友中对于自然科学确有特

①《第十一届年会专刊·年会记录》之乙《社务会议》,《社闻》总第四十九期,1938年12月1日,第6页。

殊贡献者，其人选由社务会推荐，经年会通过后决定之。议决：保留。六是《科学世界》应准期发行案。议决：交《科学世界》编辑部注意。

杨允植所提为10号议案。多吸收边疆科学人才，推进边疆社务案。议决：通过，交社务会执行。

余下5项议案为英伦分社所提，编号为11-15，分别是：一是请总社设计如何集中社友力量，从事调查及开发西北、西南资源案。议决：与第一案（前述屈伯传、李秀峰的"组织中华自然科学社西南及西北科学考察团"提案）合并办理。二是请总社注意国外宣传工作案。议决：关于战时国内科学机关损失及目前急切之需要，政府主管机关已经逐步调查，宣告世界。议决：本社重复举办，似无必要，本案保留。三是请总社注意各学组的发展案。这项议案为英伦分社所提的较系统的议案。又分为3方面：第一方面请本届推选的学组干事切实负责与各社友密切联络，共谋该学组的发展；第二方面包括范围太广的学组，应再划分为若干小组，每组推干事一人主持，如工学组可分土木、机械等小组；第三方面举办学组通信，由总社编制表格（包括工作计划、心得、工作近况、疑难讨论等），分发各小组干事，转发社友填具，由小组干事整理后交《社闻》发表。议决：交社务会酌量采行。四是请总社设立科学咨询处，以备各方咨询。议决：在《科学世界》开辟专栏办理之。五是请《科学世界》专栏专载以下两方面内容：一方面是国内外科学新闻，包括国内大学研究机关及建设事业之进行实况；另一方面是书评及文献摘要，尤其是与国防有关者。议决：交《科学世界》总编辑办理。

此外还有一个所谓屈伯传的临时动议："此次讨论议案因出席人数不多，可否将议案作为暂时通过，以后用通信方法征求多数社友同意。"议决：本届通过的议决案，即为正式通过。

第三节　中华自然科学社第十二届理事会

1938年11月27日，中华自然科学社第十二届理事会第一次社务会议在重庆餐馆举办，出席人员为李秀峰、谢立惠、徐宗岱、杜长明、屈伯传、朱炳海，列席人员为周绍濂、常伯华、章涛、陈让卿、苏吉呈、胡焕庸、江志道。由社长杜长明主持,记录人为朱炳海。

会议共有3项议案。第一个是郑集请辞理事的议案。远居成都的郑集以不能执行职务为由,函请不再担任理事。议决:挽留,所任职务暂由候补理事周绍濂代理。第二个议案也是人事议案,即分配职务案。公推:屈伯传为推广部主任,郑集为研究部主任,朱炳海为总务部主任,李秀峰为《科学世界》总编辑,谢立惠为总务部组织股总干事,袁著为总务部文书股干事,郭祖超为总务部会计股干事,李春芬为总务部事务股干事,常伯华为推广部发行股干事,王明诚为推广部演讲股干事。第三项议案是如何进行十一届年会确定的筹备西南、西北科学考察团案。议决:推定胡焕庸、屈伯传、杜长明3人先行设计考察计划,再由胡焕庸负责召集年会推定的筹备委员会讨论进行。

迁址重庆后的这次社务会第一次明确了职员分工,为了便利社务的广泛开展,中华自然科学社厘清了各部门的职责,并分别对通讯事宜做了细致的规定。

本社限于经济,并无专用社址,亦无专人办公,所有各股负责社友,均非集中一地,以前各方来信,每多集中一人,转转投交,每多疏误,于我社务之进行,殊多妨碍,兹为分工合作,以增办事效率计,此后各分社各社友来函务祈就事之性质,分别直接寄交各股负责人。

1.关于《科学世界》之投稿事,直寄总编辑。

2.关于社友之介绍等,直寄组织股。

3.关于社费之缴纳等,直寄会计股。

4.关于《科学世界》之收发事,直接发行股。

5.关于本社事业之推广问题,直接推广部。

6.关于研究工作之计拟,直接研究部。

各部、各股负责社友之姓名通讯处详表见后。①

中华自然科学社专门制作了职员通讯录,将各种任职职务、姓名及其通讯地址收录齐全。

---

①《第十一届年会专刊·社务会启事·关于分别通讯事》,《社闻》总第四十九期,1938年12月1日,第16-17页。

当时,昆明分社刚刚成立,记录尚未寄到,“通讯可向同仁街一号汪楚宝社友投函”,此外其他各地分社因陷入战区,社务暂停。

在第十一届年会上,英伦分社提出的战时科学发展一揽子计划及五点注意事项,其中第二点注意事项为“详细调查全国现有科学技术人才,依其专长,分发任用,以使人尽其才”。为了落实这一计划,中华自然科学社第十二届社务会进行三方面的工作:一是失业社员登记工作,“值此抗战时间,社友之未得适当工作者所在必有,同时,外界来函征聘人才,而本社因各社友之近况不明,而无从应付之机会,亦曾遇之。凡此供求不能相应之弊,实缘本社之过去缺乏联络所致,兹遵此次年会之决议案,关于失业社友之介绍事宜,责成组织股办理之,凡现在缺乏工作社友,希即开明过去经历希望工作及待遇,最近及永久通讯处,先向组织股登记,俾便随机介绍”[①]。二是强化学组干事职责,“本届各学组干事,业经办理完竣,当选人名单开列于上,至希各组干事即日负责,统筹各该学组之研究事宜,专此奉达,恕不另函”[②]。三是征集社员通讯地址,“诸社友之通讯处,如有改变务希随时函知本社组织股更正,以求通讯之敏捷”[③]。

1939年4月2日上午在屈伯传宅第,中华自然科学社举行第十二届理事会第五次社务会与通俗科学馆筹备会。到会人员为杜长明、屈伯传、李秀峰、常伯华、谢立惠、朱炳海、周绍濂、羡书剡(列席),主持为杜长明,记录人朱炳海。会议主要讨论3项内容:一是通过屈伯传提议,聘请社会名流为通俗科学馆名誉理事,并举行基金募捐;二是羡书剡提议创办无线电制造厂,会议推定羡书剡、屈伯传、谢立惠3人为筹备委员,负责推行;三是杜长明提议创办大川铁厂,会议推定组织9人为筹备委员会,推行该项目,推举杜长明、屈伯传、常伯华、李秀峰、朱炳海5人为筹备委员,其他4名筹备委员容后再议。

4月25日正午在沙坪坝金刚饭店,中华自然科学社举行第十二届理事会第六次社务会,周绍濂、谢立惠(常伯华代替)、屈伯传、李秀峰、杜长明、朱炳海出

①《第十一届年会专刊·社务会启事·关于失业社友之登记事》,《社闻》总第四十九期,1938年12月1日,第17页。

②《第十一届年会专刊·社务会启事·通知各学组干事就责事》,《社闻》总第四十九期,1938年12月1日,第17页。

③《第十一届年会专刊·社务会启事·关于征集通讯处事》,《社闻》总第四十九期,1938年12月1日,第17页。

席，会议主持和记录人依旧分别是杜长明和朱炳海。这次社务会共有5项议程：一是通过社长杜长明提议的该社备案事宜，时已通过国民党中央社会部备案，并按照其要求对社章几处内容作了修改，还需要向教育部、内务部备案，待召开年会时再对修改内容加以确认。二是大川铁厂筹备委员会派员赴綦江考察铁矿需借用差旅费50元，以后从筹备经费中拨还，议决由领款人出具收据留作存根。三是通俗科学馆筹备委员会提议该馆筹备基金保管委员会，负责保管募集基金，议决推定社长、总务部主任、推广部主任、科学馆馆长及社友周君适为委员，指定周君适为主任委员。四是推广部提议两项资金作为科学馆筹备经费案，两项资金分别是教育部拨付的300元津贴和欧陆分社汇来的十一镑(合国币302.5元)。议决教育部资金作为筹备经费，欧陆分社汇款做暂借账务，以后由筹借经费退还。五是议决通过了组织股提请的新社友案。关于这次新社友情况见下表(参见表3-1 新社友情况表)。

表3-1　新社友情况表

	新社友	专业	推荐人
总社	沈天骥	土木	屈伯传、常伯华
	朱廷儒	药	顾学裘
	杨纪珂	矿冶	顾学裘
	李廷安	医	苏德隆、屈伯传
	蒋曾勋	医	苏德隆、屈伯传
	万监周	土木	周君适、屈伯传
欧陆分社	王世中	农化	
	王善政	工业经营	
	吕凤章	航工	
	杜增瑞	动物	
	阮智成	冶金	
	郝景盛	林植	
	陈东生	冶金	
	程跻云	森林	
	张九垣	航工	

续表

	新社友	专业	推荐人
欧陆分社	叶明升	水利	
	董绎如		
	杨津基	电机	
	简宾	化学	
	罗颖骐	交通工程	
	程崇道	化学	
	陆士嘉	光学	

6月18日上午在中央大学教职员集会所，中华自然科学社举行第十二届理事会第七次社务会。出席人为杜长明、袁著、郭祖超、谢立惠、朱炳海、屈伯传(谢立惠代)、周绍濂。主持和记录人仍然分别是杜长明和朱炳海。会议先通报了西康考察团及大川铁厂进展情况，西康考察团向教育部和西康省接洽了经济情形，大川筹备事宜拟与大川当地人事合作，该社出资四分之一，有盈利时，抽取3%。会议还议决了以下几项议案：前两个议案都是关于向川康实业公司注入资金问题，一个是议决该社基金加入四十股，合计二千元，准期先付一千元；另一个是该社拟向川康实业公司注入资金总额为二万五千元，除了基金会的二千元外，如何征集余额，议决立即向各分社发函向社友募集。第三项是第十三届年会是否如期举行的议案。议决："近因交通困难，通信往来均感不便，全体集会更难觅安全之处，故第十三届年会拟予□(同)第十四届年会在明年暑假中合并举行，所有一年任理事杨浪明、李国鼎、徐宗岱三社友就事实之需要，留任一年，此项办法即分函各分社表示意见。如有办法，可再提覆议"①。第四项议案是屈伯传函请辞去兼职《科学世界》总编辑一事，因其离开重庆下乡，诸多不便，议决：改由高行健担任此职。最后一项是通过新社友问题，这次通过以下人员：胡自翔(农业经济)、谢正森、徐百川、戴英木，孙天龄(农业水利及工程)、黄志向、曾鼎和、赵诚(农学)、沙凤苞(畜牧兽医)、易禄康(农业化学)、叶毓芬(生物，吴襄、黄似馨介绍)、陈迟(农学，吴襄、郑集介绍)、蒋杰(农学，吴襄、杨浪明

①《西康科学考察团专号·第七次社务会议·第十三届年会是否如期举行案》，《社闻》总第五十二期，1939年12月25日，第16页。

介绍)、李樹行(化学,吴襄、张仪尊介绍)、李恕先(化学,范谦衷、樊庆生介绍)、黄淑炜(农学,程淦藩介绍)、汤湘雨(农学,范谦衷、程淦藩介绍)、方俊(地理,朱炳海、胡焕庸介绍)、□乾文(生物,程淦藩、范谦衷介绍)、齐兆生(农学,程淦藩、范谦衷介绍)、吴友三(生物,程淦藩、范谦衷介绍)、张孝礼(算学,蓝天鹤、郑集介绍)、黄锡耕(工学,顾学裘、朱炳海介绍)。

7月2日上午在中央大学教职员集会所,中华自然科学社举行第十二届第八次社务会与西康科学考察团筹备会联席会议。出席会议者为杜长明、谢立惠、朱炳海、谢息南、李秀峰(杜长明代)、周绍濂,会议依然由杜长明、朱炳海分别担任主持、记录。会议先通报了4项事务,分别是西康考察团筹备情况、会计股报告会计近况、欧陆分社和昆明分社的来函报告。会议议案主要有以下几项。一是关于考察团名称问题,议决定名为“西康科学考察团”,并且还讨论了团体性质等问题。二是议决通过筹备会提请曾昭抡等15名社友为考察团成员。分组如下:地质矿物组,组长周昌芸,成员张遹俊;地质气象组,组长朱炳海,成员王庭芳、严钦尚;农林畜牧组,组长方文培,成员仲崇信、吴信法;民族社会组,组长徐益棠,助理一人;医药卫生组,组长谢息南,成员蒋曾勋、冯鸿臣;工程组,组长戴居正,成员曾昭抡。三、四两项议案讨论考察团内部组织,议决设立名誉团长叶秀峰、团长曾昭抡、总干事朱炳海、文书干事严钦尚、会计干事王庭芳、事务干事谢息南各1人。五是屈伯传函请辞去推广部主任,议决批准,并推举谢立惠担任该职。六是议决通过组织股提请的新社友:李恩业、王英麟、王正本、李玉林、王夙振、李立聪、王宝楹、吴模、薛培贞、王庭芳、严钦尚。七是议决通过社长杜长明提议的借款,为筹备天全矿产开采,拟派遣2人赴天全测探地质,所需经费600元,由基金拨付,将来在川康实业公司股本中扣还。

第四节　中华自然科学社第十三届理事会及年会

1939年11月9日在重庆大学教员院,中华自然科学社举行第十三届理事会第一次社务会,参加人员为杜长明、周绍濂、杨浪明(李锐夫代)、朱炳海、谢立惠、郭祖超。会议由杜长明主持,谢立惠担任记录。会议首先由朱炳海报告了西康科学考察团的相关情况。其他的议题只有3项，一是朱炳海函辞总务部主任兼职案，议决：一致挽留；二是筹备桂林分社，议决：王恒守、邓静华、周立三负责筹办事宜；三是议决通过新介绍的社友，王维华（常伯华、王明诚介绍）、谢立文（谢立惠、朱炳海介绍）、汪良能（吴襄、宋少章介绍）、徐士弘（郑集、蓝天鹤介绍）、李方训（范谦衷介绍）、汪盛年和谢安祜（郭祖超、朱炳海介绍）。

12月7日在中央大学教职员集会所，中华自然科学社举行第十三届理事会第二次社务会，出席人员杜长明、高程、朱炳海、谢立惠、杨浪明（李锐夫代）、李秀峰（高行健代），列席人员为李锐夫、高行健、袁著、李春芬。会议讨论如下事项：一是加强组织推动社务案。议决：先从整理社籍入手，社籍调查表限本星期内发出，推举组织股总干事谢立惠负责该事宜。二是重印社况，修正立社精神与努力目标问题。议决：本社立身精神和努力目标修正为“普及科学以启民智，调查科学以固国本，发展科学以裕民生，研究科学以昌文化”[1]。三是朱炳海再辞总务部主任案。议决：一致挽留。四是议决通过推广部发行股干事拟推周怀衡案。五是议决通过10名新社友，张国钧（地理）、黎立容（地理）、李成功（药物）、余之瑞（药物）、冯鸿达（药物）、林启寿（药物）、颜叔琼（药物）、陆鼎夔（药物）、屠仲方（化学）、李震（药物）。六是议决通过增加李锐夫为文书干事案。七是《科学世界》拟改为双月刊议案。议决通过每期印刷费以三百元为限。八是呈请教育部补助经费议案。议决：通过呈文，交由李锐夫办理。

1940年6月30日，中华自然科学社举行第十三届理事会第七次社务会议，地点在重庆大学教员院。出席人员为谢立惠、朱炳海、周怀衡、杜长明、杨浪明（李锐夫代）、周绍濂。杜长明任主持，朱炳海负责记录。会议有两项议题：一个是《科学世界》总编辑高行健辞职案，议决一致挽留；另一个是通过新社友陈励、王鹤亭、姚瑞开、钟家栋、陈均鹤、周焕章。

7月20日，中华自然科学社举行第十三届理事会第八次社务会议，地点仍是重庆大学教员院。出席人员为朱炳海、周怀衡、胡立专、杜长明、杨浪明（李锐夫代）、李秀峰（杜长明代）。会议的议题仍旧是高行健辞职《科学世界》总编辑。这次因其即将离开重庆，会议议决由吴襄继任。

---

①《西康科学考察团专号·第二次社务会议·重印社况，修正立社精神与努力目标案》，《社闻》总第五十二期，1939年12月25日，第19页。

10月23日下午3时,中华自然科学社举行第十三届理事会第九次社务会议,这次会议改在中央大学教职工集会所召开。出席者为周绍濂、谢立惠、童承康、周怀衡、朱应铣、朱炳海、杜长明(朱炳海代)。会议讨论有关第十三届年会的两个议题:一是如何聘请赞助社员及学界名流出席案。议决:函聘之外,另推谢立惠、朱炳海前往各贵宾处当面邀请。二是社务报告如何推定案。议决:推定朱炳海报告总务,谢立惠报告推广及组织。从这两个议题的内容来看,这次会议应该算第十三届年会的实质性筹备会议。

在第十三届第九次社务会议之前,中华自然科学社还有两次第十三届年会筹备会议。两次会议均在中央大学教职员集会所进行,由谢立惠主持,朱炳海负责记录。第一次是7月30日下午7时,出席者为周绍濂、周焕章、周怀衡、邵铂、朱炳海、郭祖超、袁翰青。这次会议主要商讨选举理事事宜。会议有两个议题,第一是确定理事名单候选人,第二是司选组指定的选举细则。这次会议公布了各地分社来函的理事会候选人推荐名单:成都分社为郑集、童第周、吴襄、章文才、余瑞璜、李方训、曾省、曲漱蕙、范谦衷、唐憬、蓝天鹤、张仪尊、李廷安等;西北分社为曾昭抡、胡焕庸、赵宗燠、吴襄、周昌芸、盛彤笙、高行健、曾省;重庆分社为李旭旦、李玉林、沙学浚、任美锷、欧阳翥。除了这些分社推荐的人选以外,尚有空额多名,需要筹备会推选产生。经商议,推定李锐夫、徐康泰、杨允植、涂长望、杜锡桓、顾学裘、王恒守、孙光远、朱应铣、周怀衡、翁文波、吴功贤、郭祖超、童致诚、刘炳堃、徐硕俊、周焕章、邵铂、常伯华、叶明升、袁翰青、周鸿经、陈邦杰、李达、吴印禅为候选人。至于司选组拟定的本届选举细则六条,议决照案通过,文本见于年会通知书。第二次是9月23日下午7时,出席者为周绍濂、周怀衡、孙鼐、杨纫章、陈尔寿、吴传钧、谢立惠、欧阳翥、朱炳海、胡焕庸(朱炳海代)。会议有3个议题,事关年会召开的时间、地点及收费问题。关于时间,原定年会日期为双十节,因诸多不便,拟予改变案。议决:展期至10月27日举行,会场地点确定为中央大学教职员集会所。至于收费,议决免收年会费,征收每人聚餐费3元。

1940年10月27日,中华自然科学社第十三届年会在重庆中央大学教职员集会所举办。同年12月20日出版的《社闻》总第五十四期专门编纂了“第十三届年会专号”。

第十三届年会出席人员为:胡焕庸、杨树培、伍律、王文瀚、吴功贤、周怀衡、谢立惠、杜长明、刘智白、王锡纹、潘璞、蒋允功、杨允植、周焕章、李锐夫、王恒守、朱应铣、邵铂、叶明升、徐尔灏、李旭旦、李玉林、陈恭浩、陈尔寿、顾学裘、单树模、李混源、周鸿经、丘万镇、吴传钧、胡溪威、杨纫章、朱炳海、荀清泉、袁翰青、唐愫、严梅和、程式、黄文熙、温步颐、吴文晖、欧阳翥、黄其林、周星斗、曾宏、周淑贞、陈伯齐、徐康泰、童承康。来宾为罗家伦、邹树文、罗冠英、杨家瑜。

会议伊始,议决杜长明、胡焕庸、周绍濂三人为主席团,童承康、吴传钧二人为记录员,谢立惠、朱应铣二人为查账员。杜长明的主席报告之后,罗家伦、罗冠英、邹树文、杨家瑜四位来宾均作了演说。

接下来为社务报告。与以往不同的是,这次会议按照第十三届第九次社务会议商讨的结果,社务报告由朱炳海和谢立惠两人分别报告,前者负责总务方面,后者负责推广和组织方面。朱炳海的汇报计有4项内容:中华自然科学社年会已两年未开;西康科学考察团报告不日即可问世;以本社的名义加入川康实业公司,杜长明社长为副董事长,李秀峰为厂长,业务蒸蒸日上;会计郭祖超因事未到,会计情形及西康科学考察团会计另见印刷报告。谢立惠报告了《科学世界》出版和各分社社员情况。《科学世界》在战事初期曾停刊1年,现仍竭力维持照常出版,只是因空袭关系,出版较迟。社员总计一千余人,计重庆分社199人,成都分社133人,西北分社40余人,欧陆分社、英伦分社社友确数尚未调查,桂林、湖南各20余人,其他各地约有百余人,贵州分社在组建中,社员地址常变,截至开会日(1940年10月27日),尚有社员300余人住址不明,希望有变动社友,从速通知本社组织股负责人,以便登记,赶印社友录。

讨论社章往往是每次年会的一项基本议题。由于这次年会处于极为特殊的全面抗战阶段,故所提议案中事关社章的内容较多。彼时,因受警报影响,会议认为"原有社章修改之提案,确难逐条讨论,当由主席团会商决定,所有议案摘录要点,披示于黑板,最后并经出席社员加以补充,以作讨论根据,以下各案提议何人即予划去,另将原案附后,以明真相"①。

除讨论社章的提案外,由于处于全面抗战的特别艰难时期,本届年会只提

①《第十三届年会专号·第十三届年会记录》,《社闻》总第五十四期,1940年12月20日,第2页。

交了两个提案。一个是昆明分社提组织西北考察团案。议决:组织科学考察团,办法交社务会核议。另一个是社员杨锡福提议的设置科学奖金案,议决通过。

这次年会有一个特殊议题,就是西北分社通过来电选举理事。来电全文为"中央大学朱炳海,选票未到,本分社公举胡焕庸、曾昭抡、赵宗燠、李锐夫、吴襄、童第周为理事,各得三十票,请登记,西北分社"。会议讨论专门将"电报选举应否承认"立为议案。议决:此次情形特殊,予以通融,唯以后不得援例。

按照常规,司选组依旧报告理事选举开票结果:胡焕庸、曾昭抡、赵宗燠、李锐夫、吴襄、童第周6人当选为本届理事。杨允植、孙光远、高行健、欧阳翥、李旭旦5人当选为本届候补理事。继续沿用理事任期制并使用抓阄方法,其结果为:胡焕庸、赵宗燠、吴襄3人任期3年,曾昭抡、李锐夫、童第周3人任期两年。

郭祖超作为日常社务费和刊物出版费的会计,将这两项事务进行了核算报告(1938年10月—1940年10月23日止)。

通常社务费核算情况如下表。

表3-2 社务费核算表(单位:元)

收入各项目及金额		支出各项目及金额	
旧管	24.19	邮票印花	3.06
常年费	855.10	印刷费	752.77
入社费	249.00	暂支推广部	302.50
捐款	603.50	拨充基金	709.00
发行股还	184.00	发行股借	124.00
西康考察团还	43.85	津贴分社	155.40
利息	50.47	暂垫綦江考察费	50.00
屈伯传还	500.00	暂垫西康考察费	43.85
教育部津贴	750.00	成都分社借	59.60
其他	29.00	广告费	50.00
总计	3289.11	杂支	176.32
		总计	2426.50
结余 862.61			

刊物出版费各项核算如下表。

表3-3　刊物出版费核算表(单位:元)

收入各项目及金额		支出各项目及金额	
旧管	3.51	印刷	3050.50
津贴	2400.00	薪工	601.00
借款	234.24	文具纸张	43.73
代售	483.69	邮电	191.64
订户	4.90	还债	314.53
其他	17.43	杂支	88.33
总计	4942.77(注:此数与上面合计不符,原文如此)	总计	4289.73
结余　653.04			

因社长杜长明做基金司库,关于基金的报告应该是由他进行的。基金报告的时间段为1938年5月至1940年12月,具体内容如下表。

表3-4　基金报告表(单位:元)

收入各项目及金额		投资及存储	
旧管	1320.29	川康公司	1000.00
收入	902.56	南京中国银行定期NO.771	400.00
会计组拨来	500.00	金城银行特种活期NO.,243,261,305	680.00
入社费永久社费	289.00	金城银行活期NO.1124	142.85
银行存息	113.56		
共计	2222.85	共计	2222.85

该基金报告还分两类列举了永久缴费社员的情况,一类是已缴全50元者:杨允植、徐近之、沈其益、陈彬、赵宗燠、杜长明;另一类则为已缴一部分者:童致诚、叶彧、徐尔仪、张结、蔡兆祥、赵煦雍。

因为西康考察团是这一阶段中华自然科学社的重点活动,所以会计报告第四项专门列出"西康考察团会计报告",这份报告署名为会计王庭芳和总干事朱炳海。这份会计报告全面地记载了西康考察活动的收入和支出。

因印刷西文困难,年会论文题目从略。

为做好谢立惠在第十三届年会报告中提出的“赶印社友录”工作,中华自然科学社组织部专门发布通告,“敬启者:抗战以来诸多社友失去联络,且通讯地址亦常有甚大之变动,虽经多方面之调查,仍有三百余社友通讯地址不明。希诸位社友于下列名单(注:名单从略)中有知其通讯处者,请即通知重庆重庆大学谢立惠社友或重庆第一一七号信箱转赵宗燠社友为祷”[①]。

1941年4月社友录编印工作正式完成。这份目前保存完好的社友录是中华自然科学社最为完整的组织记录。社友录第一项为第十四届理事名单:胡焕庸、周绍濂、曾昭抡、赵宗燠、童第周、李锐夫、李秀峰、谢立惠(缺载吴襄)。第二项为第十四届社务会职员录。其对该社社务会的机构及部门负责人均有清晰的记载。社长胡焕庸,社务会设总务部、组织部、学术部、社会服务部。总务部主任沈其益,总务部下设文书股、会计股、事务股,各股设干事,分别为李旭旦、郭祖超、童承康。组织部主任谢立惠,下设登记股、调查股、编行股。登记股干事由谢立惠兼任,调查股干事赵宗燠,编行股干事盛彤笙、李玉林。学术部主任曾昭抡,下设学组股、研究股,干事分别是李锐夫、余瑞璜。社会服务部主任吴襄,下设《科学世界》编辑委员会和质疑通讯股、生产事业股、技术咨询股。《科学世界》是中华自然科学社连续性最强的常规性工作,承担着推广科学的职能,从编委会人数的设置中就可以看出来,他们是:王竹溪、吴襄、李旭旦、李锐夫、陈克诚、袁翰青、杨开渠、乔树民、靳自重。社会服务部其他三股的干事分别是曲漱蕙、李秀峰、顾怀曾。赞助社员有9位,分别为:叶秀峰,贵阳农工学院;吴道一,重庆上清寺中央广播电台;辛树帜,重庆中央党部组织部朱部长(朱家骅)转;沈百先,四川綦江导淮委员会;李书田,西康西昌技术专科学校;陈立夫,重庆教育部;俞大维,重庆兵工署;韩祖康,上海四川路卜内门公司;赖琏,陕西城固西北工学院。普通社友按照学组登记社号、姓名、籍贯、学科、现在通讯处等5项内容。学组分为9个:数学组、物理组、化学组、生物组、地学组、心理组、农学组、工学组、医药组。另外还登记了一部分国外社友通讯录,这些在国外的社友仅仅登记了姓名和地址两项内容。后面有补遗,收录了部分后续的社员。附录有姓氏索引,索引按照姓氏笔画数排列,有姓名、社号、所在学组的简称。社友

①《第十三届年会专号·通讯处不详之社友》,《社闻》总第五十四期,1940年12月20日,第13页。

录有“编次赘言”附于最后，其文如下。

抗战军兴，首都沦陷，本社过去重要文件如社友登记表及社籍表等，均遭劫难，是以一部分社友失去联络。三年以来多方调查，通讯地址不明者尚达五分之一，社友录为社友间联系所不可少者，故先就地址已知者付梓。惟抗战期间，社友之流动性极大，恐此册印成，一部分社友之地址将成为明日黄花；尚祈随时通知，俾便在社闻上发表更正，（请函知重庆大学谢立惠社友）至其余二百余地址不明之社友，倘有知其踪迹者，亦希函告为幸！

组织部二（三）十年四月一日①

第五节　中华自然科学社第十四届理事会及年会

关于中华自然科学社第十四届理事会第一次社务会，比较蹊跷的是对于这次会议的时间《社闻》并未记载。出席的理事为吴襄（李旭旦代）、谢立惠、周绍濂、胡焕庸、李锐夫、赵宗燠、李秀峰（朱炳海代）。按照第十三届年会上议决的社章修改案第五条“社长由理事会互选之案”，不同于以往年会公推社长的办法，这次社务会由理事选举社长，胡焕庸4票，周绍濂3票，曾昭抡2票，结果为胡焕庸当选社长。1937年冬才加入中华自然科学社的胡焕庸之所以能够在这次会议中当选社长，除其科研成果不斐、能力超群之外，也是推陈出新的民主选举使然。

这次社务会由胡焕庸主持，吴襄（李旭旦代）负责记录。会议议程共有8项之多。一是推定社务会各部负责人，吴襄为社会服务部主任，谢立惠为组织部主任，童第周为学术部主任，朱炳海为总务部主任。二是部分部门下设机构人员确定。除社会服务部、学术部内部分股及各股负责人由各部门推定外，组织调查股由赵宗燠担任，总务部文书由李旭旦担任，会计由郭祖超担任。三是社章文字整理委员会推定三人专事整理社章案。议决：推定杜长明、胡焕庸、李锐夫3人为整理委员会委员。四是催缴社费问题。吴襄提议自当年度（1940年）

①《中华自然科学社社友录》，中华自然科学社组织部编印，1941年4月，中国国家图书馆缩微胶卷，第98页。

起社费不再减半,并将二年来未缴社费的社友,列单公布,加紧催缴案。议决:交总务部切实办理。五是议决通过吴襄提议的《科学世界》改为双月刊案。议决:交社会服务部切实办理。六是议决通过"不在重庆理事应请定在重庆社友作驻社代表案"。七是议决接洽办理年会交办的组织西北科学考察案。八是基金保管委员会人选仍推杜长明、李秀峰、苏吉呈3人担任。

除了社长以外,从理事和社务工作人员来看,这次会议变动最大,并且不是在年会上通过大会的形式推举。有鉴于此,《社闻》专门对新当选的6位理事一一进行介绍,包括新社长胡焕庸和理事曾昭抡、赵宗燠、李锐夫、吴襄、童第周。其介绍文本如下。

新社长介绍

本届社长胡焕庸社友,号肖堂,籍贯江苏宜兴,早岁在法国巴黎大学专攻地理学。民国十七年学成返国,即入中央研究院气象研究所任研究员兼秘书,同时兼任中央大学教授,十八年夏中大创立地理系,胡先生专任该系教授并兼系主任,迄今十有二年,成绩斐然。中大地理之得有今日地位,胡社友主持之功也。

胡社友平日研究兴趣,固以自然地理为对象,但常本自然地理研究之心得,推论国际形势、人文经济等问题,是以著述范围,颇为广泛,已发表之论文,除普通时论及社评散见国内各大日报及杂志外,其地学方面之专著较重要者有:

1.历史时代之气候变迁。民十八年科学杂志发表

2.两淮盐垦水利实录。中大地理系出版

3.气候学。民国二十五年商务出版

4.中国人口之分布。民国二十四年中大地理系出版,为中国地理上重要著作,其所作人口分布图现为中外各方所根据

5.黄河流域之气候。是为黄河志中之气象篇,商务二十年出版

6.试拟缩小省区方案。为受行政院委托计划新省区之报告书,二十七年完成工作,其纲要发表于青年中国季刊,第二期

7.国防地理。二十七年正中出版

8.四川地理。二十七年青年书店出版

9.中国农业区域。地理学报

胡社友于研究教学之余,又热心于团体服务之工作,但胡社友对于团体活动必以学术团体,而与地学有关系者方予参加。就现任者论,中国地理教育研究会会长,中国地理学会理事兼总干事,中国气象学会理事,中央大学教授会常务理事,青年中国季刊总编辑等,胡社友之加入本社时在民国二十六年冬,至二十七年被选为本社重庆分社常务干事,二十八年并受社务会之委托,任西康科学考察团筹备主任,主持该团之筹备工作,关于工作之计划经费之筹集胡社友最有力焉。本届总社改选,胡社友由西北分社之推举,列为候选人,以最多票当选为理事,再推全体理事互选当选本社社长。

新理事介绍

本社理事九人,其中谢立惠、李秀峰、周绍濂三理事系任期未满,照章连任者,此次新任理事六人除兼社长之胡焕庸理事已介绍如上,此外之五理事,就编者所知扼要介绍如下:

曾昭抡理事　曾社友专攻有机化学,负有世界声誉,为我国科学界之前辈。回国后历任各著名大学之教授、主任、院长,是以门徒遍天下,曾社友以科学家之地位,又为赋有文学天才之探险家,经历险境,行迹遍天下,最近在香港大公报发表之西康考察纪,尤为传诵一时之佳作,是以曾社友之为人为学,读化学者固无不表示敬仰之心,即读其他科学或文学者亦莫不知之甚深,故在此再作学位著作之介绍已无此必要。曾社友为中国化学会之创办人,曾任该会会长多年,中国化学会之得以发扬滋长,曾社友主持领导之功也。曾社友加入本社,时在民国二十七(年)。当即被推为昆明分社常务干事,二十八年夏受社务会之委托即任本社西康科学考察团团长,领导该团冒险长征,历经艰苦满载而归,本社此次改选由西北分社之推举列为候选人当选为理事。

赵宗燠理事　为本社前身华西自然科学社之创办人,历任本社理事,干事,及部主任等职,以赵社友为人之沉毅果敢,对于本社过去社务发展致力实多,赵社友留德多年,在柏林高工专研燃料化学得工程师博士学位,二十九年暑返国,各著名大学争相罗致,但赵社友以参与当前抗战工作为急务,不以大学教授之地位高超而为之动,毅然入军政部燃料研究所任技正员,继续研究液体燃料之提炼精制等问题,此次改选由成都分社西北分社共同推举为候选人,当选为理事。并经社务会推为组织部社友调查股总干事。

李锐夫理事 李社友专攻算学毕业中大后,历任国立广西大学山东大学算学讲师,现任重大(教)授,李社友以对于所学造谊("谊"同"义",造谊指创立新义,笔者注)之深博,教学方法之优良,执教以来成绩斐然,每到一校无不备受学生欢迎,闻又受国立湖南师范学院之礼聘,下学期始即将改就该校教授,李社友之加入本社,早在求学时代,历年以来曾任本社理事、干事、科学世界总编辑等职。对于本社社务之推进备极贤势。本届重任理事,可谓驾轻就熟,其于本社前途之发展,必将有一番贡献也。

吴襄理事 吴社友专研生理之学,自中大毕业后即入中国科学社生物研究所从事专题研究。两年后返中大医学院任教,并在名教授蔡翘先生指导之下,继续研究。吴社友以学有根底,文笔流利,是以著述宏富,在生理学界中,已备受诸前辈之推崇。吴社友之加入本社,亦早在中大求学时代。在京时历任干事编辑等职,入川后在成都分社主持组织事宜,使成都分社成为本社友之核心,吴社友最有力焉。此次改选,由成都分社西北分社之共同推举,列为候选人,当选为时(是)届理事。又经第一次社务会议公推吴社友为社会服务部主任。以吴社友之服务精神主持斯部,可谓深庆得人!

童第周理事 童社友为国内有数之生物学家,对于胚胎学造诣特深,早年在美国得有博士学位,返国后,即任国立山东大学等校生物系教授。战前本社青岛分社之发张,即由童社友等主持之果也。战后改就国立编译馆编审,现任中大医学院生物学教授,与郑集吴襄诸社友同为成都分社之中坚分子。本届改选,由西北分社成都分社之推举,列为候选人,当选为理事。又经第一次社务会公推为学术部主任。[①]

大约也是在这次会议上确定了总社职员名录,并公布在《社闻》上,具体名单如下:"社务会理事:胡焕庸(社长)、曾昭抡、李锐夫、赵宗燠、周绍濂、童第周、吴襄、李秀峰、谢立惠。总务部:沈其益(主任)、李旭旦(文书)、郭祖超(会计)、

①《第十三届年会专号·新社长介绍·新理事介绍》,《社闻》总第五十四期,1940年12月20日,第10-12页。

童承康(事务)。学术部:曾昭抡(主任)、余瑞璜(研究股干事)、李锐夫(学术股干事)。社会服务部:吴襄(主任)、靳自重(科学世界经理编辑)、顾怀曾(技术咨询股干事)、曲漱蕙(质疑通讯股干事)、李秀峰(生产事业股干事)。组织部:谢立惠(主任)、赵宗燠(调查股干事)、盛彤笙、李玉林(社闻编行股干事)”[①]。这份名单和上节所说《社友录》基本一致,并且日期也相同。

为了便于联络,这次社务会还对总社的通讯处做了统一规定,并发布启事。

总社过去之对内对外函件,每期通讯处之未予统一,时有遗失迟到之虞,于社务之进行上,殊多妨碍。自本年度始,总社之通讯处,规定如下:

1.关于社费之缴纳查询事项,请直接寄重庆沙坪坝中央大学郭祖超社友收。

2.关于科学世界稿件之递交及刊物之分发事,暂寄成都华西坝小天竺112号。

3.关于社友之出入登记等事,概寄重庆沙坪坝重庆大学谢立惠社友收。

4.除以上两(三)项规定以外之一切事务,统函交重庆沙坪坝中央大学理学院地理系收转本社。[②]

1941年1月15日,中华自然科学社举办第十四届理事会第二次社务会。会议地点为中央大学教职员集会所,出席理事为胡焕庸、谢立惠、李锐夫、李秀峰(朱炳海代)、曾昭抡(杜长明代)、吴襄(李旭旦代)、吴功贤(列席)。会议由胡焕庸主持,李旭旦负责记录。这次会议或许由于与上次会议间隔时间太长,讨论社务竟然达17项之多。其中,社会服务部7项,为第一、第三、第四、第五、第六、第七、第八项;社长胡焕庸3项,为第二、第十三、第十四项;总务部3项,为第九、第十、第十一项;童第周1项,为第十二项;组织部3项,为第十五、第十六、第十七项。事关人事调整的项目较多,由此可以看出新社长胡焕庸对社务的调整力度之大。各项具体内容如下。

一是“提高《科学世界》文字水准”。议决:仍以通俗化、普通化为主,但每期得酌登一两篇专门研究文字的论文。二是议决通过“本年应开始出版不定期之

①《本届总社职员名录》,《社闻》总第五十五期,1941年4月15日,第18页。

②《第十三届年会专号·社务会启事·一·总社通讯处之划一规定》,《社闻》总第五十四期,1940年12月20日,第14页。

研究论文报告”。以本届年会论文为主要材料,由学术部主持办理,名为《中华自然科学社论文集》,译名为“The Collected Papers of the Natural Science Society of China”。三是“规定本社与《科学世界》译名”。议决:该社译名为“The Natural Science Society of China”。《科学世界》译名为“Scientific World”。四是议决照原案通过《科学世界》改组案,编辑部改为编辑委员会,附组织条例。五是议决通过《科学世界》定价与广告价目由编辑委员会全权决定。六是议决通过聘定《科学世界》编辑委员:王竹溪(西南联合大学物理系)、李锐夫(重庆大学数学系)、袁翰青(兰州科学教育馆)、李旭旦(重庆中央大学地理系)、杨开渠(四川大学农学院)、陈克诚(乐山武汉大学工学院)、乔树民(贵州定番卫生院)、靳自重(重庆金陵大学农学院),吴襄(成都中央大学医学院)为委员兼主席,靳自重兼经理编辑。七是议决通过社会服务部各股干事。曲漱蕙为质疑通讯股干事,王佐清为技术咨询股干事,李秀峰为生产事业股干事。八是议决社会服务部经费预算案:由总社每二月支一千元(刊物售价在内)。九是本年度(1941年)总社预算案(详表附后)。议决:通过,不足之数,另谋办法。按附表所列该社年度预算,支出项目为社会服务部经费、社闻印刷费、总务和组织两部书记薪给、社友录印刷费、邮电费、文具纸张、车力及工资、茶点费、预备费等,共计8640元。收入项目为中央津贴(2400)、刊物售价(4200)、教育部津贴(750)、社费(600),共计7950元。十是议决通过聘童承康为事务股干事。十一是“如何催缴旧欠社费案”。议决:积极催缴,三次不应者,停止寄送《科学世界》。十二是议决恳切挽留童第周请辞理事兼学术部主任案。十三是组织西北考察团案。议决:先成立筹备会,聘陈立夫、叶秀峰、袁翰青、赖琏、郑集、盛彤笙、胡焕庸、李旭旦、陈宗器、潘璞为筹备委员,推定胡焕庸为主席,李旭旦兼秘书。十四是“中学教育用具之供给,本社应否予以合作案”。议决:请吴功贤先行计划。十五是议决通过“聘杨浪明、李玉林为《社闻》编行股干事(注:杨社友辞职已由总社改聘盛彤笙社友继任)”。十六是议决通过组织部聘请的通讯干事。分为两类,一类是按照所在地区:重庆,杨允植、陈邦杰;成都,曲漱蕙;叙府(今四川省宜宾市,笔者注),吴印禅;乐山,陈克诚;泸县,顾金鑫;昆明,谢明山、余瑞璜;贵州,任美锷;湖南,李达;西北,盛彤笙;兰州,叶彧;白沙,陈传璋;峨眉,汪积恕;欧陆返国社友,袁炳南、邵铂、周绍濂；英国返国社友，陈永龄、夏坚白；美国返国社友，袁翰青、杜长明。另一类是按照学科分组：数学组，李锐夫；物理组，李国鼎；化学组，郑集；农学组，沈其益；生物组，吴功贤；工学组，杜锡桓；医学组，顾学箕；心理学组，龙叔修；地学组，邓启东。十七是议决通过下列新社友案：陈正、范从振、卜方、傅雪晴、谭伯禹、黄克维、颜闓、潘新、钟家栋、沈剑虹、李彩祺、蒋允功、曾石虞、严梅和、金继汉、易明晖、王鹤亭、陈励。

3月15日，在沙坪坝乐露春，中华自然科学社举行第十四届理事会第三次社务会。出席者为胡焕庸、曾昭抡、周绍濂（李达代）、谢立惠、李锐夫、李秀峰（朱炳海代）、吴襄（李旭旦代）。列席者为沈其益、杜长明。由胡焕庸主持，李旭旦负责记录。这次社务会有10项议案。

一是"总务部主任朱炳海辞职案"。议决：通过，改推沈其益为总务部主任。二是理事兼学术部主任童第周送函辞掉本兼各职，并推李锐夫兼学术部主任案。三是理事童第周、吴襄函提"本届理事李锐夫既中止离渝，总社应请其担任要职，以副（负）众望案"。以上两案合并议决：准童第周辞学术部主任兼职，坚决挽留理事一职；学术部主任一职因李锐夫辞不愿就，改推曾昭抡继任。四是社会服务部提"总社分社与社友会之职权，应即划分以利事业之发展案"。议决：关于全国性与首都（重庆）所在地工作由总社或总社名义担任，地方性工作由分社担任。五是社会服务部提"本部技术咨询股干事王佐清社友以行踪无定，请改聘沈其益（农学）、顾怀曾（工）担任该股干事案"。议决：王佐清社友准其辞职，关于工学咨询干事准聘顾怀曾担任，关于农学咨询，因沈其益已任总务部主任，社会服务部需另提人选。六是议决通过社长胡焕庸所提"在重庆举行通俗科学演讲案，由李锐夫主持办理。七是组织部提"请增加并致聘通讯处干事案"。议决：加聘任邦哲为美国返国社友通讯干事，罗士苇为广东通讯干事，苏德隆为广西通讯干事，张明善为江西通讯干事。八是组织部提"增加分社并请主持筹备人案"。议决：聘请各分社筹备人如下：任美锷、涂长望，遵义；陈克诚，乐山；汪积恕、方文培，峨眉；唐崇礼、葛天回、苏德隆，桂林；陈宗器、孙仲逸，柳州；吴印禅、王葆仁，宜宾；罗士苇、黄维炎，广东；王之卓、邓启东，北碚；陈传璋、张辰，白沙；刘伊农、李国鼎、乔树民、李良骐，贵阳；曹修懋，辰溪；张明善、黄野萝,泰和;周昌芸、李凤荪,永安;袁翰青,兰州;徐近之,美国东部;蒋士彦,美国中部;卢嘉锡,美国西部。九是议决通过学术部提“推聘李锐夫为学术部干事,余瑞璜为研究股干事”。十是理事吴襄、童第周提“本年年会在成都举行,会期约定于十一月一二日案”,议决:缓议。

对于第十四届年会,中华自然科学社做足了功课。1941年10月5日,在中央大学教职员集会所召开第十四届第六次社务会及第十四届年会筹备会联席会议。出席人为胡焕庸、周绍濂、李锐夫、谢立惠、赵宗燠(谢立惠代)、黄其林、李秀峰(朱炳海代)、吴襄(张德粹代)、沈其益(黄其林代)。会议由胡焕庸主持,黄其林负责记录。会议内容也是历次社务会中最多的一次,分报告事项和讨论事项。

报告事项是司选组报告各方提出的第十四届年会理事候选人名单,这份名单分别由分社和社员自由组合的小组提议。名单如下:

成都分社提:李方训、郑集、曲漱蕙、盛彤笙、余瑞璜、曾宪朴、杨浪明、靳自重、曾省之、杨开渠、李廷安、冯泽芳、沈其益、张德粹、章文才、朱壬葆。

重庆分社提:吴功贤、沈其益、周怀恒、郑集、杜长明、朱炳海、盛彤笙、刘智白、梁树权、曾石虞、黄其林、程式、陈伯齐、任美锷、张德粹、涂长望、孙光远、欧阳翥、李国鼎、杨允植、余瑞璜、谢家玉。

邓乐觉、陈百屏、黄文熙、胡坤升、周鸿经,提:张更。

陈光杰、朱浩然、程式、陈芸、柏实义,提:朱炳海。

林德平、伍律、凌宁、张汝亭、吴功贤,提:沈其益。

徐冠仁、姚钟秀、黄玉珊、陈正,提:杜长明。

章涛、管光地、柳大绰、陈昌绍、江志道,提:高行健。

方文培、徐凤早、唐世凤、张宗汉、黄似馨,提:陈邦杰。

沈其益、张德粹、黄其林、胡焕庸、朱炳海、周绍濂、李锐夫、谢立惠,提:童致诚、王葆仁、张仪尊、鲍觉民、李仲珩、霍秉权、陈宗器、倪超、温步颐、袁翰青、吴印禅、唐培经、黄国璋、雷肇唐、徐硕俊、沙玉清、夏坚白、陈克诚、陈永龄、张书农、顾学箕、朱章赓、程宇启、李良骐、刘伊农、吴征铠。

讨论事项有3项。一是议决通过组织部提请的新社友案。二是议决通过社会服务部提请的聘任戴重光、陈箓熙两人为《科学世界》编辑委员会干事。三是吴襄提议理事选举票单独寄发案。议决：为节省手续、免除遗失起见，有分社处仍由各分社分发。

第十四届年会前半月，《社闻》专门编发稿件《对于本届年会之期望》，在总结1940年工作的基础上，特别提到“社团之组织，首重推诚”，这样的特殊工作方法是其他历届年会所未有的。其文如下：

本社第十四届年会将于本月廿九、三十两日在陪都举行，值兹国难益深，国防科学化已成全国最迫切要求之际，本社既具十五年之悠久历史，拥有一千二百余社员，检讨过去，展望将来，虽觉充满无限之光明与希望，亦感所负责任之重大与前路之艰辛。当兹年会开幕之前夕，敢致数语，以志其热烈之期望与颂祝焉。

就具体之事实言，过去一年之社务，确有长足之进展：如永久社员之增加，各地分社之成立，社员著作之调查，国防丛书之筹印，西北科学考察之举办，川康实业公司之扩展以及《科学世界》内容之充实与出版之定期等，均其荦荦大者。在万分艰苦之环境中，各种工作仍能并驾齐驱，进行不间，实各部分职员之负责与全体社友之努力有以致之，足资欣佩慰藉者也。虽然，以本社社员之众多，潜力之雄厚，国家对科学需要之迫切，社会对本社期望之殷勤，则吾人决不能引过去以自豪，视现状为满足，必须继续奋斗，不断努力，百尺竿头，更进一步，方足尽科学家对国家之责任，不负本社创社之宗旨也。

外人常讥我国人为一盘散沙，吾人亦常自觉弱于团结，究其根源，实由热诚之缺乏。社团之组织，首重推诚，有热诚始有情感，始生力量，始能不顾个人之利害，以谋团体之成功；执事者推动于中枢，社员努力遍全国，犹原子之构造，既坚且实，其力自强。此种集体之力量，用之于事业则事业成，献之于国家则国家兴。本社为一纯粹学术团体，份子原极淳真，感情最易融洽，只须更再提高热诚，加紧团结，则任何阻力与困难，未有不能超越克服者也。年会为集思广益，表现集体力量之最好机会，尤盼全体社友踊跃参加，热烈讨论，对于社务之兴革与全国科学事业之改进，尤宜商定具体办法，以作以后努力之方针与全国建设之绳准，是实本届年会之最高意义与吾人最光荣之使命也，愿全体社友共勉之。(赞)①

① 《社论·对于本届年会之期望》，《社闻》总第五十八期，1941年11月15日，第1页。

1941年11月30日,中华自然科学社第十四届年会在重庆沙坪坝重庆大学召开。出席人员如下:郑衍芬、陈邦杰、胡焕庸、王文瀚、吴亭、黄其林、谢立惠、李旭旦、王釗、杨纫章、胡豁咸、邹钟琳、袁见齐、沈其益、朱炳海、刘智白、秦子青、朱浩然、孙鼐、周怀衡、程式、邵铂、曾石虞、黄玉珊、邓宗觉、潘璞、马叔文、林国恩、李学清、邱鸿章、邓静中、周绍濂、胡筠、程潞、张更、卢浩然、王德宾、金锡如、戈定邦、吴功贤、梁树权、赖琏、张洪沅、王文华、辛树帜、赵宗燠、顾敬心、黄肇兴、欧阳翥、邓静华、周鸿经、管光地、胡光熹、吴任沧、叶学哲、宋熉章、赵瑛、王恒守、王汉曾、黄厦千、姚开元、江志道、俞建章、翁之龙、郝景盛、吴襄(郝景盛代)。年会主席团成员为胡焕庸、张洪沅、杜长明。

第十四届年会堪称中华自然科学社规格最高的年会,会后,中华自然科学社从科学对于抗战建国和国防建设的重要性以及该社对西部资源考察的种种成就等几个方面,发表感言。

本届年会的来宾也是历届年会中阵容最为庞大的,国民党组织部部长兼中央研究院院长朱家骅、教育部部长陈立夫、中央党部秘书长吴铁城代表张渊若、社会部代表卞灵孟、宣传部代表高荫祖、国立编译馆馆长陈可忠、中山大学校长张云等国民党相关部门显要或代表莅临大会。陈立夫、朱家骅进行了演讲,朱家骅的演讲题目为《科学研究之意见》。各地分社也纷纷为这次空前规模的年会发送贺电。江西分社,"重庆中华自然科学社第十四届年会社友公鉴:抗战建国,诸赖科学,际兹胜会,嘉谟必多,引领西望,用电申贺,江西分社皓叩"。贵阳分社,"重庆中华自然科学社第十四届年会社友公鉴:硕彦宏才,济济一堂,研讨精详,持论高卓,谨电致贺,诸维詧照!贵阳分社全体社友同祝"。美国明州分会,"本届年会本分社社友未克参加,诚为憾事,谨祝会议进行顺利,出席社友健康!美国明州分会谨启"。

继由各部负责人报告社务,报告分会计报告、学术部报告、社会服务部报告。

会计报告分为以下4个部分:社务日常费用(自1940年11月1日—1941年11月25日)、《科学世界》刊物出版费(1940年11月—1941年11月)、一年来事业费支出百分比、社会服务部收支报告(1940年12月27日—1941年11月15日)。

学术工作部报告汇报了3方面的工作:一是编辑国防科学丛书。为应全面抗战建国需要起见，中华自然科学社特发起编辑国防科学丛书，于1941年8月底与重庆青年书店订约，由该书局出版甄别，征稿办法已在《社闻》公布。时已编成者有盛彤笙《军马与家畜之防毒》一书。在编著中有：吴襄的《航空医学》，吴公权的《军用飞机》，柏实义的《飞行原理》，黄玉珊的《飞机结构》，陈克诚的《军事地质学》，杜长明的《化学与国防》，朱炳海的《气象与军事》，陈伯齐的《防空工程》，张德粹的《粮食问题》等。二是调查社友著作。已发出调查表，调查各社友平日已刊行论文之专书，一俟汇齐，即行付梓。三是刊行年会论文摘要。为使社会人士对该社进一步认识起见，预定本届年会出版论文摘要。

社会服务部工作报告首先回顾了本部门的情况，“本部成立方及十一阅月，工作范围仍继续前本社推广部而略加扩充，现设‘科学世界编辑委员会’‘质疑通讯股’‘技术咨询股’‘生产事业股’，及某战区前卫日报科学副刊编辑等五部分”①。除了《社闻》总第五十七期已经报告《科学世界》的情形外，另外还从其他四部分对社会服务部的工作加以概要：一是质疑通讯股——本股专司接受各方来函质疑，而分别转请专家社友书面答复者，本年来所处理之质疑，约在百余条左右，逢有重要而答复较详者，则摘要刊登在《科学世界》。二是技术咨询股——本股设立系尝试性质，目的在为各方解决技术问题，如图书馆和工厂、农场实验室的设计等，成立一年，以宣传不广，来函咨询者仅数起而已，故该股是否需要？如属需要，则如何发挥其职能？实所望于全体社友予以指教者。三是生产事业股——中华自然科学社直接参与生产事业，实自上年（1940年）起，惟所参加之实业公司，以内部组织欠健全，负责人之未能黾勉从事，以致迄今两年，成效未著，且事实上本部以成立较晚，对于所参与之生产事业既无法过问，更无权指导，以致本股等于虚设，故为求臻进本社所参与之生产事业计，本股之职权，应予充实，俾确能推动并监督本社所投资之事业，庶几基金不致亏损，至应如何措置，尚望全体社友予以裁决。四是《前卫日报·科学副刊》——该报为该社一社友所负责，社务会应其要求而由本部聘请专人主持，已出版8期。内容力求浅显通俗，以便深入人民大众。

关于商讨社务，本届年会分为议决案和临时动议两大类别。

---

①《年会文献·社会服务部工作报告》，《社闻》总第五十九期，1942年1月25日，第13页。

议决案分为以下九个问题，其中第一、二、三、九四项为社务会所提，第四、五两项为西北分社所提，第六、七两项为社员以个人名义所提，第八项为贵阳分社所提。一是议决通过“增加理事人数案”。自本年度起每年增加理事2人，增加3年后适为15人，即为该社理事之法定人数，每年改选5人。二是议决通过“设立基金募集委员会，扩大募集本社基金案”。人选及组织法交给社务会办理。三是“议决通过增聘朱家骅、翁文灏、竺可桢、邹秉文、秉农山、胡先骕、叶企孙、孙洪芬、熊庆来九位先生为本社赞助社友案”。四是缴纳社费案，“本社社友已超过千人，以后宜重质不重量，为慎重将事起见，任何人加入本社均须缴纳入社费案”。议决：原案所提办法早已实行。五是扩大西北考察，“本社年来曾组西北考察团，惟其范围仅于川北陇南，望以后能扩充考察地域，以便本社社友多多参加案”。议决：原则通过，交以后考察团参考。六是由袁翰青所提“本社应编印《科学译要》，俾今日后方科学界不致与世界科学新知完全隔绝案”。议决：通过，交社务会拟定详细办法，切实执行。七是王世威、王务义、苑毓英、罷道坦4人所提“取消全国中小学自然科学书籍版权，允准各书局随时随地翻印案”。议决：保留。八是“刊行本社年会论文案”。议决：交学术部参考办理。九是“本社促进科学教育方案纲要”，文本见于1942年1月25日出版的《社闻》总第五十九期。议决：“纲要通过，并于《科学世界》上刊布，征求各社友意见，以求完备，在本方案实行时应与政府切实合作，分别缓急按期实行，目前所能实行者有下列各项：(一)调查全国各科学机关之设备及工作情形，调查结果在《科学世界》上发表之。(二)刊印科学文摘。(三)中学仪器标本之制造。(四)举行科学表演。(五)鼓励各工厂设立研究室”[①]。

临时动议有三项内容，一是议决通过“刊行本社年会论文摘要案”，交学术部执行；二是议决通过“社务会负责整理社史及本社刊物并请专人保管案”；三是教育部来文由该社推荐部聘教授案，议决：交社务会执行并通知各社友推荐。

另一项社务内容是选举理事，按照这次会议的选举结果，下列人员当选：沈其益，87票；盛彤笙，79票；杜长明，43票；杨浪明，36票；朱炳海，30票。因郑集与朱炳海同票，抽签结果朱炳海当选。连任理事名单：胡焕庸、李锐夫、吴襄、赵宗燠、童第周、曾昭抡。

---

①《年会文献·第十四届年会记录·议决案》，《社闻》总第五十九期，1942年1月25日，第3-4页。

宣读论文也是一项重要内容,本次会议共宣读85篇。年会期间,还进行了公开演讲。演讲的时间、演讲者及题目如下表。

表3-5 演讲情况表

十一月二十七日	王恒守教授	混油淘金法
十一月二十八日	李寿同教授	滑翔运动之瞻望
十一月二十九日	宋章教授	化学工程与抗战建国
十二月一日	王鹤亭厂长	代水泥发明之经过及其功用
十(二)月七日	李学清教授	陕西紫阳县之地质

第六节 中华自然科学社第十五届理事会及司选委员会

1941年12月21日,中华自然科学社在中央大学召开第十五届理事会第一次社务会,出席者为沈其益、杨浪明(沈其益代)、盛彤笙(黄其林代)、杜长明、朱炳海、吴襄(高叔哿代)、李锐夫(周怀衡代)、胡焕庸、曾昭抡(杜长明代)、赵宗燠(谢立惠代)。会议有7项议案:一是选举社长,开票结果,胡焕庸以7票当选;杜长明和曾昭抡各1票。二是推举各部主任。沈其益为总务部主任,谢立惠为组织部主任,杜长明为学术部主任,吴襄为社会服务部主任。三是学术部主任提:李锐夫、朱炳海为学术股干事,主编国防科学丛书;周鸿经、章涛为研究股干事,主编论文摘要。四是议决通过总务部各股干事:文书,黄其林、胡豁咸;会计,朱浩然、谢立文;事务,邓宗觉、王文瀚。五是议决通过组织部各股干事:调查股,杨浪明;《社闻》编行股,盛彤笙。六是社史整理社务保管委员会推杨浪明、朱炳海、陈邦杰三社友负责。七是核定下年度经费预算:《科学世界》每两月出版1次,每次暂定2000元,全年12000元;《社闻》每2月1次,每次250元,全年1500元;寻常社务开支,每月150元,全年1800元。

1942年7月12日上午,中华自然科学社在中央大学教职员集会所举行第十五届理事会第四次社务会,出席人员为朱炳海、李锐夫(谢立惠代)、盛彤笙(黄其林代)、沈其益、吴襄(高叔哿代)、胡焕庸、童第周(谢立惠代)、赵宗燠(沈其益代)、杜长明、曾昭抡(杜长明代)、杨浪明(吴功贤代),会议主持和记录分别为胡焕庸、黄其林。会议议决事项共计13项。一是议决通过新社友(以往每次社务会大多都有通过新社友的议案,但往往是放置为最后议题,不知何故,这次成为第一个议题)。二是推定司选委员会人选,推定李翰如、邵铂、朱应铣、吴功贤、鲍觉民、夏坚白、黄其林7人为司选委员,吴功贤为召集人。三是决定选举日期,候选人提名截止日期为9月底,11月底收齐选举票,11月30日开票。四是议决新社友缴纳社费方法,新社友均需缴纳入社费,另以10月1日为期,之前加入的新社友还需缴纳常年费,之后新加入的社友免缴常年费。五是议决新社友的选举权与被选举权,议决第十五届第四次社务会之前通过并且已经履行入社手续的新社友享有。六、七两项都是西北分社提请的议案,其一事关理事候选人,由总社提选有资望且热心社务的若干名社友,印制一名单并寄给各分社复选候选理事,议决以社长早已规定理事候选人办法为由,社务会不便更改。其二是增加社费,议决先行征求各分社意见,数额暂定为入社费10元,常年费10元,永久费100元,学生社费减半,入社费缓缴。八是李锐夫提请的依照总社或分社每月所报告已缴常年费名单分发《科学世界》的办法,议决《科学世界》分发办法已经决定,仅仅寄给已缴社费的社友,并已经照此办理。九是议决通过了组织部调查股聘请的两类通讯干事;各社友区通讯干事和各学组通讯干事。十是由贵阳分社提请的是否应予更改分社职员为理事的议案。各分社职员名称过去称为干事,依照国民政府社会部规定各人民团体组织职员应为理事、监事,议决各分社职员名称改为分社理事。十一是杨浪明提请辞去社史整理及社物保管的议案,议决挽留,加推顾学箕为社史整理和社物保管委员。十二是关于是否投资社友范从振等创设的缝纫机制造厂的议案,议决由总社基金项目下投资3000元。十三是该社与地理学会合印的120本《西北科学考察团报告》印刷费用问题,议决以西北科学考察团余款771元抵付。

8月4日中华自然科学社在重庆大学会议室举行第十五届司选委员会第一次会议,出席人为吴功贤、鲍觉民(朱炳海代)、邵铂、朱炳海、黄其林(谢立惠代),主持和记录分别是吴功贤、朱炳海。这次会议仅有两项议案,一是推举吴功贤为司选委员会主席,二是催促各社友"速提本届理事候选人,办法如下:甲、未提候选人之各分社即分函促速之,乙、登载重庆中央日报大公报向全国社友催促”[①]。此外,中华自然科学社还就司选理事候选人一事在《社闻》登载启事,加以催促,其内容为“本届理事选举事宜前曾印就选举票及候选理事名单寄发全国社友,务请各社友于收到后迅即填就于十一月底以前寄回重庆中央大学吴功贤社友,以便于十一月三十日开票为盼”[②]。

10月1日中华自然科学社在中央大学教职员集会所举行第十五届司选委员会第二次会议,出席人为李翰如、黄其林、吴功贤、谢立惠、朱炳海、鲍觉民(李旭旦代),主席和记录分别是吴功贤、黄其林。会议分为报告事项和讨论事项。报告事项有两项:一是根据第一次会议议决办法,已经登报通知各社友,还发送快函给各分社,催促提出候选人。二是已收到候选人名单如下:(1)西北分社推:周绍濂、涂长望、黄其林、薛愚、陈克诚、张德粹、程宇启、祁开智、沙玉清、龚道熙。(2)李庄分社推:吴印禅、夏坚白、倪超、陈克诚、程宇启、黄其林、刘伊农、余瑞璜、薛愚。(3)重庆分社推:张洪沅、陈邦杰、郑衍芬、冯泽芳、郝景盛、吴功贤、李旭旦、邹钟琳、程式、黄其林、周鸿经、章涛。(4)嘉定分社推:周厚枢、陈克诚、梁百先、钟兴厚、胡乾善、高尚荫、江仁寿。(5)成都分社推:沈其益、李旭旦、陈克诚、袁翰青、张孝礼、薛愚。(6)杨浪明、盛彤笙、谢铮铭、黄其林四社友推:程宇启。(7)史瑞和、居戴春、谢立文、金法宦、金继汉五社友推:谢立惠。(8)何学文、李玉洁、蔡善英、潘新、沈岳瑞五社友推:雷兴翰。讨论事项是司选委员会提出候选人补充名单,议决通过补推以下人员为候选人:李国鼎、朱章赓、顾学箕、乔树民、鲍觉民、张更、李方训、黄国璋、李良骐、苏德隆、顾兆勋、王之卓、王保仁、张明善、靳自重、任美锷、陈宗器、唐崇礼、方俊、陈华癸、郑集等。

10月11日上午中华自然科学社在中央大学教职员集会所举行第十五届理事会第五次社务会,出席人员为胡焕庸、盛彤笙(黄其林代)、曾昭抡(朱炳海代)、沈其益、李锐夫(沈其益代)、杨浪明(沈其益代)、朱炳海、赵宗燠(谢立惠代)、童第周(谢立惠代),列席人员为吴功贤、黄其林、谢立惠、胡豁咸,主持和记录是胡焕庸和黄其林。会议共有6项内容,报告事项和讨论事项各为3项。报告事项,一是胡焕庸报告,国父实业计划研究会主办的蒙新考察团函请该社派

①《总社社务·第十五届司选委员会第一次会议纪录》,《社闻》总第六十一期,1942年11月1日,第6页。

②《启事·司选委员会启事》,《社闻》总第六十一期,1942年11月1日,第23页。

出地理和气象二人参加,拟派徐尔灏(气象)、周立三(地理)参加;二是司选委员会主席吴功贤报告本届理事选举票和候选人名单已经全部寄出;三是沈其益报告美西分社组织情形。讨论事项,一是议决通过美西分社成立备案事宜;二是议决原则通过了该社拟刊行的《科学纪新》,该刊主要介绍中外科学消息;三是议决通过组织部提请的新社友,具体名单如下表。

表3-6 新社友情况表

贵阳分社	王栋(畜牧)、蔡之荣(土木)、辛秋亭(机械)、陈善明(农化)、喻锡璋(农)、张公溥(农)、姜诚贯(农)、卜慕华(农)、李庆赓(农)、马福生(农)、陆纯庠(农)、刘谷生(医)、李堃、田河森、王鸣达、朱和周
重庆分社	陈其勋(森林)、姜治光(物理)、侯家骕(化学)、李士豪(水利)、黄绍基(物理)、张徽五(物理)、范章云(物理)、李世瑚(园艺)、牛洛宸(物理)、张万久 (土木)、夏承微(生物)、刘丕基(生物)、黄伯易(生物)
成都分社	童第肃(土木)、买永彬(兽医)
美国明州分社	余斯勋、蒋震同(植物病理)、乔硕人(化工)、杨书家(经济)、徐雍舜(县政)
美西分社	陈则樑、张炜逊、张捷迁、张仲桂、常伦贞、张廷举、赵大卫、陈樑生、陈则湍、陈为敏、郑亮善、郑仲孚、陈富芬、周增嬅、朱伯深、全陆伯、吴壮夫、何昌庆、何怡贞、萧光灏、薛兆旺、胡宁、许文彬、黄永强、叶澄宇、谢明藻、赵多惠、周树荣、张德慧、高学中、葛庭燧、郭永怀、刘日华、李夙炯、梁桂钊、刘旋耀、李卓浩、李廉凤、李廉彦、李铭新、林家翘、林世让、刘迎春、刘华杰、雷荫轩、刘昊球、雷宗贵、毛应斗、倪吉明、毕德显、陈焕梧、沈诗章、萧根开、岑德英、钱学森、诸尚义、王克勤、王锡衡、王俊奎、梁栋才、胡其雄、吴隆申、余成廉、叶绍荫、叶克武、袁家骝、俞恩瀛、Wallacc Chan,Claude R·Kellog,John Leong,Miss Leatrice Lowe,Willam Henry Wolfram,Herbert Yee,Miss Margaret N·Lewis

第七节 中华自然科学社第十七届年会及理事会

1943年11月14日上午9时,中华自然科学社在重庆沙坪坝重庆大学礼堂举行第十七届年会开幕式。同第十四届年会相当,这次年会,规格较高。政府要员之外,社会各界名流也在被邀请之列,包括重庆大学校长胡庶华、中央大学教育长朱经农、国防科学促进会代表赵曾珏、中国科学社代表卢子道等。这些政要、社会名流连同中华自然科学社成员共约300人参会，会议推举冯泽芳、胡焕庸、张洪沅、杜长明、周绍濂为主席团成员。开场礼仪后，由大会主席冯泽芳宣读训词。宣读完训词后，冯泽芳又对中华自然科学社的宗旨及其努力方向做了申述。接下来，朱家骅致训词，翁文灏、吴俊升、胡庶华、金宝善、朱经农、赵曾珏、卢子道先后致辞。午间，由中央大学、重庆大学联合招待。下午，首先讨论决定五项社务：一是出刊专号报告；二是成立科学服务部；三是加强国际科学联络；四是筹办科学博物馆；五是筹募基金。接着，讨论专题报告《中国科学建设之途程》，议决遵循以下原则：(1)通过成立科学博物馆的手段来实现普及国民科学知识；(2)领导中小学自然科学教育；(3)增加大学科学设备；(4)充实现有科学机构；(5)适应国家建设的需要，战后要添设研究所；(6)加强国际科学合作；(7)奖励纯粹自然科学研究；(8)资助有一定研究成就的科研人员出国深造。下午五点会议结束。会议虽然收到了48篇论文，但因时间关系未能在大会上宣读。《中央日报》对这次会议相关内容做了较系统的报道。

这次年会召开的前一天，中华自然科学社还专门举办了科学展览。科学展览分别在重庆大学理学院和沙坪坝青年馆举行，分地质、物理、心理、农林、化学、医药卫生六部分。参加展览的有中央大学、重庆大学、卫生署中央卫生实验院、中央工业实验所、中央林业实验所、中央滑翔机制造厂、农林部病虫药械制造厂、动力油料厂、中央造纸厂、天原电化厂10个单位。

1944年3月22日，中华自然科学社第十七届第三次社务会议(理监事联席)在重庆大学会议室举行。出席人员为曾昭抡、胡焕庸、李达(周怀衡代)、冯泽芳、张洪沅、周绍濂、朱炳海、杜长明(朱炳海代)、吴功贤、戈定邦、谢立惠、盛彤笙(张德粹代)、沈其益、黄其林、薛愚(谢立惠代)，由冯泽芳主持。讨论事项共五项。一是“科学丛书编辑机构应如何组织案”。议决：国防科学丛书与自然科学丛书各设主编一人，负责主持丛书编辑事宜。二是“关于国防科学合作事宜应否组织委员会办理案”。议决：组织国际科学合作委员会，推定朱章赓、涂长望、曾昭抡、胡焕庸、李方训、朱树屏、卢嘉锡及学术部主任为委员。三是“是否应聘请外国来华科学专家为本社名誉社友案”。议决保留。四是“审查新社友入社案”。议决:通过吴定良、朱嘉树、黄席棠、左垲、罗微光、焦庚辛、艾忠泉、陈荣卿、陈家俊、韩庆同为新社友。五是“遵照社会部命令不设学生社员,本社应如何办理案”。议决:遵令照办。

3月23日,中华自然科学社举行《科学文汇》编辑委员会谈话会,地点为中央大学生物系,出席人为高济宇、陈邦杰、王恒守、沈其益、范章云、欧阳翥、邓宗觉、龙叔修、涂长望、邹钟琳、张更、顾兆勳。会议对《科学文汇》编纂问题做了以下六个方面的讨论:一是《科学文汇》如何编订案,议决为分物理、生物、工程三个学科;二是推沈其益为总编辑;三是本月底收集第一期初稿;四是每一单位暂定交稿24页;五是英文刊定名为“Science Abstract and Articles from Microfilms”;六是请Needham和Cressy两人为《科学文汇》顾问。

6月17日,中华自然科学社第十七届第四次社务会议暨理监事联席会议在中央大学生物系举行。出席人为沈其益、陈克诚(沈其益代)、吴功贤、吴襄(欧阳翥代)、朱炳海、杜长明、胡焕庸、杨浪明、谢立惠、周绍濂、冯泽芳、黄其林、盛彤笙(张德粹代),主持和记录分别是沈其益、邓宗觉。这次会议内容分为报告事项和讨论事项。

报告事项有六项:一是通报募集基金情况。上年度募集基金31925元9角6分,本年度西北分社募5800元,李庄分社募11333元,乔树民募得700元,朱骝捐500,葛培根捐100元,(某某)募捐100元,共计54958元5角6分(注:合计有误差,原文如此)。二是通报本年度收到补助费,计教育部60000元,三民主义青年团国防技术委员会补助中国科学印刷费81000元,社会部5500元,贸源委员会20000元,共计收到166500元。三是通报《科学文汇》情况。分物理科学、生物科学、工程科学三大类,每类已出1期,每期印300份,直接定户每类150户。四是汇报主要支出:打字机1架,53000元;蜡纸,16000元;纸张13万左右。五是汇报国防科学丛书出版情况。已经出版严演存撰写的《火药》一种,尚有8册在印刷中。六是《科学世界》发行情况。已与文化生活出版社订立合同,为《科学世界》总经售,每期代售2500本,每本以5折作价,由该社一次付款。

讨论事项共计七项。一是第十八届年会是否应举行案。议决:暂不举行,理事改选照章办理。二是推定第十七届理事司选委员会名单案。议决:推定张德粹、王佐清、谢立惠、邵铂、朱炳海、张更、曾石虞7人为司选委员，以朱炳海为社友召集人。附有应改选和留任的本届理事会名单，应改选者有沈其益、杜长明、盛彤笙、杨浪明、朱炳海5人，留任者有冯泽芳、周绍濂、曾昭抡、程宇启、李达、薛愚、吴功贤、黄其林、陈克诚、谢立惠10人。三是推定《科学世界》编辑人选案。议决：推定曾鼎和、金有巽2人为主编，吴功贤、丁骕、龚洪钧、黄玉珊、张楚宾、陈尔寿、方左英、薛愚、杨浪明、钱德、张昌绍、李锐夫、张子圣、龙叔修、管公度、黄其林等社友为编辑。四是"推定《科学文汇》编辑人选案"。议决：推定沈其益、高济宇、欧阳翥、王恒守、张更、何琦、龙叔修、朱章赓、顾兆勳、张昌绍、邹钟琳、胡焕庸、黄玉珊、程式、涂长望、张洪沅、杜长明、邓宗觉、范章云、冯泽芳等人。五是"推定募集基金负责人选案"。议决：推定杜长明等227人为募集基金负责人。六是"决定募集基金方式案"。议决：每一募集社友至少募集2000元，以本年12月底为限，直接汇总社基金筹募委员会。七是议决通过33名新社友：数学，杨春田；医学，黄申华；动物学，张德龄；生物学，郭德成、王焕葆、郑国錩、陆秀琴；物理学，刘景清、张维正、郭寿铎、邹福聪；地学，曾永莲；地理，任东山；化工，黄大和；水利，谢松涛；矿冶，杨声；工程，周芳田；农化，涂长晟；化学，朱启明、何品三、吴廷槐、刘义德、毛忠信、王恺、王重华、张鹏、樊文华、赵廷炳；工程，益蔚丰；数理，陈照贤、谢一声、杨琪；文学数理（注：原文如此，存疑），陈子霞。

按照第十七届第四次社务会的决议，1944年度中华自然科学社不再举行年会，然而理事改选问题必须进行。这次理事改选依然由司选委员会负责，但推选环节全部通过函推方式进行。为此，社务会专门发布启事如下。

迳启者：兹经第十七届第四次社务会议决：本年度年会停止举行，但除监事任期未满无庸改选外，理事之改选照常办理，当推定张德粹、王佐清、张更、邵铂、曾石虞、谢立惠、朱炳海七社友为司选委员，组织司选委员会，负责办理纪录在卷，查本社理监事条例之规定理事之选举，先由社友推候选人（以五社友推举一人为原则）（经司选委员会在规定期限内）收集各方意见列为名单，再分送全体社友票选之，兹为办理本届理事选举，请全体社友迅即推选本届理事候选人，于八月卅一日前挂号寄交重庆沙坪坝中央大学朱炳海社友收。

附告:推选人必需亲笔签盖,如分社社友大会集体推选被选人数,以分社社友人数之五分之一为度。[①]

中华自然科学社这一年度还得到了国民政府社会部的嘉奖。3月31日,社会部专门召开授奖各社会团体座谈会。朱炳海代表中华自然科学社出席该会,座谈会上,部长谷正纲强调了4项年度工作要点:"(1)推行新生活运动,转移社会风气;(2)办理人民福利事业,以安定社会;(3)倡导宪法研究;(4)协助政府为战后之复员工作"[②]。出席会议的各团体代表提出了各团体的经费、出版物及职员米贴等各种困难问题,谷正纲表态给予积极解决。

第八节　中华自然科学社第十八届理事会

1945年5月27日,中华自然科学社举行第十八届理事会第三次社务会议,地点在重庆沙坪坝中央大学,出席人为涂长望、冯泽芳、沈其益、杨允植(沈其益代)、陈克诚(沈其益代)、吴功贤、高济宇、谢立惠、周绍濂(谢立惠代)、郑集(吴亭代)、杜锡桓、何琦、张德粹、朱章赓(何琦代)、王有琪(何琦代)、任美锷(张德粹代)。会议由沈其益主持,何琦负责记录。会议内容分两部分,一部分是报告,另一部分是议案。

报告由何琦、沈其益进行,主要是通报对外申报补助经过等问题。中华自然科学社向教育部、社会部、中英科学合作馆及美国大使馆请求1945年度补助,具体进程是:教育部补助款30万元已全数领到;社会部32000元已领到6000元,剩余的还在洽谈申领中;中英科学合作馆允诺补助英金1000镑,分4期领取;美国大使馆方面尚在商洽中。

议案共计七项:一是已经经理事会通过而尚未缴纳社费的新社友应如何处理案。议决:须缴费后,始得为正式社友。二是社员社费按社章规定为入社费20元,常年费20元,永久社员费200元,就目前标准,未免过低,应如何补救案。议决:各项社费暂按社章规定之20倍缴纳(即入社费400元,常年费400元,永

① 《总社启事·请推选理事候选人启事》,《社闻》总第六十五期,1944年8月1日,第9页。

② 《社会部嘉奖本社》,《社闻》总第六十五期,1944年8月1日,第2页。

久社员费4000元)。三是社务会开会日期因交通困难,应如何调整案。议决:每两月开会1次,规定在单月最末之星期日举行。四是本届年会应如何召开案。议决:请各理事考虑后,提交下次会议,再行讨论。五是自然科学馆之筹建应如何积极进行案。议决:推涂长望、谢立惠、高济宇、吴功贤四社友草拟初步计划,并请冯泽芳草拟陪都植物园初步计划,以便向有关当局洽商进行。六是议决通过组织部提请通过新社友案。七是议决通过沈其益提请加推黄玉珊为《中国科学》工程科学编辑案。

7月29日,中华自然科学社召开第十八届理事会第四次社务会,会议地点依旧是重庆沙坪坝中央大学,会议由朱章赓主持,何琦负责记录。出席人为朱章赓、谢立惠、周绍濂(谢立惠代)、黄其林(邓宗觉代)、吴功贤、任美锷、陈克诚(沈其益代)、杨允植(沈其益代)、涂长望、何琦、郑集(欧阳翥代)。列席人员为朱炳海、李良骐、欧阳翥、沈其益、邓宗觉、张更、章涛、王有琪。这次会议的内容也是分为报告和议案两部分。

朱章赓作了报告,内容是向美国大使馆请求补助《科学文汇》及《中国科学》两刊物经费,已接美国大使馆负责人Paxton通知,允许拨给国币349万元,上项刊物之补助费已经于7月16日领到,即日存于银行。

议案共七项:一是应如何妥善保管基金及各项补助费案。议决:本社基金及大宗捐款应于收到后立即存于银行生息,经常社务开支以动用其息金及其他小宗收入为原则。二是《科学世界》印刷困难,费用浩大且常误期,应如何改进案。议决:《科学世界》暂改为季刊,内容性质仍力求通俗,以期适合中等科学教育之需要。推定章涛负责编辑,朱章赓负责洽商承印及发行机关。三是本年度各部门预算应如何规定案。议决:7至12月份预算按下数开支:《科学文汇》32万元,《科学世界》60万元,《社闻》15万元,《中国科学》40万元,社务30万元,其他6万元,共计180万元(注:此处合计有误差,原文如此)。四是各部门经手账目应如何汇登总账以符会计手续案。议决:各部门经手账目每月应向会计报1次,由会计汇登总账,至年度终了时,请会计师核对无误后,呈报有关官署。五是本届年会应如何召开案。议决:推定朱章赓、涂长望、何琦、王有琪、杨允植、李国鼎、沈其益、赵宗燠、郑集为筹备委员,负责年会筹备事宜。年会筹备委员会职员名单为:涂长望、朱炳海、杜锡桓、李国鼎、赵宗燠为总务组,沈其益、薛愚、何琦为论文组,陈克诚、谢立惠、何琦为提案组。每组第一名为该组召集人。年会日期定为12月初,地址为重庆中央图书馆。六是议决照名单通过组织部提请通过新社友案。七是组织部提请推定下届委员会委员人选案。议决:推定郑集、吴成之、盛彤笙三社友为司选委员会委员,并推定郑集为召集人。

第九节　中华自然科学社第十九届年会

1945年8月,中国人民取得了全面抗战最后胜利,中华自然科学社同人深感振奋,从科学的角度总结全面抗战得失,展望科学对国家建设的任重道远,这一情感在社论中有很好的体现。

因为盟军的猛攻,苏联的参战和原子弹的发明,日寇终于屈膝投降,大战终于全面胜利地结束了。这是全世界民主国家的光荣,更是在实验室里孜孜于研究发明的科学家们的光荣!

可是回想这八年的战争期间,我们前方将士的惨烈牺牲,后方同胞的流离痛苦,武器的窳败,物资的缺乏,何一不是因为科学落后、技术幼稚的结果?假使我们在科学和技术方面,早就有了深厚的基础,必有不少的生命可免于枉死,不少的痛苦,可免于白吃。而今痛定思痛,全国上下当更明了科学对于一个国家的重要而知所憬悟了。

战事结束以后,国家要复兴,要建设,要真能跻于四强之林而无愧色,这一切更非科学不可。但是提倡科学,单靠“演讲”“做文章”“发命令”是没有用的,必须要真正崇尚学术风气,尊重学术人格,发扬学术精神,奖励学术研究,然后才能培育出深湛的科学人才,收获丰硕的科学实效。其间因果,决非偶然。过去官僚敷衍的作风,轻蔑漠视的态度,若不彻底肃清,痛加改革,国家的前途仍将是没有希望的。这一点是我们所殷殷期望于政府,也是我们所以自相警励的。

本社的宗旨,素来揭举:

甲、谋科学之普及以启民智。

乙、求科学之发展以裕民生。

丙、作科学之研究以固国本。

经过这次战争的历史考验，更加证明了我们目标的正确。在战后建国的伟业当中，国家所需要于我们者更加迫切了，我们的责任也更加艰巨了。社友们，让我们洗净战争在我们身上遗留的创伤，鼓起新的勇气，高举着科学的旗帜，向建国的大道迈进吧！听啊，祖国在召唤着我们！①

在这种欢快的气氛中，中华自然科学社举办了第十九届年会。与以往匆匆忙忙的会议相比，这次会议显得极为从容，有所谓"会前花絮"的雅致。1945年10月16日至18日，中华自然科学社第十九届年会在北碚兼善大礼堂举行。16日晨，集中在重庆的各地社友分乘三辆专车，中午时分到达北碚，报到之后，连同原在北碚的社友，共约一百五十人，由中华自然科学社招待午餐。下午，由北碚科学博物馆主任李乐元招待参观该馆。四时举行年会预备会，参加社友二十余人，对年会中的各重要问题，预先交换意见。当晚六时，北碚军政部炼焦油厂厂长赵宗燠设宴款待全体出席年会社友。赵宗燠因病未能亲自参加招待，遂委托夏坚白代替自己致欢迎词，李达致谢词。

宴后即举行晚会，由新自苏联归来的物理研究所所长丁燮林演讲《苏联科学之印象》，夜深始散。其内容简略如下。

苏联之所以能击溃法西斯德国者，实赖苏联科学最近二十年来之惊人发展。苏联科学迅速发展的原因，不外：(1)苏联政府认识科学的重要。(2)苏联政府知道如何发展科学。苏联政府每年拨出岁出百分之一的经费，作为科学研究与教育之用，苏联政府对于科学家特别优待与奖励。这两点事实说明苏联政府认识科学的重要。

苏联政府发展科学的途径有三：(1)广设研究所以提倡理论与应用科学之研究。(2)训练科学人才：科学人才之训练与培养，不限于大学和专科学校内，工厂和研究所内，均可训练科学人才。(3)普及科学教育：苏联最重视科学大众化，除广设科学博物馆外，社会团体经常当作口头和文字的科学宣传，在军队和工厂内也施行通俗科学教育。

苏联的科学是有计划的，"计划科学"和"计划经济"为苏联所首创，这是举

① 《社友们，建国需要你们！》，《社闻》总第六十七期，1945年9月30日，第2页。

世周知的。这两方面的发展,不但是有计划的,互相连(联)系的,并且是与国家社会的需要相配合的。因此她的科学能在二十年内迎头赶上英美,人民的生活水准能迅速提高,都是值得我们效法的。[①]

17日上午9时在兼善大礼堂举行开幕典礼,到会社友约150人,各机关代表及来宾40余人,由涂长望致辞,他特别强调3点:"(1)本社社友对于战后建国负有历史的使命,必须团结一致,努力以赴;(2)和平为科学建国之前提,如无和平则一切建设均无由实现,故本社社友应努力争取国内及国际之永久和平;(3)科学家必须控制各种科学发明及制造,如能做到此点,则对于世界和平及人类福利将有莫大之贡献"[②]。

紧接着,由社会部代表章柳泉、教育部代表赵参事、中国科学家代表卢于道及北碚管理局代表等先后致辞。这些祝词多吹捧文辞,如"希望本社领导全国研究,使理论与应用相配合,以为大多数同胞谋福利"之类。又由中央研究院总干事萨本栋演讲英美科学现状,宣读各方贺电。贺电显示了较高档次。

(一)中央文化运动委员会——中华自然科学社公鉴:顷悉贵社举行第十九届年会,缅专家之格致,树学术之风声,一堂济济,建国以宁,瞻望贤猷,特电驰贺。中央文化运动委员会元叩。

(二)中国科学社贺电——中华自然科学社全体会员公鉴:值兹抗战已胜,举国同庆,建国开始,亟需科学之际,诸公群集碚埠,举行第十九届年会,宣读论文,并共策战后科学发展事业,敝社不仅神驰,亦同感奋,如于今后将商讨结果不吝赐知,以供攻错,则尤所企祷焉。专此敬颂大会成功,并祝诸公健康! 中国科学社。

(三)上海医学院贺电——中华自然科学社台鉴:月之十六日为贵社十九届年会,值兹胜利来临,和平肇始,济济多士,荟萃一堂,集众思以广益,资励进于来将,发扬科学之精神,树立建国之基础,谨电驰贺! 国立上海医学院叩元。

(四)世界科学社贺电——北碚中华自然科学社第十九届年会:世界科学社

①《年会盛况·年会中丁燮林先生〈苏联科学〉讲词大要》,《社闻》总第六十八期,1945年12月30日,第8页。

②《年会盛况·本社第十九届年会纪要·开幕典礼》,《社闻》总第六十八期,1945年12月30日,第3页。

社员谨以欢愉热烈钦敬感佩的心情,祝贺中华自然科学社第十九届年会开幕!贵社过去十九年间在普及科学教育,发行科学书报,促进国际科学合作,和培养民主态度等方面的工作,曾为中国人民奠定了民主革命和抗日反法西斯的一部份(分)坚实基础。贯彻并发挥这种崇高精神和优美传统,而在这全国行将进入和平统一民主团结的新时代前夕举行年会,将更有助于建设自由博爱强盛进步的新中国。世界科学社叩寒印。

(五)中国科学工作者协会贺电——中华自然科学社列列先生公鉴:欣悉贵社召集年会,群彦萃集一堂,定多宏谋硕见,敢卜前途,益增灿烂,特电奉贺,并颂进步!中国科学工作者协会酉删印。

(六)中央气象局贺电——中华自然科学社公鉴:抗战结束,建国正殷,富强之道,科学是崇,漪欤贵社,领导群伦,兹值盛会,欣见厥成!中央气象局酉删印。

(七)中央气象学会贺电——中华自然科学社公鉴:兹值贵社年会之期,群彦毕集,定多伟见,建国前途,实深利赖。中国气象学会酉删印。

(八)社友贺电——北碚中华自然科学社十九届年会公鉴:年会盛典,弟等不克参加,谨电致贺!郑集、吴襄、盛彤笙叩元。[①]

贺电宣读之后,由李承三报告第十九届年会筹备经过并对筹备中负责最多的张孝威、李乐元表示谢意。紧接着,何琦报告中华自然科学社基金募集情形,王有琪报告会计现状,何琦代表沈其益报告学术部工作,吴功贤代表郑集报告组织部工作,这一场会议散会后由北碚四十八团体招待午宴。

17日下午2时继续开会,此为宣读论文阶段。因本届年会临时提早举行,多数社友的论文未能寄到,仅收到30余篇,但论文在质的方面较前有较大提升。论文讨论分医药生物农业组、理工组两组举行,前一组由何琦主持,后一组由杜锡桓主持。

当晚举行全体社员聚餐,并回请北碚四十八团体。饭后举行社务讨论及专题讨论。社务方面共通过提案14条,这些提案分为3大类。

第一类是向国民党政府提出的三点建议。一、呈清政府每年拨付岁出百分

---

①《年会盛况·贺电汇誌》,《社闻》总第六十八期,1945年12月30日,第4-5页。

之一以上之经费,策进科学研究,以谋学术独立,而固国本案。二、在各大城市普遍设立科学博物馆,以达到科学普及的效果。三、重奖从事发展广泛科学运动的各团体及个人。

第二类是8件具体社务。一、如何筹备二十周年年会案。议决:交理事会办理,以在东北召开为原则。二、如何筹募基金案。议决:交理事会研究办理。三、中华自然科学社组织应如何加强案。议决:交理事会办理。四、议决通过社友如有附逆者应开除案。五、中华自然科学社拟在首都建立自然科学馆案。议决:交理事会积极筹备。六、中华自然科学社于复员时期应注意加强科学应用案。议决:通过,交理事会策划办理。七、如何规定总社理事长任期及产生办法案。议决:交理事会通信征求全体社员意见,再做决定。八、中华自然科学社应于收复区各大城市组织分社案。议决:交理事会斟酌办理。

第三类是其他各案。一、中华自然科学社应发表宣言,对附逆科学界汉奸一致声讨案。议决:由理事会拟发声明宣言。二、中华自然科学社应通电向全国将士致敬案。议决:通过,交理事会拟发。三、呈请政府组织国际科学访问团,赴苏联、英、美诸盟国访问案。议决通过。

这次会议上确定的宣言和致电,后经理事会拟定发出,其文如下。

年会向全国将士致敬电

全国各战区抗日将士公鉴:抗战以还,赖我忠勇将士冲锋摧敌,浴血弥年,用能获致胜利;同人等身居后方,虽各尽职守,然内疚实深!兹当年会之期,谨表微忱,驰电致敬,至希亮鉴。中华自然科学社叩篆。

年会通过声讨附逆科学界汉奸宣言

在我国艰辛的八年(全面)抗战期间,少数的民族败类们竟然避弃祖国依附了敌人。现在抗战胜利,敌人投降,这些民族败类们的罪行也到了应该受人民严厉的清算的时候了。

科学工作者的任务,在于认识真理、服务人民,要是从事科学工作的人能觍然事敌,他早就丧失了科学工作中必备的判断能力,那就更谈不上对于真理的认识了,他要是背叛祖国为虎作伥,那就更难希望他们能再忠实的服务人民了,所以科学工作者要有了附逆行为是更无可恕的。我们的社这次在北碚开第十九届年会,我们决议了对于我们社友们在抗战期间的言行,作个别严格的检讨,要是发现有附逆行为的,立即开除社籍,以示与社友共弃。对于社外科学界附逆汉奸,我们也严正的表示一致声讨的态度,一面我们希望政府立刻对于奸伪作公开的严厉的惩处,一面我们更愿以人民的立场,发动全体社友检举科学界附逆汉奸,作为政府肃奸工作的参考。为了维护民族正气,保持科学工作的庄严与清白,我们认为我们有坚决的表明态度与立场的必要,谨此宣言![1]

这次会议还专题讨论了《今后如何发展我国科学》,"发言者极为踊跃,空气极为紧张",讨论结果通过了《发展我国科学方案纲要》。

(一)发展我国科学的大前提:

甲、民主团结,和平建设。

乙、学术自由,研究自由。

(二)发展我国科学的总方针:

甲、以改善人民生活,提高人民文化为主要目标。

乙、寓国防科学于民生科学。

丙、实行计划科学,以便迎头赶上。

(三)发展我国科学的途径:

甲、纯粹科学须与应用科学密切结合。

乙、科学须与民众生活结合。

丙、改进科学教育:课程须适合社会需要,充实设备,奖励自发创造能力,改变留学政策,培植科学后进,利用外国师资,提高教师及研究人员待遇。

(四)设计机构:

先由各科学团体共同组织一全国科学委员会,商讨中国的科学建设计划,俟将来再取得合法的地位,此委员会的任务为:

甲、计划的订定和审核。

乙、预算的分配。

① 《年会盛况·年会向全国将士致敬电·年会通过声讨附逆科学界汉奸宣言》,《社闻》总第六十八期,1945年12月30日,第7-8页。

丙、工作的联系。

丁、工作的考核。[①]

18日上午,举行会议最后一项——参观,分3组分别参观军政部炼焦油厂、中央农业实验所以及北温泉博物馆。参观完毕后,外地社友即于下午2时返程,各回原地,年会至此结束。

这次年会是中华自然科学社时间最长、影响最大的年会。会议期间,众多媒体对此次年会进行了报道。重庆《大公报》《新华日报》均载有专论,成都《中央日报》则刊有社论,甘肃油矿局、军政部炼焦油厂、无线电器材厂及北碚各国民党中央地方机关、各企事业单位也提供了极大方便。上述各项内容,都从一定程度上显示出中华自然科学社第十九届年会的欢愉之情、从容之态。

①《年会盛况·年会通过发展我国科学方案纲要》,《社闻》总第六十八期,1945年12月30日,第6-7页。

第四章

中华自然科学社的复员、分化及解体（1946—1951）

1946年,随着所谓"复员年"的脚步,同中央大学等众多组织一样,中华自然科学社自然而然也是复员东还。其后的短短数年间,经济的困顿、政治的变迁,中华自然科学社渐渐从踌躇满志过渡到惨淡经营。复员以后,总社所在地虽然依旧在南京,但随着《科学世界》在上海出版,沈其益等核心人物转移到上海,上海成为其活动中心,以至于第二十一届年会也在上海召开,此为分化之一斑。国共内战爆发后,该社同人加速了分化,有的投奔到解放区,有的依旧追随国民党,还有的默默潜心于科学研究。中华人民共和国成立前后,科学共同体的大趋势促使中华全国自然科学工作者代表会议筹备工作有序开展,尤其是1950年中华全国自然科学专门学会联合会与中华全国科学普及学会的成立,标志着中华自然科学社历史使命的最终完成。

第一节　中华自然科学社的复员

早在1944年夏天,国民党中央设计局就要求中央各部门拟定详细的复员计划。1945年8月全面抗战最终胜利,战后复员工作付诸实施。与战前西迁相比,这次战后复员相对来说比较主动,但从全局来说,这一工作也可谓困难重重,"我们的复员,大后方与沦陷区截然不同。大后方的复员问题较少,而沦陷区则就复杂得多,或则复杂到我们的想象之外。大后方的复员工作要在战事结束后开始，而沦陷区的复员工作却是目前就该开始”[①]。对于复员中的民众文化心态更是一个很大的挑战，时人对于这一问题也有清醒的认识。在1945年8月22日国民外交协会专门邀请文化界人士举办的座谈会上，导演徐苏灵就发表了如此看法：“‘复员并不就指把下江人[②]送回家乡，要在恢复民族正气，提高国民进取心’，‘最可怕的是后方人士以为战事既告结束，很快就可以回到家乡，恢复战前的种种享受’”[③]。

1946年被称为“复员年”[④]。教育复员是在时任教育部部长朱家骅主导下进行的，“按照1945年全国教育善后复员会议与1946年迁校会议方案的部署，后方学校的回迁工作将于1946年5月开始启动，9月各校应到达新址上课”[⑤]。中央大学的复员是在校长吴有训的领导下进行的，这位校长抱着“我来中大，只凭着为母校服务这点关系”的坚定信念，“在他的精心谋划、周密组织下，耗时不到5个月，全校师生员工及家属12000多人、图书仪器设备4700余箱及私人行李近万件，分八批全部安抵南京”[⑥]。1946年11月1日，中央大学在南京正式开学。复员后的中央大学规模是战前的三四倍，除四牌楼原校舍外，又在丁家桥新开校址。

1946年，中华自然科学社自重庆回迁南京。该社的战后复员工作也在有条不紊地积极推进，“原在蓁巷的地址，及留存的文物，已破坏无余，社友播迁流动，总社及各地分社，均须调整恢复……胜利后的国家，其唯一重要使命，端在建国，建国需用人才，尤其需用科学，本社负有重大的任务，在整理破败之中，积极展开科学工作，推进科学电影运动，租赁科学影片，在各大城市放映，举行科学演讲，复刊科学世界，与中国科学社合组中国科学促进会，计划设立自然科学馆。(民国)三十六年是本社成立的二十周年，订于八月三十日至九月一日，与各

① 黄义本：《论复员工作》，《中央周刊》第7卷第26期(民国34年7月6日)。转引自：贺金林《抗战胜利后国民政府教育复员研究》，中山大学2007年度博士论文，第149页。

② “下江人”一词产生于全面抗战时期，指的是长江下游地区江苏、浙江、安徽、江西等省沦陷区前往长江上游地区的重庆、四川、贵州和云南等地谋生的居民。

③《胜利声中谈复员》，《中央周刊》第7卷第34、35期合刊(民国34年9月7日)。转引自：贺金林《抗战胜利后国民政府教育复员研究》，中山大学2007年度博士论文，第149页。

④ 沈其益：《本社简史》，《社闻》总第七十期，1947年8月20日，第3页。

⑤ 贺金林：《抗战胜利后国民政府教育复员研究》，中山大学2007年度博士论文，第32页。

⑥ 张守涛：《焦土红花：抗战时期的国立中央大学》，《同舟共进》2017年第1期。

科学团体在沪举行联合年会，并庆祝立社二十周年纪念大会，业已筹备就绪。对于上年的计划的实行，已由教育部委托创办南京科学广播电台，在上海设立中华化验所，在南京后湖举办动植物园及通俗科学馆，积极购地建筑永久社所，上海南京兰州分社已告成立，其余各地分社，已在筹备之中，重行调查各地社友近况，整理社籍，编印新社友录。我们的社，截至（民国）三十六年六月，总数已达一九九七人，其余赞助社员及团体社员尚未计入”[①]。

1946年复员之初，总社社址暂时设立于中央大学生物馆。7月30日，中华自然科学社在南京召开本地的社友大会。这时候的中华自然科学社踌躇满志，开始谋划1947年二十周年的庆祝仪式。沈其益专门为此编写了《本社简史》。长期参与社务的朱炳海也对中华自然科学社的成败得失进行深刻反思。

本社成立到现在，足足地二十年了。本人因为服务地点的关系，这二十年来，从没有脱离本社一步；并且在最近的十五年来，直接参与了社务。过去社务的得失，当然辞不掉相当责任。溯往思来，当此二十年结束的今日，对于过去社务，似乎有检讨一下的必要。

社，是全体社友的集团。她的成功或失败，应该把多数社友的意志做标准！换句话说，二十年来社务的经过，是否是大多数社友的意志表现？毋庸讳言的，除出早年时期以外，我们的社和社友，已是越发疏远了！恐怕有若干社友已经忘了他们对本社的关系；同时，社的方面并没有发挥她的凝聚力量！不提别的，就是一年一度的理监事选举，能收回的选举票，往往是不足法定数了。所以，本社的二十年，绝不能自夸成功！

那末，这种失败，何由而来呢？一言蔽之，社的成长很快，并没配合以适当的组织！论机构，我们有理事会主持大计，我们有四大部分，各负专责，似乎不得谓之不周密！但是或者因为迁就办事上的便利，或者因为别的理由，每次改选结果，老是脱不了那几个人做事。本社经济不独立，所有社务，就全仗那几个人的热心来维持！不过，各人有各人的职业，究竟不能摆脱了本职，来操劳社务，尤其在抗战以后的期间，谁都为生活问题头痛；单凭他们的一片热心，解决不了本身的生活问题?！所以，搞到现在，不要说社友大会，难足法数，就是总社

① 沈其益：《本社简史》，《社闻》总第七十期，1947年8月20日，第3-4页。

的理事会，也要东拉西凑，左代右替，才能勉强开成！至于日常社务的清理，可以说，至少十年以来，老是集中在欲罢不能的一二人身上！由于一二人的公余服务，怎样办得了这样繁重的社务呢？

再加本社基金无着，动辄求人。在于远离本社的社友看来，未免发生莫须有的坏印象，因此增长了他们的离心力！本社又无固定社址，固定久任职员，以致档案散失，前后凌乱，对外通讯，更多疏阔；因此又失掉了不少社友的热忱！所以我们不要发展本社也罢了，要发展本社第一要谋经济独立，第二要建永久社址，这是最低限度的基本条件！

其次，关于本社所办事业方面，可以算有相当成就。但是和我们历来标榜的口号，理事会通过的计划相对照，也是成功少，失败多！这种作风，在办事者自有他不得已的苦衷，但是在一般深受科学洗礼的社友们看来，恐怕免不掉发生好大喜功，专放大炮的讥评！所以，本人主张，社应该适合全体社友的志趣，本着社的传统，脚踏实地的，向普及科学方面用功夫！

以上是想到的几点大前提，此外还有许多值得提出商讨的问题，希望热心社友补充！我想：一味地自吹自唱，粉饰歌颂，不合我们科学者的立场，更不是我们为社求进步时，应取的态度！不知大家意谓对不？[①]

作为核心人物，朱炳海的这篇文章是认识中华自然科学社的客观基础，其中提到的“本社经济不独立，所有社务，就全仗那几个人的热心来维持！不过，各人有各人的职业，究竟不能摆脱了本职，来操劳社务，尤其在抗战以后的期间，谁都为生活问题头痛；单凭他们的一片热心，解决不了本身的生活问题?!”，可谓振聋发聩、掷地有声，当然这个经济问题也是大多数民间社团无法摆脱的问题。

1946年11月7日，中华自然科学社在中央大学生物楼召开第三次谈话会，出席人为涂长望、郑集、李振翩、沈其益、陈邦杰、李方训，列席人为陈岳生、胡乾善，由沈其益主持。会议报告事项有三项：一是沈其益报告最近三方面社务情形。(1)上海分社理事会成立，通俗科学演讲已经开始。(2)《科学世界》原已由陈邦杰积极筹备出版，但因印刷、广告推销等关系，上海分社提议在上海出版，并

① 朱炳海：《二十年来社务的检讨——写在本社二十周年纪念大会之前》，《社闻》总第七十期，1947年8月20日，第1-2页。

推荐陈岳生任主编，详细计划由陈岳生报告。(3)方子藩社友可将企业大楼一部租于本社，作为科学广播电台及上海化验所之用。其他两项都是事关《科学世界》：一个是陈邦杰报告《科学世界》的筹备情形及已聘请的编辑委员。另一个是陈岳生报告会同上海分社讨论的《科学世界》出版计划及预算。

除了报告上述事项外，这次会议还讨论了其他一些社务，形成了会议决案。

一是议决应如何出版《科学世界》的新计划案。议决：1.决定移沪出版。2.编辑委员会由原聘编委及新编委组成之。3.主编请陈邦杰、陈岳生二人担任，陈邦杰为名誉主编职务。4.发行人请朱章赓担任。5.组织章则，由出版委员会商讨决定后寄总社社会服务部，提出报告通过。6."社论"方针分为五个方面：普及提倡科学；指出反科学的种种事实；阐明科学与社会的关系；鼓励后进青年；建议政府注意科学设施。7.经费由总社先拨二百五十元，其余请上海分社协同筹措。

二是如何决定学术部工作方案。议决：1.《中国科学》(西文)应继续办理，请李方训计划。2.国防科学丛书，请朱炳海继续办理。3.科学丛书为介绍近年来科学各方面之进展，请裘家奎主持编辑。

三是中国科学促进会名称应如何决定案。议决：与中国科学社合组成中国科学促进会，详章另定。

1946年12月21日，中国科学社和中华自然科学社联合组成的中国科学促进委员会在南京召开成立大会。美国大使司徒雷登代表费慰梅、美国标准专家芮迪生、英国文化专员罗士培等外宾参加。会议首先由杭立武报告成立意义，紧接着，萨本栋、胡庶华、费慰梅分别致辞。会议议决聘请宋子文、吴稚辉、翁文灏、胡适、王世杰、周贻春、蒋梦麟、朱家骅、陈立夫、陈诚、钱昌照、俞大维、司徒雷登、史蒂文、罗士培、李约瑟、艾德华、费慰梅共十八人为名誉委员。中国科学促进会宗旨为"以谋我国科学之普及与发展"，主要工作有调查登记全国科学人才，出版中国科学人名录，调查国内外科学研究机关。搜罗研究资料，出版科学年鉴，复拟设立科学教育博物馆及大规模之科学刊物印刷所，编辑科学丛书，筹设科学服务等，以协助各界解决技术上之问题，并为介绍技术人才，改良民众之生产工具，及推广各项有关人民生活之科学资料。

第二节　中华自然科学社的第十九届理事会

复员之后，中华自然科学社积极谋划各项事业，坚持出版《科学世界》等书刊之余，买地造房，举行二十周年纪念，筹设电台、动植物园、中华化验所等，多方经营，然因通货膨胀因素，导致经费问题困难重重、步履艰难，这些在第十九届理事会历次会议上都有一定程度的反映。

1946年12月4日，中华自然科学社在中央大学生物系召开第十九届第三次理事会议，出席者为朱章赓、朱炳海、郑集、任美锷、李方训、涂长望、杨允植（陈邦杰代）、杨浪明（郑集代）、沈其益、曾昭抡（沈其益代）、盛彤笙（李振翩代）。由朱章赓主持，蒋祖榆负责记录。

会议报告事项有三：一是朱章赓报告三方面情况。1.《科学世界》在上海筹备出版情形；2.科学广播电台及上海化验所募启内容及募款办法；3.基金保管情形。二是李振翩报告中国科学促进委员会筹备经过及一再易名原因，朱章赓对该会性质及工作内容做了补充。三是郑集报告组织部及各地分社情形。

议决事项共计有十二项。

一、关于《科学世界》编辑发行等移沪办理的相关问题。1.成立一出版委员会，负责出版事宜，聘请李国鼎为召集人，请陈岳生、陈邦杰为主编，陈邦杰为名誉职务。2.各地应推定社友协助《科学世界》的编辑与发行，请何琦、陈邦杰、李方训三位提出下届理事会。3.发行人请朱章赓担任。4.经费方面，先将教育部补助费三百万元汇给上海，交出版委员会处理。

二、事关该社与中国科学社合组中国科学促进委员会的议案。议决：中国科学促进委员会应予成立，该委员会会章可照草案通过，中华自然科学社应有委员十人，推定朱章赓、李方训、郑集、沈其益、陈邦杰、李国鼎、涂长望、任美锷、杜锡桓、桂质廷十社友担任。

三、上海分社提请设立科学广播电台及上海化验所应如何决定案。议决：应即刻促其成立，经费方面可请中国科学促进会辅助。

四、议决通过组织部所提四名新社员鲁桂珍、王敏、管树春、胡继勤。

五、应如何筹备二十周年纪念及本届理监事改选案。议决：推朱章赓、任美锷、沈其益、郑集、朱炳海、朱浩然、涂长望七位社友负责本社二十周年纪念及筹备工作;推朱章赓、郑集、冯泽芳三人为司选委员。

六、应如何决定修改社章案。议决:推陈邦杰、朱炳海、李振翩三人负责提出草案,再提交理事会,由理事会讨论后,提交大会,请陈邦杰召集。

七、如何处理分社所捐募之基金案。议决:一半为分社基金,一半为总社基金。

八、总社基金保管委员会应如何决定案。议决:推沈其益、何琦、任美锷为基金保管委员会委员。

九、赞助社员按社章须由年会通过,但年会不常开,是否拟定一变通办法案。议决:凡协助本社事业发展,可由理事会先行通过,再交年会追认。

十、盛彤笙辞常务理事职务。议决:准予辞常务理事职务,请郑集继任常务理事。

十一、请予决定理事会及常务理事会会期案。议决:常务理事会每月一次,理事会二月一次,规定于每月首次星期五举行,并由总务部先行通知。

十二、议决通过学术部提议的聘请裘家奎为自然科学丛书主编。

1947年2月8日,中华自然科学社在中央卫生实验室召开第十九届第四次理事会议,出席者为涂长望、杨浪明(陈邦杰代)、沈其益、郑集、朱章赓、朱炳海(涂长望代)。由朱章赓担任主持,蒋祖榆负责记录。会议报告了两项事项,一是朱章赓报告教育部允诺补助该社年度事业费5000万元,商拟再请求补助费5000万元。二是陈邦杰报告《科学世界》在上海出版及发行上的经济困难等情形。议决事项共七项:一是本年度社费如何规定案。议决:每人缴款15000元,由本社赠阅《科学世界》,不另收费。二十年临时社址应如何决定案。议决:向中央大学交涉生物馆旁房屋的改修布置,由沈其益、陈邦杰二人负责,必要时可负担改修费。三是任美锷坚决请辞其常务理事兼总务部主任职务,应如何决定案。议决:总务部主任准予辞卸,推沈其益继任,挽留常务理事。四是李达请辞理事职务应如何决定案,议决挽留。五是该社基金原存上海,已经转移南京存放,请沈其益负责。六是会计账务交由本社干事负责,并请朱章赓推荐专门会计人员进行审核。七是在本次教育部补助事业费中拨给《科学世界》出版委员会1000万元,由主任委员李国鼎负责支用,每期出版后,向总社报告支用账目,

《科学世界》的经济预算请出版委员会妥为筹划，力争保证能自给自足。

3月7日下午4时，中华自然科学社召开第十九届第五次理事会议，地点在国立中央大学生物馆312号。出席者为杨浪明（陈邦杰代）、盛彤笙、朱章赓、郑集、朱炳海、涂长望、程宇启（邓宗觉代）、李方训、沈其益，列席者为汪德和、李振翩，由朱章赓主持。

报告事项由总务部主任沈其益进行，分经费、社址、电台3方面：经费方面，教育部补助的事业费5000万元已经由社教司发给，连复员费在内，用途由社内支配，高教司的5000万元尚在洽商中。本社基金拟存久大精盐公司生息。社址方面，中央大学生物馆旁房屋一时不易腾让，拟自行购地二亩，建筑社址，经费不敷，尚需另行设法。电台方面，资委会无线电器材厂借给本社电台机件，但政府对京、沪两地电台有限制办法，上海为15台，南京为10台，公营、民营各半。公营须由教育部出面办理，但应先得交通部认可，且地址及经费亦有问题。公营电台不能收登广告，将来维持费亦甚巨。

讨论事项共计10项：一是议决通过总务部提请的人事安排，汪德和担任文书、郭祖超担任会计。二是团体社员入社办法应如何规定案。议决：团体社员得分为甲、乙两种，甲种为学术机关，乙种为事业机关。学术机关须团体协助本社推行科学事业。事业机关团体社员协助本社经费，本社可负责其业务技术上咨询《科学世界》，并可为其登载广告。由沈其益、郑集两社友依据上述原则，查照社章，拟定实行办法。三是通过赞助会员案。议决：通函上海分社请将捐款人简历寄送理事会，以便提交年会通过。四是继续出刊《中国科学通讯》（Acta Brevia Sinensia）案。议决：仍请李方训负责主持，并另设委员会。五是编辑自然科学丛书应如何办理案。议决：请裘家奎主编拟定科学丛书编辑计划，并推荐编辑委员数人，协助编辑。六是整理社籍案。议决：由组织部积极办理，陈邦杰社友负责编订《社闻》，朱炳海负责调查，组织部负责通知各地社友在10人以上者应恢复分社，南京分社尽先成立。七是本届理事会改选应如何办理案。议决：原任理事因复员期间未改选者现已延长任期一年，本届理事会改选理事10人，即两届任期满足年限者一并改选。八是如何举行第二十一届年会案。议决：第二十一届年会暨二十周年纪念大会可致函中国科学社，邀请参加，联合举行，会期定于（民国）三十六年10月4日，地点拟定在杭州。九是建筑本社社址案。议决:朱章赓负责设计图样,沈其益接洽购地,建筑费暂定5000万元,不足再议。十是何琦请辞社会服务部主任案。议决:照准何琦辞职,请李国鼎担任该职。

5月8日,中华自然科学社在中央大学生物馆三楼召开第十九届第六次理事会,出席者为任美锷、程宗启(邓宗觉代)、涂长望、杨浪明(陈邦杰代)、沈其益、薛愚(张德粹代)、郑集、朱炳海、朱章赓(沈其益代),由沈其益担任主持,汪德和负责记录。

报告事项由沈其益进行,共分7项:一是由沈其益代表中华自然科学社出席联合国教育科学文化组织中国筹备委员会。该会会员约设100人,由各学术团体机关及大学推定代表及部聘专家担任之。二是主办科学广播电台事宜。已得教育部的正式委托,并发函交通部请求准予照公营电台办法设置。三是拟征求团体社员,每团体社员入社费200万元。四是《科学世界》已出第4期,改由李国鼎、陈邦杰二人任主编,印刷费亦较以前减少。五是中华自然科学社与南京市政府合作拟在后湖筹办动植物园。当天除理事会外,还需要举行动植物园筹备会议。六是经济状况。本社于重庆复员时,结余约700万元,其后募集1000万元,由教育部拨助该社设立广播电台款5000万元。目前,除用于上海企业大楼九层房屋顶修缮费1700万元外,尚存5000万元,现存银行生息,月息一角,即以此项收入维持该社事业。七是关于购置地产一事尚未办妥。

讨论事项共计9项:一是可否购买玄武门房和地,请公决案。议决:如无线电器材公司届期可以谦让,方能购买,同时向市政府接洽介绍公地。二是上海分社函请指示举办中华化验所案。议决:请上海分社全权办理。三是请审查并补充理监事候选人名单案。议决:照章通过,依本社社章,选举人亦得在候选人名单以外,选举社友为本社理监事。四是议决通过新社员案。五是请改订会费案。议决:入社费及常年会费均改为1万元,也就是依照原定社费的5000倍缴纳。六是组织南京分社,请推定社友负责办理案。议决:推范谦衷、童致诚、夏坚白、陈克诚、刘伊农、王岳、王正本、李振翩负责组织。七是如何征求团体社员案。议决:原则通过,请各分社及社友征求。八是《科学世界》主编事务繁重,应予支给马车费案。议决:原则通过。九是议决通过杜锡桓担任出版委员公决案。

5月8日下午6时,在同一地点举行动植物园筹备会。出席者为沈其益、王希成、郑万钧、陈邦杰、耿以礼、章君瑜、熊同龢、范谦衷及各位理事。会议主持和记录仍旧分别是沈其益、汪德和。会议结论:在后湖因地制宜选择地点,建设包括动物园、通俗科学馆在内的植物园。指定地点、预算经费、意见书由该社拟具,送请南京市政府参考。意见书由陈邦杰、郑万钧、范谦衷3人草拟,陈邦杰为召集人,应尽快脱稿。

5月26日下午4时,中华自然科学社在中央大学生物馆3楼召开第十九届第七次理事会,出席者为朱章赓、沈其益、朱炳海、任美锷、郑集、曾昭抡(沈其益代)、涂长望、杨浪明(陈邦杰代),郭祖超列席。由朱章赓担任主席,汪德和负责记录。共有6项讨论事宜:一是补推司选委员迅速办理理监事改选事宜案。议决:加推朱炳海、裘家奎二人为司选委员。二是改定年会地址并加强筹备案。议决:年会地址以上海较便,改在上海开会,即日致函中国科学社征询联合举行年会,如定在上海开会,即函上海分社负责筹备。四是《科学世界》应与国外杂志交换案。议决:请沈其益查明地址办理。五是积极进行建筑社址案。议决:请各社友协同沈其益办理。六是朱章赓即将赴美,在赴美期间,其理事长职务应如何推人代理案。议决:推沈其益代理。

7月17日上午9时,中华自然科学社举行常务理事会暨年会第一次筹备会,地点在中央大学科学馆地理系办公室,出席者有朱炳海、涂长望、沈其益、任美锷,由沈其益主持,任美锷负责记录。讨论事项如下:一是学术部主任李方训出国讲学。议决:另行推举任美锷继任学术部主任。二是沈其益因事返回故里。议决:由任美锷代理沈其益的代理理事长及总务部主任职务。三是年会暨二十周年纪念会可否改期与中国科学社及各科学团体在沪混合举行案。议决:年会与中国科学社及各学术团体联合举行,二十周年纪念会另行招待各团体,举行庆祝纪念仪式。四是加推年会筹备委员以加强筹备工作案。议决:推定李国鼎为主任委员,唐世凤、吴有荣为副主任委员,张万久、胡竟良、黄肇兴、曹鹤荪、吴学周、孙尧为委员。五是年会筹备委员会应如何分组工作案。议决:提案组由朱炳海、范谦衷、夏坚白、李国鼎、沈其益五人负责,朱炳海为召集人。论文组由涂长望、吴学周、曹鹤荪、陈宗器、王之卓、薛芬、朱玉(壬)葆、胡竟良、曾鼎和九人负责,涂长望为召集人。总务组由任美锷、沈其益、杜锡桓、唐吉凤、吴有荣、孙尧、郭祖超、汪德和八人负责,任美锷为召集人。招待组由张万久、谷镜汧、黄肇兴、徐丰彦、刘伊农、陈邦杰、方子藩、张昌绍、周同庆、潘璞、周绍濂、徐凤早、林兆耆、林公振、童致诚、周兆丰诸人负责,张万久为召集人。六是推何人负责各方联系事项案。议决推任美锷负各方联系事宜。七是关于修改社章事项,应如何拟订案。议决:陈邦杰、朱炳海、李振翩三人负责草拟,由陈邦杰召集。社章修改要点有三:第一点是增设总干事一人,各部副主任一人;第二点是选决赞助社友由理事会通过;第三点是各分社有较多独立性。八是本届年会应出版刊物以资纪念。议决出版以下3种刊物:《科学世界》出刊原子能专号;《中国科学汇刊》(Acta Brevia Sinensia)复刊;《社闻》应出年会专刊。另外还通过新社友:易荣度,木工;张果,实验生物学;张元鼎,数学;吴鼎三,化学;上海分社的李懋观。

8月15日上午9时,中华自然科学社举行年会筹备委员会第二次会议,地点在中央大学地理系办公室,出席者为郑集、涂长望、任美锷、陈邦杰、朱炳海、刘伊农、范谦衷,由任美锷担任主持,饶展湘负责记录。会议讨论了如下事项:一是修改本社章程应如何进行案。议决:依照上次会议决定共推陈邦杰、朱炳海、李振翩三人草拟,并由陈邦杰负责召集;将"原有章程"和"草拟修正案各条"均油印300份,以供参阅。二是如何分配上海七科学联会年会专刊文稿案。议决:本社概况组由陈邦杰、任美锷两人负责;通俗科学文稿由郑集负责;所有稿件均在本月20日以前收齐。三是如何办理南京各报章纪念专号案。议决:共推陈邦杰、范谦衷两人联系《中央日报》,在30日出1/4的纪念副刊;稿件由范谦衷、朱炳海负责征集。四是如何筹办科学期刊展览会案。议决:公推陈邦杰负责整理展览刊物;展览刊物在20日以前收齐,寄往上海。五是如何筹办70号《社闻》案。议决:公推朱炳海主编;尽速收集历次会议记录、社友动态等有关资料。六是应由何人负责年会的会计报告案。议决:公推郭祖超负责并函请何琦负责清结上次年会至1946年4月底的账目。七是如何筹备本社《促进中国科学发展意见书》案。议决:公推涂长望、范谦衷、陈邦杰三人负责,由涂长望召集。会议还讨论了一项临时动议:南京分社是否应召集社友临时会议案。议决三点:第一点是应即召开并定于本月20日下午7时在金大电影部举行,由范谦衷主持召开;第二点是开会时茶点、电影的招待费用由总社拨款;第三点是通知书由总社发出。

第三节 中华自然科学社的第二十一届年会

借1946年创建二十周年之机，中华自然科学社原本打算单独举行二十周年纪念仪式，然而“适以复员期间各地社友行止未定，未能举行年会庆祝”[①]。1947年8月31日至9月1日，中华自然科学社与中国科学社等7个科学团体，在上海之滨联合举行年会，是为中华自然科学社第二十一届年会。藉此机会，8月31日下午，中华自然科学社专门在中央研究院大礼堂，补行二十周年纪念会。这次会议规模空前，在一定程度上，甚至可以说这次宏大的庆祝活动是中华自然科学社的回光返照之举。

由前述7月17日和8月15日的两次年会筹备委员会可知，这次会议准备工作极为周到、细致。理事会暑假中即着手筹备复员以后的首次年会，原本打算在杭州举行二十周年年会暨纪念仪式，考虑到各地社友出席便利，经过与中国科学社、中国天文学会、中国气象学会、中国地理学会、中国动物学会、中国解剖学会六个科学团体的商洽，决定在上海举行联合年会。分别推定筹备各项工作人员，年会筹备主任：李国鼎、张万久、任美锷；提案组：李国鼎、任美锷；论文组：王之卓、陈宗器、沈昭文、张昌绍、涂长望；参观组：张万久，陈彬。上海分社还加推吴有荣、唐世凤二人协助工作进行。同时，社章修正草案及通讯改选理监事等方面，也由各负责社友分别进行。

8月29日，赴会人员在上海市陕西南路235号中国科学社报到，领取年会证章及分配宿舍榻位。中华自然科学社上海、南京、杭州等地的社员约200人参加会议。此次会议也是中国科学社第25次年会，翁文灏、任鸿隽、竺可桢、顾毓琇等均莅临会议。30日上午9时，联合年会大会在岳阳路320号中央研究院大礼堂举行，到会各团体会员及来宾500余人，由7个科学团体各推1人任主席团成员，主席团公推任鸿隽为主席。在会场，为了增进各方对自身的进一步认识，中华自然科学社将主编的《科学世界》二十周年纪念特刊“原子核专号”分赠给与会人员。中午在国际饭店，由中央研究院、教育部、复旦大学、国立交通大学、

① 《本社二十一届年会暨补行二十周年纪念纪要》，《社闻》总第七十一、七十二期合期，1948年2月，第1页。

大同大学等联合举行公宴。下午3时,在枫林桥上海医学院,中华自然科学社举行社务讨论。由任美锷主持,分别报告总务概况、复员以来社务动态。陈邦杰报告《科学世界》编行情况,上海分社李国鼎和南京分社夏坚白分别报告了各自分社的工作。会议还通过了社章修正案(另有专印册),通报了理监事改选结果。其名单如下:

理事:吴有训、李国鼎、夏坚白、姚克方、王之卓、陈邦杰、沙学浚、李方训、刘亦农、吴襄。(上届留任理事:沈其益、周鸿经、盛彤笙、杨浪明、朱炳海。)

候补理事:吴学周、赵宗燠、华罗庚、张德粹、柯象寅。

监事:胡焕庸、冯泽芳、张洪沅、高济宇、欧阳翥。

候补监事:俞大绂。[1]

30日晚,上海市政府在青年会大酒店宴请各团体会员,上海市市长吴国桢致辞,中华自然科学社的王之卓致答词。31日上午,在上海医学院分各学科组宣读论文,中华自然科学社社员提交论文五十余篇,参加各组宣读,中午由上海书业公会招待。

31日下午,中华自然科学社在中央研究院大礼堂举行二十周年纪念会,到场来宾暨社友200余人,由张季言主持,报告该社成立20年来进展情形及已经进行的各项工作。继由教育部部长朱家骅的代表周鸿经司长、中国科学社代表竺可桢校长及英国文化专员Silow博士、复旦大学校长章益等分别致辞。就理、工、医、农4个学科,中华自然科学社社员周同庆、王之卓、张昌绍和胡竟良4位博士分别系统叙述了近20年来的研究进展,叙述中尤其注重与中国有关及该社社员等参加或努力工作的各学科领域。报告完毕,中华自然科学社招待茶点并放映科学电影。当晚,由交通部、资源委员会在两路局俱乐部招待晚餐,席间由局长陈伯庄、主任委员翁文灏致辞,中华自然科学社前理事长胡焕庸代表致答词。

9月1日上午,大会继续在上海医学院分组宣读论文。下午在中国科学社举行专题讨论,综合商讨日后中国科学建设应进行的各项变革,拟定会后整理发表宣言,并将其提供给政府、企事业单位等各方参考。会议除分学科宣读论

① 《本社廿一届年会暨补行廿周年纪念纪要·年会概况》,《社闻》总第七十一、七十二期合期,1948年2月,第1–2页。

文外，还安排了“原子能”和“科学教育”专题讨论。关于“原子能”问题，宣言中如此表述。

吾人以为科学研究，应以增进人类福利为目的，原子能之研究亦非例外。原子核可以分裂之发现，适值民主国家与独裁国家进行生死奋斗之时，科学家乃将原子弹用之于战争武器；原子能之不幸，亦科学研究之不幸也。今大战既已告终，民主国家正在努力合作，吾人主张此种研究，应为公开的，自由的，向世界和平及人类福利之前途迈进；不愿见此可为人类造幸福之发明作成残酷之武器，更不愿见以原子能武器竞赛或保守原子弹制造秘密之故，破坏民主国家之团结或危及科学研究之自由。为此，吾人对于爱因斯坦教授所倡导之原子能教育委员会，及美国原子科学家所组织之同盟，愿予以支持。[①]

下午4时，由上海工业各界联合招待鸡尾酒会、进行社友聚餐及举办舞会，之后大会结束。

大会期间，中国科学社还曾举办科学刊物展览和中国自制仪器展览会，展览书籍“上及明代徐家汇天文台出版的天算书籍，下至清末江南制造厂格致各书……至于近今各学会书局出版的书籍杂志，更是搜罗靡遗”[②]。这次展览提升了中华自然科学社的社会认同，历年出版之各项刊物均经陈列，颇得各方好评。秉志的评语是“取精用宏，大观蔚然”；严济慈的评语是“看此展览会后，将无人说‘中国无科学’”。

这次年会半年之后，中华自然科学社在《社闻》上对这半年来总社理事会的报告做了汇总。

关于理监事会名单如下：

留任理事于三十七年任满者　周鸿经、杨浪明、盛彤笙、朱炳海、沈其益

新选理事于三十八年任满者　吴有训、夏坚白、吴襄、刘亦农、李方训

新选理事于三十九年任满者　李国鼎、姚克方、沙学浚、陈邦杰、王之卓

候补理事　吴学周、赵宗燠、华罗庚、张德粹、柯象寅

---

①《七科学团体联合年会宣言》，《社友》第76、77合期，1947年10月15日。转引自：范铁权《中国科学社与中国的科学文化》，南开大学2003年度博士论文，第202页。

② 任鸿隽：《七科学团体联合年会开会词》，《科学》第29卷第1期，第294页。转引自：范铁权《中国科学社与中国的科学文化》，南开大学2003年度博士论文，第94页。

本届担选监(事)于三十九年任满 胡焕庸、冯泽芳、张洪沅、欧阳翥、高济宇

候补监事 俞大绂[1]

中华自然科学社的社内职务也有了较大变动,选派后结果如下:理事长为吴有训,常务理事为李国鼎、姚克方、周鸿经、陈邦杰,总干事为沈其益,总务部主任为夏坚白,组织部主任为刘亦农,学术部主任为周鸿经,社会服务部主任为张季言,文书为徐近之、刘恩兰,会计为管公度,上海办事处主任为李国鼎,总务部副主任为郭遇昌,会计干事为谢启美。这里特别需要指出的是该社理事长吴有训是时为中央大学校长。

出版事业是中华自然科学社的常规性、最有生命力的事业。这次年会对出版工作也做了系统的总结。为加强出版事业,中华自然科学社专门组织出版委员会,聘请李国鼎、孙尧、沈其益为常务,陈邦杰、吴学周、沈明文、李锐夫、夏坚白、周鸿经、钱宝钧、胡竟良为委员。除充实《科学世界》内容及加强发行外,增加编辑英文刊物《中国科学与建设》等。这一时期出版方面的成就分述于下。

第一种是《科学世界》。自1946年复员以来,《科学世界》即转移到上海出版,经主编李国鼎、陈邦杰两人努力,该刊无论在内容、印刷上,均有显著进展,"为我国最良之科学刊物"。尤其是前述1947年年会专门出版的"原子核专号","对于科学新知,作有系统之介绍:尤博各方之好评"。1948年《科学世界》编辑计划有4项:一是至迟于每月一日出版;二是刊登各科学术进展方面的专著;三是充实丛谈栏目,尽量介绍科学新知识;四是出版专号,毕德显、徐璋本、李国鼎主编《雷达专号》,曹鹤荪主编《航空专号》,张昌绍主编《青霉素及其他抗生素专号》《农业及地质专号》。当时国统区物价飞涨,《科学世界》可谓步履蹒跚,为了维持正常出版,杂志社在请求社员们"多惠稿件,以充篇幅"的同时,从发行和广告两方面呼吁大家给予帮助:"因印刷纸张昂贵,社友未能普遍赠阅,但缴助印费八万元,即寄阅全年,但款希于三月前缴到";"请代为推销或代征广告"[2]。

---

①《总社理事会报告》,《社闻》总第七十一、七十二期合期,1948年2月,第2页。

②《总社理事会报告》,《社闻》总第七十一、七十二期合期,1948年2月,第3页。

第二种是《中国科学与建设》。该刊创刊于全面抗战期间，为赢得海外同情而报道战时中国科学界的奋斗历程，中华自然科学社曾与英国文化委员会合作，由该社负责编辑英文刊物《中国科学汇刊》并在国内发行，同时由英国文化委员会在英印行并分发海外。迄全面抗战胜利，已出刊十期，各方均给予好评。1946年复员以来，中华自然科学社仍旧认为此项工作重要，以此可获国际科学界合作，打算继续并扩大此项工作，“俾对于我国科学及技术之进展，作有系统之介绍及宣扬”[①]。基本工作筹备就绪，名称改为《中国科学与建设》。主要内容为六方面：一是报道中国科学研究情况，某项专题研究的综合叙述，创作简报；二是中国经济建设进展；三是中国科学工程研究机关的介绍；四是中国科学团体的活动；五是中国科学人物的介绍；六是中国科学书刊的介绍。拟定版面为一、二项各占1/4，三、四和五、六项各占1/4。该刊稿件完全用英文。《中国科学与建设》设有编辑委员会，吴学周、沈昭文、陈省身、王之卓、林国镐、孙德和、李庆远、任美锷、吴学蔺、李方训、吴襄、赵九章12人任编辑委员。主编吴学周主持编辑事宜，另设经理编辑沈昭文，管理印行事宜，并由本社出版委员会协助之。该刊还设有编辑顾问委员会，以备咨询；各地广设通讯员，专供报道。暂定为双月刊，逢双月一日出版，采用16开本，每期十六面，用道林纸精印并附插图，用五号字体，双排。该刊第1期于1948年2月问世，稿件通讯处为上海岳阳路中央研究院吴学周或交各编辑均可。

第三种是科学丛书。计有四方面丛书，一是国防科学丛书，在原有战时出版数册的基础上，继续进行，仍由朱炳海主编。二是自然科学丛书，由裘家奎主编，已推动天文、物理、地理、心理、生物、化学等学科的进展。三是《科学世界》丛书，《科学世界·原子核专号》已由李国鼎主编增订成为专册，定名为《原子核论丛》，编为《科学世界》丛书第一集。四是科学新闻。中华自然科学社与中央通讯社报道科学新闻为期已逾一年，时由中央大学机械系范从振主持其事。国内国外科学新闻均包含在内。

① 《总社理事会报告》，《社闻》总第七十一、七十二期合期，1948年2月，第3页。

第四节　中华自然科学社的惨淡经营

“山雨欲来风满楼。”复员以来，中华自然科学社命运多舛，虽然筹谋的多项事业不断遭受重创，但是中华自然科学社依然不懈努力，真可谓惨淡经营。

国共内战爆发后不久，国民党统治区物价飞涨，科学工作者陷入无以复加的悲惨境遇。1947年上半年《科学》第29卷第5期上，中国科学社总干事卢于道在《科学工作者亟需社会意识》一文中，描述了其时科学工作者的悲惨状况：“科学界人士尽管安贫乐道，可是生活却被压在油盐柴米里，甚焉者其职业是在教人而自己的子女受不到教育，整天在研究营养而自己的营养不足，专长是研究心理而本人就精神萎靡以至于精神衰弱。孟子说过，‘无恒产而有恒心者惟士之能’，照目前状况而言，这些科学之士，并不是恒产有无问题，而是身体热量够不够的问题，这种惨遇，孰令致之？”[①]

当时，和刊物关系最密切的白报纸价格从一月的50200元到12月的1300000元，不到一年涨了20多倍，排版和印刷工人的工资也相应增加很多。尽管《科学世界》定价从1500元涨到了8000元，依然难以维持。各种刊物办刊经费均是捉襟见肘，为了应付这种极端情况，1947年7月6日，《工程界》《中华医药杂志》《水产月刊》《化学工业》《化学世界》《世界农村》《电工》《电世界》《纤维工业》《医药学》《纺织染工程》《现代铁路》《学艺》《科学》《科学大众》《科学世界》《科学时代》《科学画报》18家科学期刊共同在上海成立中国科学期刊协会，并发表《中国科学期刊协会成立宣言》，其文如下。

中国科学期刊协会于(民国)三十六年七月在上海成立。这是一个集合全国的自然科学和应用科学各种定期刊物的组织。在这个组织内，我们将相互合作，谋求编辑与发行上的联系与推进，希望对于中国的新科学有一点贡献，对于科学的新中国尽一点力量。

我们这些刊物，有的创刊已经三十余年，有的出版未及一载，有的着重于专门学术的阐扬，有的致力于基本知识的普及。而一贯相承，中国的科学期刊显

① 冒荣：《科学的播火者——中国科学社述评》，南京大学出版社，2002年，第328页。

明地表现两个共同的特性。乃是服务的,而绝非是牟利的;乃是启发的,而不仅是报道的。由于中国科学的处处落后,设备残缺,资料贫乏,国家的研究经费短绌,社会的学术空气稀淡,专家的心得无从公诸于世,好学的青年不得其门而入,所赖以维系中国的科学工作于不坠,进可以与国外的科学家沟通声气,交换学术;退可以向国内的知识青年和一般大众有所传播,有所诱导;逐渐推进,臻于发达者,中国的科学期刊确曾尽了它媒介的作用,这想是国内外的先进和同志都能予以同意的。

我们这些刊物,都是民间的刊物,一向都是几个从事科学工作的团体或个人,有鉴于科学研究的重要和科学建国的急需,从而就本身的力量,在这一条道路上,尽一点棉(绵)薄。这三十余年来,中国经历了空前的大动乱,政治的变革,经济的激荡,外患的侵凌,内忧的相继,我们各个刊物,站在各自的岗位上,坚苦应付,勉力撑持,虽至今天仍未尝稍稍苏息。这一段经历诚然备极艰苦,却未尝稍稍动摇我们的信念;中国终必要好好的建成一个现代国家,我们的科学研究与科学建设终必有发扬光大的一日。

在今日的现状下,我们中国科学期刊的同人,仍然深切明了,我们的工作,只有需要加强,决难称为足够,只有应当充实,决不容许终止,我们也有此勇气,来担负这当前的使命。只是我们也不该忽视,今日出版科学期刊所遭逢的危机。今日为科学刊物最需要的时代,但也是经营科学刊物最困难的时期。上面说过,我们都是民间的刊物,而今天的出版成本,已到了民间力量难以支持的地步,物价每个月要飞涨,加上运输寄递的不便,使刊物有朝不保夕的周转困难。怎么样应付这当前的局面?怎么样渡过这迫切的危机?应该让全国关心科学,祈求建设的国人们共同来商量与解决,殆已非我们几个刊物本身所能为力。

我们这些刊物,在过去都是各行其是,努力的方向各殊,相互间的联系确是不够坚强。为了科学研究的振兴,为了中国建设的促进,为了保持并发扬中国科学在世界科学界的地位,我们都应该坚守岗位,同时也应当紧密的团结起来。一方面求科学期刊工作更进一步的推进,一方面以共同一致的力量谋当前困难的解除。国事蜩螗,民生凋敝,文化的命脉不绝如缕,我们中国科学期刊的同人,相信是有理由表白我们的意向的。今天,作为我们的成立宣言,我们只有很简单的两点要求,一方面我们要求海内外的读者认识我们的立场,了解我们的困难,支援我们的工作,一方面我们要求政府和社会各方面给我们以在编辑和发行上应得的便利、协助和鼓励![1]

中华自然科学社事业扩充最严重的制约当属来源极其困难的经费收入。彼时该社采取如下途径以期缓解经费掣肘:一是要求社员从速缴纳每年2万元的社费,寄交会计管公度,因物价波动太大,暂时取消永久社费征收。二是每社友均希自捐或代募至少10万元,充社所建筑费,寄给管公度或交各分社。三是要求社员每人订购《科学世界》一册,缴助印费8万元。四是呼吁广大社员为总社募集巨款或代销《科学世界》,凡《科学世界》订阅代销事发函上海威海卫路20号中华自然科学社上海办事处,基金捐款事寄函中央大学总社。五是强化基金募集委员会建设。该机构负责募集基金及管理财务,推选姚克方、童致诚、李振翩、朱章赓、胡焕庸、张万久、胡竞良、张季言、孙德和、周昌芸、桂质廷为基金募集委员,姚克方为主任委员。推选姚克方、沈其益、管公度、夏坚白、汪楚宝为财务委员,管公度为秘书。

除了向社内筹集经费外,迫于无奈,中华自然科学社还呼吁政府给予科技教育社团赞助。时任总干事沈其益以"前程的展望"的笔调描述了"科学团体的事业,尤将陷于进退两难的窘境"。

由于二十年来从事于科学工作的经验,使我们深信科学的发展有赖于政府的认识和决心。只在贤明的政府和安定的社会中,科学才能发展和进步。在目前的局面之下,科学工作者的生活陷入穷困的深渊。整个科学研究与发展的事业,都因缺乏经费,以致长期停顿。如果这样的情况不加改善,中国的科学不独无由赶上先进的国家,而现有的基础,也将无法维持。科学团体的事业,尤将陷于进退两难的窘境。国困民贫,无以自立自强。因此在现阶段中,我们除开坚持我们的信念,和不断的努力,尽力支持我们现已进行的工作和勉力开展新的工作外,还须继续呼吁政府和人民对科学的重视,而寄本社的事业和我国科学的发展于安定的社会和光明的前程中。[2]

---

①《科学世界》第十六卷第七期,1947年8月。

② 沈其益:《中华自然科学社的宗旨和事业》,《科学大众》第四卷第六期,1948年9月。

“屋漏偏逢连夜雨，船迟又遇打头风。”经费困顿之外，中华自然科学社其他方面的工作也是步履蹒跚。1948年初，筹设进行已久的中华化验所，仪器已由中国工程师学会上海分会允诺借予，但因项目所在地的企业大楼房屋发生纠纷，不得不另外觅地进行。推举张季言负责主持，积极经谋，筹备委员会有吴学周、张季言、孙尧、方子藩、余柏年、孙君立、黄有识、陈彬、潘承圻、顾翼东、沈增祚，共计11人。

为广泛增加经费收入，这一时期中华自然科学社的重大举措是扩大队伍建设，以便收入更多的社费。自复员以来，中华自然科学社继续推进组织建设。组织部已经完成社友登记、调查联络、分区调查等项工作。尤为重要的工作是各地成立分社，时已正式成立分社计有上海、南京、兰州、北平、成都、重庆等处，其他如武汉、广州、青岛、杭州、西安、台北、长沙、沈阳、天津，均在筹备进行中。为推进这项工作，中华自然科学社专门制作分社通讯录，将各分社负责人或负责筹备社友、联系地址等登记在册，要求各地社员与当地负责人保持联络，还要求通讯地址变更的社员或有关组织联络事宜再发函致南京中央大学本社组织部。各分社负责人名单及分社筹备委员通讯录如下表。

表4-1　复员后分社情况表[①]

<table>
<tr><td rowspan="10">分社负责人</td><td>南京分社</td><td>范谦衷</td><td>南京汉口路十九号范宅</td></tr>
<tr><td>上海分社</td><td>李国鼎</td><td>上海四川中(路)六七〇号二楼中央造船公司</td></tr>
<tr><td>兰州分社</td><td>王德基</td><td>兰州大学</td></tr>
<tr><td rowspan="4">北平分社</td><td>李良骐</td><td>北平(七)西直门外华北气象局</td></tr>
<tr><td>余瑞璜</td><td>清华大学物理系北院五号</td></tr>
<tr><td>袁翰青、薛愚</td><td>北京大学</td></tr>
<tr><td>黄国璋、祁开智</td><td>北平师范学院</td></tr>
<tr><td>武功分社</td><td>龚道熙</td><td>陕西武功西北农学院</td></tr>
<tr><td rowspan="2">重庆分社</td><td>张洪沅、郑衍芬、谢立惠、查雅德</td><td>重庆沙坪坝重庆大学</td></tr>
<tr><td>江志道</td><td>重庆李子坝三江实业社</td></tr>
</table>

① 本表依据《总社理事会报告》制作，《社闻》总第七十一、七十二期合期，1948年2月，第5-6页。

续表

	成都分社	张孝礼、何文俊	华西大学
		王克维	公立医院
		杨开渠、李寿同、陈方洁	四川大学
分社筹备委员	武汉区	梁百先	武汉大学物理系
		曾省之	武昌华中大学
		钟兴厚	武汉大学化学系
		周幹	汉口保华街棉产改进处
	长沙区	戴桂蕊、曹修懋、田渠	湖南大学
		任邦哲	湘雅医学院
		徐硕俊	长沙新开铺修业学校
	青岛区	曲淑惠、朱树屏、陈传玮	山东大学
		阮鸿仪	青岛宁远路二九〇号山东铝业公司筹备处
	广州区	徐贤恭	中山大学
		吴印禅	中山大学农林植物研究所
		胡祥璧	岭南大学
		张万久	广州长堤七七号广东实业公司
	杭州区	卢鹤绂、陈立、李春芬	浙江大学
		金维坚	西湖博物馆
	沈阳区	杨曾威	东北大学
		赵宗燠	沈阳兵工厂
	厦门区	唐世凤、卢嘉锡	厦门大学
	天津区	鲍觉民	南开大学
		王宗器	资委会电工器材厂
	台北区	温步颐	台北文武街台湾水泥公司
		谢明山	资委会制碱公司
		许邦友	台北中正东路七一〇号台湾钢铁机械厂
	西安区	吕凤章	西安崇仁路二六〇号雍兴公司

续表

分社筹备委员	南昌区	李佩琳	西北大学
		周祥忠	南昌河东会馆一一四号赣北植棉指导区
		夏湘容	南昌江西地质调查所
		张明善	南昌中正大学
	桂林区	孙仲逸、陈剑修	桂林良丰广西大学
	福州区	何景、张木匋	仓前山动植物研究所
		庄晚芳	泛船浦前街五号
	贵阳区	高行健	贵阳邮箱二四六号
		贾魁	贵阳医学院
		吴启灵	贵阳和平路二号
	昆明区	侯奉瑜	正义路葛来祥药房

1948年10月，中华自然科学社和中国科学社等10个科学团体在南京举行联合年会，共提交了近200篇论文，论文摘要发表在《中国科学与建设》第六期上。除了京沪杭地区以外，中华自然科学社各地分社还联合了各科学团体在北平、武汉、华西、广州等地举行年会，南京分社的年会还举办大规模的展览会，展览会分成24个会场，多数利用南京原有学术机关的设备，做极节省而广泛的展览，意义和成就却是十分重大的。

1949年，中华自然科学社境遇艰苦，其时，《科学世界》出版委员会成员为：陈邦杰、吴学周、沈昭文、孙尧、李锐夫、夏坚白、沈其益、钱宝钧、胡竟良，主编为陈邦杰和钱宝钧，发行人为吴有训。《科学世界》自18卷第3、4期在万分困难的环境之下出版以后，停顿了5个月之久。上海对外交通断绝，各方稿件来源稀少，而该刊对于登载文字的选择，又向来相当严格，抱宁缺毋滥的态度。

这一年，经费问题更加艰难，“本社经费一年来几无任何来源，两种刊物（《科学世界》《中国科学与建设》，笔者注）的内容都相当充实，但本社对撰文的诸位作者从没有致送一文稿费，这是尤其应该表示感谢的。但因印刷费很贵，刊物是一向赔本的。社中仅存的资产，是解放前募捐积存的几十令纸张，用于补贴两种刊物的印刷费用，现在也很快近于枯竭了”①。

①《本社一年来的工作总结，当前任务和未来道路》，《科学世界》第十九卷第五期，1950年5月。

第五节　中华自然科学社使命的终结

“随着全国的胜利解放，国内各科学社团都已经在积极的准备着迎接新民主主义建国过程中科学界应该担当的任务。中国的科学工作者一般都已经有了新的政治认识；反映于科学团体的活动的，便是全国科学技术界的一致要求大团结。”[①]早在国民党政府崩溃以前，中华自然科学社的社员，有的奔赴解放区参加各项建设，有的积极参与中国共产党的地下组织活动。屈伯川早在1938年就与八路军重庆办事处取得联系，1939年9月前往延安，1940年担负起“陕甘宁边区自然科学研究会”的筹备工作。沈其震早在全民族抗战初期即就任新四军军医处长。1949年3月15日，中国共产党亲手创办了新型正规大学——大连大学，其中工学院院长兼化学研究所所长由屈伯传担任，医学院院长由沈其震担任。沈其震的胞弟沈其益有意识地将中华自然科学社总社开设在中央大学生物系自己的植物生理实验室旁，一方面以利照顾开展学术活动，另一方面“先后雇用秘书二人，专管社务活动，但他们都是中共地下党员”[②]。受东北党政领导李富春委托，沈其震将聘请敌占区专家教授的任务转交给沈其益筹办。沈其益先后动员了中华自然科学社的张大煜、王大珩、李士豪、顾学箕、汪坦、魏曦、张毅、黄大能、何琦、李国鼎、乔树民、吴襄，等等，除了李国鼎以外，其他50余人前往东北解放区的大连大学等地，参加教育和其他各项科学建设事业。1949年6月，另一个社员余瑞璜得知人民解放军已过长江，新中国即将成立后，毅然放弃去麻省理工学院讲学、做科学研究的机会，几经周转，返回香港，到广州接家眷，又从香港抵天津，7月回到北京，成为最早回到新中国的海外学者之一。大多数社友，以纯技术工作者的身份投身到新中国的各项建设中。

中华人民共和国成立前夕，中央统战部积极谋划中华全国自然科学工作者代表会议(简称“科代会”)的筹备工作，筹措以中国科学工作者协会等团体的名义发起全国科学会议，为遴选科学界的新政协代表做准备。中国科学工作者协会(简称“中国科协”)是在周恩来的支持下于1945年在重庆成立的，“是对应于

① 《本社一年来的工作总结，当前任务和未来道路》，《科学世界》第十九卷第五期，1950年5月。

② 沈其益：《科教耕耘七十年——沈其益回忆录》，中国农业大学出版社，1999年，第33页。

国际左派科学家组织世界科学工作者协会的中国机构,其领导者大都是倾向于中国共产党的,协会实为党的外围组织”[1]。中国科学工作者协会理事长为竺可桢,监事长为李四光,实际负责人为总干事涂长望,谢立惠负责组织工作。1949年春,中国科协总部由南京迁往北平。

1949年5月5日,北平市军管会文化接管委员会在北京饭店举行学术界座谈会。会上,梁希表示“科学界愿意学习革命理论,希望人民政府组织科学界为人民服务,并实行计划科学”;袁翰青报告了科协的情况并提出了筹备召开全国科学工作者代表大会的建议。5月9日,涂长望由香港,经天津,抵达北平。5月13日,北平的科协理事严济慈、曾昭抡、黄国璋、袁翰青、钱三强和南方来的理事卢于道、丁瓒、周建人、涂长望等人召开理事会,成立临时常务理事会,推举梁希、涂长望、卢于道、严济慈、袁翰青、丁瓒、潘菽7人为常务理事,梁希为理事长,涂长望仍为总干事。会议决定科协今后的中心任务为发动全国科学工作者加强团结,加紧调查研究与自我教育,为实现毛主席的增加生产号召与建设新中国而尽最大的努力。5月14日,马大猷、曾昭抡、袁翰青、陆志韦、薛愚、袁复礼、夏康农、潘菽、周建人、胡经甫、齐燕铭、钱伟长、严济慈、祁开智、沈其益(鲁宝重代)、黄国璋和涂长望共17人在北京举行“全国科学会议筹备会第一次促进会”。会议由严济慈主持,推举涂长望、袁翰青、潘菽、夏康农、卢于道、沈其益、严济慈7人为筹备会临时常务干事,严济慈为干事会召集人,涂长望为总干事,决定以中国科学工作者协会、中国科学社和中华自然科学社三团体名义(后又增加东北自然科学研究会)发起“全国科学会议筹备促进会”,邀请国内理、工、农、医学界及各地区和各团体代表共同组织筹备委员会。从5月下旬到6月17日,科代筹备促进会又连续召开了4次会议,“讨论通过了‘中华全国第一次科学会议筹备委员会简章草案’,确定筹委会的任务为:拟定科代会的基本任务,决定会议的日期、地址和日程,决定出席会议的人数及分配原则,审查并决定出席会议的人选,草拟并征求各项有关科学发展的方案以供参考等。‘草案’规定筹委为250人,其中35人为常委,下设大会程序委员会、纲领起草委员会、宣传委员会、‘联合组织’计划委员会等。”[2]6月19日,由中国科学社、中华自然

① 王扬宗:《1949—1950年的科代会:共和国科学事业的开篇》,《科学文化评论》2008年第2期。
② 王扬宗:《1949—1950年的科代会:共和国科学事业的开篇》,《科学文化评论》2008年第2期。

科学社、中国科学工作者协会和东北自然科学研究会四个团体发起组织的中华全国自然科学工作者代表会议筹备会在北平灯市口中国工程师学会会所召开，到会筹备委员127人，朱德、陈云、林伯渠到会祝贺并讲话。朱德的讲话题目是《科学转向人民》，提出了三点要求：科学家的团结；与工农结合；把每一件事都要用科学的方法来做好。林伯渠的发言题目是《真理战胜一切》。由此，由中共中央统战部实际领导，中国科学社、中华自然科学社、中国科学工作者协会和东北自然科学研究会四个科学团体领衔发起成立了中华全国自然科学工作者代表会议筹备会。科代筹备会成立以后，接着全国各重要地区都成立分会，中华自然科学社社员参加总会及分会等筹备工作者为数甚多，“均热烈参加科学工作者登记事宜，同时并向各方尽力宣传登记的重要性，各地登记工作的顺利完成，本社社友曾出了不少气力”[①]。

这一时期的中华自然科学社还是时有活动举行。《科学世界》和《中国科学与建设》两种定期刊物在沪照常出版，前者已出至第19卷，后者为英文双月刊，已出至第3卷。1949年6月5日，南京分社举办科学工作问题座谈会，根据理监事联席会议决定，联合中国科学工作者协会南京分会，邀约两社的社员举行中华人民共和国成立后第一次座谈会，检讨过去科学工作，并研究今后科学工作之方针，到会会员100余人。同一天，本社上海分社也参加上海科学技术团体联合大会。1949年12月10日至11日，鉴于“解放后各地科学工作者忙于学习政治以便赶上新时代，科学团体的学术性的聚会较少，但是学术工作是不容间断的”[②]，由中华自然科学社南京分社发起，邀约南京药学会和中国天文学会、中国气象学会、中国土壤学会、中国地理学会、中国化学会、中国地球物理学会、中国动物学会、中国植物学会的南京分会，共计10个科技团体，在南京中央研究院礼堂、南京大学科学馆举行南京各学术团体联合会，“藉以交换工作经验”。年会由高济宇担任主席，任美锷为总干事，到会来宾和社员有300多人。高济宇讲述了中国的科技历史并对日后的科学工作提出了四点意见，任美锷报告了筹备会议经过并说明其必要性。会议还设置了各学会会务讨论、“科学工作与生产建设的配合问题”专题讨论、中学理科教育座谈会、放映科学电影、电台科学广播、宣

①《本社一年来的工作总结、当前任务和未来道路》，《科学世界》第十九卷第五期，1950年5月。

②《本社一年来的工作总结、当前任务和未来道路》，《科学世界》第十九卷第五期，1950年5月。

读60余篇学术论文等项议程。《科学世界》做了较全面的报道。

7月13日—18日，中华全国第一次科学会议筹备会(后改为“中华全国第一次自然科学工作者代表大会筹备会”，简称“科代筹”)全体大会(参见图4-1 “中华全国第一次自然科学工作者代表大会筹备会”合影)在中法大学开会，“这次筹备会的主要收获为全国科学工作者的大团结，并决定于一九五〇年召开全国自然科学工作者代表大会，把全国的科工同志，包括理论的和应用的，都组织起来，以协助政府发展经济和文化建设”[①]。

图4-1 “中华全国第一次自然科学工作者代表大会筹备会”合影

中华自然科学社的曾昭抡、吴有训、涂长望、沈其益、姚克方、袁翰青、李旭旦以及赞助社员叶企孙等，中国科学社的竺可桢、钱三强、严济慈、梁希等都出席此次会议。会议由曾昭抡主持，华北大学校长吴玉章、中共中央宣传部副部长徐特立、北平军事管理委员会主任叶剑英、民革主席兼任新政协筹备委员会第二副主任李济深、新政协筹备委员会第五副主任郭沫若等作了发言。除了筹备委员205人，会议期间的来宾还有周恩来。另还有董必武、徐特立、李济深、

①《本社一年来的工作总结、当前任务和未来道路》，《科学世界》第十九卷第五期，1950年5月。

郭沫若、叶剑英、沈雁冰、谭平山、史良、蔡廷锴、陈其尤等新闻记者近百人参会。

1949年10月19日，中国科学院正式宣告成立，中央人民政府委员会任命郭沫若为中国科学院院长。与中国科学院顺利组建不同，11月27日的科代筹委会第九次常务委员会上，围绕科代会的发展方向和性质问题，科代会的主要领导和筹备委员产生了一些分歧，工作暂缓下来。直到1950年4月15日，在科代筹委会第10次常委会上，科代会的工作方向和组织路线才明确下来，并体现在吴玉章发言的四个要点中："第一，科学团体以后的主要任务，在于配合国家的经济和文化建设工作，其组织形式及与各方的关系应该由这个任务来决定。第二，由于政府已经不是过去少数统治者的政府而是人民自己的政府，科学团体就应该放弃过去与政府对立的作风，而向政府有关部门靠拢，成为其有力的辅助。第三，因此，今后科学团体的主要组织形式，将是与政府有关部门密切结合的专门性学术研究团体。第四，要从旧社会遗留下来的目前科学团体的组织形式，转变成上述的新的组织形式，需要在全国科学工作者中酝酿宣传这个新的方向，使大家从旧的观点前进到新的观点，就是科代会在目前阶段的历史任务；同时，在各种专门性的科学团体之上有一个联合组织，也是有其需要的"[①]。如此一来，中华自然科学社、中国科学社、中国学艺社等社会团体的存在就显得没有必要了。对于"科学团体向有关政府部门靠拢"，中华自然科学社政治上的认识完全到位。

现在由于人民革命的胜利，中华人民共和国的成立，在建国政策上明白的规定了"努力发展自然科学以服务工业、农业和国防的建设，奖励科学的发现和发明，普及科学智识"，同时社会条件，经过天翻地覆的改造，这是中国自有史以来的大转变，也是中国自然科学工作者新生的转扭点。政府有正确的领导，社会有丰富的力量，本社历年工作事业上的些微成就，现在可在政府统筹计划下发挥力量为人民服务，本社近三千社友，各有专长，扬弃以前纯技术超政治超阶级的观点，在人民政府领导下有计划的有组织的参加新中国新文化的建设，因此本社以极高度的热忱，拥护全国自然科学工作者代表大会的精神与其一切决议，为祖国的科学建设而努力。[②]

① 严济慈：《严济慈科技言论集》，上海教育出版社，1990年，第210页。

②《二十三年来的中华自然科学社》，《科学世界》第十九卷第六期，1950年6月。

1950年8月18日，筹备一年之久的中华全国科学工作者代表大会在清华大学正式开幕。会议规模空前，从参加人数和层次上均可体现出来，“参加会议代表有469人，其中科代筹备总会常委代表40人，中央直属有关科学机构代表37人，解放军及军委直属机关代表50人，各地区代表291人，特邀代表51人。以分科统计，则理科组119人，工科组173人，农学组78人，医学组99人。来宾包括中央人民政府副主席兼中国人民解放军总司令朱德、中央人民政府副主席李济深、政务院黄炎培副总理、文教委员会副主任马叙伦、交通部长章伯钧、水利部长傅作义、北京市副市长吴晗。大会执行主席侯德榜宣布大会开幕之后，科代筹备会主任吴玉章致开幕词”[①]。在这次大会上成立了中华全国自然科学专门学会联合会（简称“全国科联”）与中华全国科学普及学会（简称“全国科普”）两个团体。吴玉章被选为两会的名誉主席。李四光为科联主席，侯德榜、曾昭抡、吴有训、陈康白为副主席，严济慈为秘书长，涂长望、丁瓒为副秘书长，刘鼎、叶企孙等25人为常务委员。科联设有京、宁、沪、汉、渝、沈等各地分会25个，下有中国物理学会、中国化学会、中国地质学会等专门学会35个。科普主席为梁希，竺可桢、丁西林、茅以升、陈凤桐为副主席，夏康农为秘书长，袁翰青、沈其益为副秘书长，卢于道、董纯才等17人为常务委员。8月24日，周恩来出席会议做了《建设与团结》的长篇讲话，“要求科学家破除门户之见，不能互相歧视”[②]，“强调科学工作者要团结起来，反对宗派主义，为建设新中国而努力奋斗。”[③]在这前一年，中华自然科学社对自身的前途还没有完全明朗，仍然幻想着继续前进。

第一次全国科学会议正在北平筹备集会，这一大会必定能将新中国的科学工作者团结起来，指示他们以应行努力的方向，并为新中国的科学与建设事业厘订完密的方案。中华自然科学社是一个全国性综合性的科学社团，各种专门学科的社员，如数，理，化，生，天文，地理，医药，农，林，工，矿，渔，牧，无不包罗。当此大时代的开始，这样一个范围广阔的科学工作者的集团，应该配合着全国其他科学社团，协力为发展人民中国的科学与建设而努力。这是我们应有的功

① 王扬宗：《1949—1950年的科代会：共和国科学事业的开篇》，《科学文化评论》2008年第2期。

② 闻岩主编《周恩来大事本末》，江苏教育出版社，1998年，第936页。

③ 谢立惠：《中国科学工作者协会的成立和发展》，《中国科技史料》1982年第2期。

能,也是无可旁贷的责任。[①]

然而,这种组织的存在已然不适应时代的需要,“国家决定将科学从民间拉到全国机关控制之下,以统一科学界的声音”[②]。科联和科普的出现,其职能已经完全取代了中华自然科学社等社会团体。1951年4月10日,中华自然科学社召开了最后一次大会,宣告该组织的解体,并发表了《中华自然科学社结束社务宣言》。

结束社务宣言发表之后,上海、南京中华自然科学社的负责同志又出版了数期《科学世界》。沈其益原本设想把《科学世界》交给中国科联或中国科协,并继续出版,然而“涉及各方面的问题,未能如愿”[③]。1951年6月,全国科联接办了两大刊物——中华自然科学社的《科学世界》和中国科学社的《科学》,合并后以《自然科学》的刊名出版。1952年,《自然科学》又并入《科学通报》。随着《科学世界》的停刊,中华自然科学社的历史使命得以最终完成。

①《人民中国的科学与建设》,《科学世界》第十八卷第五期,1949年10月。

② 范铁权:《中国科学社与中国的科学文化》,南开大学2003年度博士论文,第48页。

③ 沈其益:《科教耕耘七十年——沈其益回忆录》,中国农业大学出版社,1999年,第42页。

第五章

中华自然科学社的组织运作及其发展

新文化运动高举民主、科学两面旗帜，其后民主意识和科学精神逐步深入人心，“在民国时期，社团作为民国文化的有机组成部分具有鲜明的时代特征，民主性、科学性是这一时期社团最为明显的特征”[①]。以“普及大众科学”为宗旨的中华自然科学社，其组织及运作理所当然“注重民主精神”和社团的科学运作。自然而然地，同其他任何社会组织一样，中华自然科学社也是在发展中不断完善自身的组织机构和运作方式。对其组织和运作的研究，有助于大家从制度层面深化对中华自然科学社的认识。

第一节　中华自然科学社的章程

章程是一个社会组织或社会团体根本性的规章制度，是经过特定程序制定的规范性文件。近代以来成立的各种科技团体，大多都有章程。“尽管章程有繁简之别，但在定名、宗旨、任务、会员（包括条件、权利、义务等）、专业组织、办事机构、会费、经费来源、年会、选举、章程修改等方面，都有明确的规定。”[②]

目前，尚未见到中华自然科学社最初的章程。1929年第二届年会召开，这届年会修改后的章程全文详见附录《本社总章》。目前存在的第二份完整的章程文本为第八届年会修订（参见：何志平，尹恭成，张小梅主编《中国科学技术团

① 中国科协发展研究中心课题组编《近代中国科技社团》，中国科学技术出版社，2014年，第80页。

② 尹恭成：《近现代的中国科学技术团体》，《中国科技史料》1985年第5期。

体》,上海科学普及出版社,1990年,第153—159页)。第三份完整章程文本详见附录《中华自然科学社章程》。

同其他各种章程一样,中华自然科学社的章程也是在不断完善中。1940年10月27日召开第十三届年会,会议第八项议程即为讨论社章。会议召开之前,共收到3项修改章程的议案。

第一项是由成都分社提议的"修订本社章程案"。这项提案分为3个组成部分:总社章程修订草案说明,章程修订草案以及附录的修订章程草案中之本社组织系统。这份提案全文如下。

总社章程修订草案说明

(一)本社原章程之缺点在将一切社务集中理事会(原称社务会),其结果将发生以下诸弊端:

(甲)一切社务之进行既均须取决于理事会,则理事人员势非集中一处不可,否则会议无从举行,社务只得停滞。但事实上依本社目前情形既无固定社址,而各处交通又复不便,故理事会不能集中亦不必集中。

(乙)理事会之担负太重,而各部之权力太薄,执行殊多困难,虽有热心从事者亦无法负责。

(丙)凡事集中理事会,则结果只见会议而不见实行。

(丁)凡事既取决于理事会,则不经会议即无从执行,会议延搁执行亦即停滞。根据上述理由,故本草案将理事会之事务尽可能减少,而增加各部之职权,似此理事会专为议定社务大计之需,将权(在理事会)与能(在各部)划分清楚,既符合民治之精神,尤可促进社务之发展。

(二)依原章程,理事会各部之间殊欠联络,而各部事务之进行又无从推动,因此,社务常致废弛,本草案特增加总干事一人,俾得协助社长以联络各部门之关系,及推动社务之进行,并将总务部主任一职由总干事兼任,以便行事而收实效。

(三)本社目前组织之散漫,不能全归咎于人事,诚以组织仅属总务部之一股,以一股之干事而总揽拥有七百社员之联络事项,自不可能。本草案特将组织另成一部,扩大其职权,以求社内组织之健全,如是方足促进本社对于社会之服务。

(四)原章程对于社长一职未能明白规定,殊失重视社长之初意。今为增加条文确立之。并为求社长人选之确当起见,特将社长之选定改交理事互选。

（五）原章程对于理事之任期既定为三年，但社长及各部负责人之任期尚未确定，殊属不妥，今均为规定一年，并连选得连任（当然不致超过三年），较当弹性。

（六）本社范围日益膨大，分社及社友会之设立，应有较严密之规定，且社友会之组织既远较分社为小，则为便利推动计实毋需直隶理事会，本草案对于此二点均曾注意及之。

（七）原章程尚有名称上文词上之未妥者，本草案亦为一并提出更正，其重要者如将社务会改称理事会以符名实；研究部改称学术部以扩大其职权；推广部一词近商业性质，特改称社会服务部，以示本社之宗旨等是。

章程修订草案

（1）原第九条　（三）有向学术部报告研究工作之义务。

（2）原第十五条　去“常年费每年分两期缴纳”一句。

（3）原第十六条　增加一项如下：（　）（注：原文有此空白括号）组织实业公司，从事生产事业。

（4）原第八章社务会改称理事会，以符名实而正视听，本章程所有“社务会”字样，均应依此改正。

（5）原第廿四条 本社设理事会，以理事九人组织之。

（6）按原第廿五条之下加二条，以下各条次序均须更正。

第廿六条 本社设社长一人及总干事一人，由理事互选之，任期为一年，连选得连任。

第廿七条 理事会设主席一人，由社长兼任之，社长缺席时由总干事代理之。

（7）原第二十六条　理事会设总务，组织，学术及社会服务四部，每部设主任一人，总务部主任由总干事兼任之，其他三部主任由理事互选之，任期为一年，连选得连任。

（8）原第二十八条　社长代表本社……得委托总干事代理之。

（9）接原第二十八条之下加一条：第〇〇条 总干事协助社长总理一切社务。

(10)原第二十九条　去“组织”二字。

(11)接原第二十九条　组织部司理社员之登记,社闻之编行,及其他一切关于社员之联络事项,其组织细则由理事会另订之。

(12)原第三十条　学术部司理学组事务及一切关于学术研究之事项,其组织细则由理事会另订之。

(13)原第卅一条　社会服务部司理科学普及事项及科学建设事业,其组织细则由理事会另订之。

(14)原第卅四条　年会会程分学术及社务两部分。

(15)原第卅五条　(一)讲述科学原理、宣读研究论文及表演实验与发明。

(16)原第卅七条　本社为发展各门科学起见得设立学组隶属学术部,其组织条例由学术部提交理事会核订之。

(17)原第卅八条　凡各地社员在二十人以上者,得向理事会申请设立分社。

(18)原第卅九条　凡各地社员在五人以上者,得向组织部申请设立社友会……经组织部核准后,始能发生效力。

(19)原第十三章及原第四十条　取消(社友区既规定于分社组织条例中,总章殊无订定之必要)。

第二项提案是“理事九人增加为十三人案”。提案人:朱炳海、谢立惠、周怀衡、胡焕庸、李旭旦、徐尔灏、董承康、王文瀚、吴传钧、李玉林。提案列出的理由是“本社团体日益膨大,社务因以繁重,原有理事九人实不够胜任,且即此九位理事并不集中一地,对于社务之筹设更多困难,因请增设为十三人,是否有当,敬请公决”。

第三项提案是“社务会下各部主任拟改为聘任案”。提案人为谢立惠、周怀衡、朱炳海、徐尔灏、童承康、王文瀚、李玉林、胡焕庸。所给出的理由是“本社社务向例集中于少数理事,但所有理事均各有职业,确难专心于社务,所以造成过去社务之不健全状态,同时颇有不少新社友或新自国外归来之社友,只以不为理事,对于社务之进行反有爱莫能助之感,兹为充实人事机构,健全社务起见,特提议各部主任改由社务会聘任,是否有当,敬请公决”。

这次年会召开之际,正值日军空袭重庆,中央大学所在的沙坪坝往往又是日军空袭的重点对象。鉴于这种特殊情况,会议决定将社章议案要点摘录并在黑板中公布。以上3项事关社章议案的摘录要点及议决如下。

(1)社务会改称理事会案。议决:名称仍旧。

(2)理事九人增为十三人案。议决:理事仍为九人。

(3)社长下添设总干事案。议决:不添。

(4)总社设社务、组织、学术及社会服务四部,每部设主任一人,由理事会聘任之案。议决:增设组织部,研究部改为学术部,推广部改为社会服务部,各部设主任一人,由理事会聘任之。

(5)社长由理事会互选之案。议决:通过。

(6)社长任期改为一年,连选得连任,惟不得超过三次案。议决:通过。

(7)社章十六条增加一项"组织实业公司从事生产事业"案。议决:通过。

对照社章修改案文本,尤其是成都分社字斟句酌推敲出的修订草案说明、章程草案以及附录的机构图等,反映出中华自然科学社对章程的重视程度。这次"章程修改案"被否决的一些事项,后来又被付诸实施,比如总干事的增设,理事会人员的增加等。由此可见,中华自然科学社的章程应该是经过多次修改的,只是由于资料的限制,这里无法对每次修改的具体过程做出更完整的描述。

第二节　中华自然科学社的组织机构

组织机构是中华自然科学社正常运行的重要保障。同章程一样,随着社员人数的增多、业务进一步开展、范围的扩大等缘故,中华自然科学社组织机构也不可能一成不变,但年会、社务会(后改为理事会)、学组等基本组织一直延续下来,监事会、分社(社友区)等则随着中国社会发展形势,尤其是全面抗战等影响不得不做出重大调整。中华自然科学社成立初期的组织系统如下图。

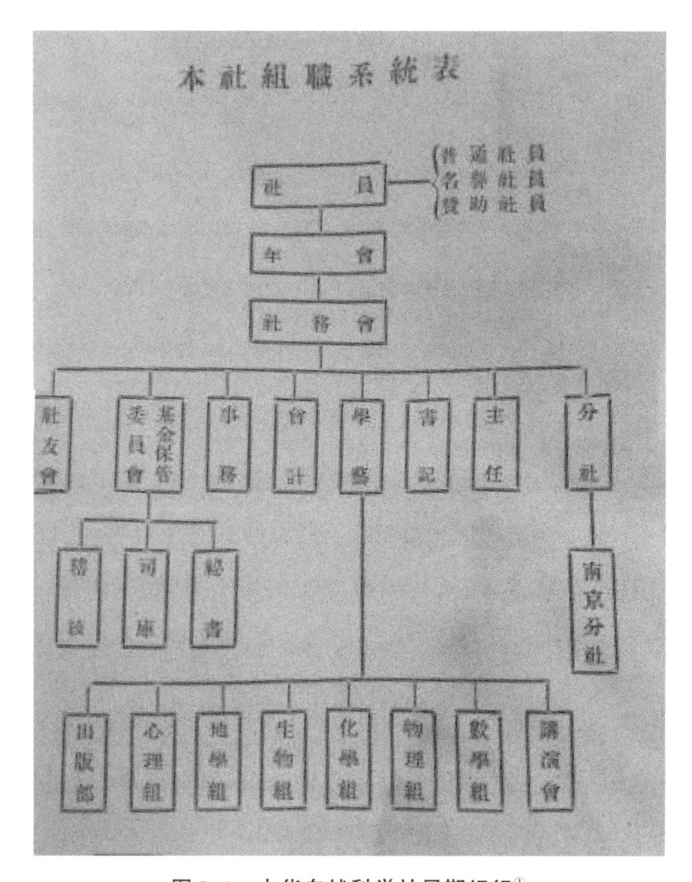

图 5-1　中华自然科学社早期组织①

纵观中华自然科学社的发展历程，组织机构基本依托上图而演变，兹按照该图所列将中华自然科学社各组织分述如下。

一、年会

中华自然科学社的最高权力机构是年会，“本社之组织注重民主精神，以一年一次的年会为最高权力机构”②。按照社章要求，每年开会一次，会议分学术和社务两部分。在学术方面，“宣读论文，讲演或讨论科学问题”。在社务方面，

①《本社组织系统表》，《中华自然科学社第二届年会年刊》，1929年，北京大学图书馆藏，第12页。

②《中华自然科学社之回顾》，《成都中央日报·科学副刊》36期，民国三十二年（1943年）11月16日。转引自：郑集《郑集科学文选》，南京大学出版社，1993年，第261页。

"决定将来计划,检讨过去成绩"。具体而言,社务方面主要有以下内容:对理事会、分社以及社员个人等各层次提出的议案或临时动议的议案进行决议,修订章程,讨论会计事务报告,商讨赞助社员和新社员入社事宜,推选理事等。

年会召开之前往往会提前发函告知,如十一届年会《通告》如下。

第十一届年会筹备委员会通告(八月十日)

本社第十届年会,因战局影响未能如期举行,所有已收到之选举票,大部遗留南京,无从开票,决予全部作废。本届年会定十一月十三日在重庆举行,正式通知及理事学组干事之选举票,已经发出多日,至祈　诸社友立即填写连同提案论文,一并早日寄下,关于出席年会之注意事项,附列如下,务祈　垂察为荷。

〔出席年会注意事项〕

1.年会日期　十一月十三日上午九时。2.会场　临时通知。

3.招待所　重庆青年会。4.年会费　每人一元外埠社友免收。

5.筹备会通信处　重庆中央大学朱炳海社友转。①

年会议程,基本上是先由社长致开会辞,其次为社务报告、科学演说,最后为宣读论文。科学演说中往往由已被吸收为赞助社员的国民党军政要员先行发言。比如第十一届年会,教育部部长陈立夫和西康建设厅厅长叶秀峰都作了大会发言。政要演说完毕,还有部分社员演说。年会的核心是宣读论文,论文的摘要大多会在《科学世界》刊出。当然,社务也是年会讨论的重点内容之一,比如西康和西北两次考察的酝酿就是在第十一届年会上,比如新社员的确定、分社的建立等问题,也多是在年会上议决的。

---

①《通告·第十一届年会筹备委员会通告(八月十日)》,《社闻》总第四十八期,1938年8月20日,第2页。

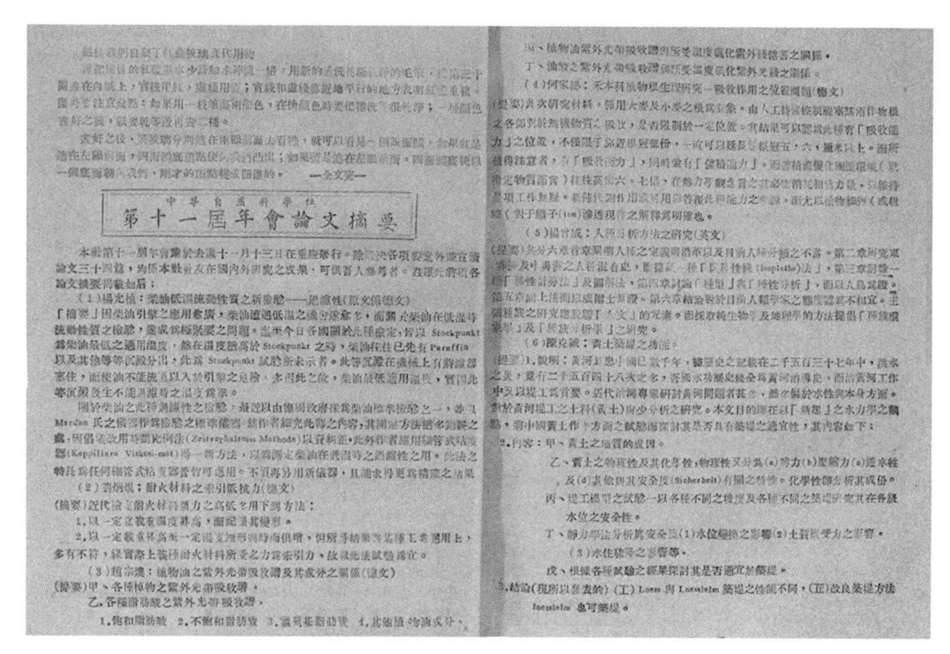

[illegible]

……用新的[illegible]洗[illegible]的毛筆，把第三十圖[illegible]在白紙上，實線用紅，虛線用[illegible]；實線和虛線[illegible]地平行的地方表明[illegible]。[illegible]注意幾點：如果用一枝筆[illegible]顏色，在換顏色時要把筆洗得很乾淨；一種顏色[illegible]好之後，[illegible]乾等後再[illegible]二種。

[illegible]好之後，[illegible]分別[illegible]在[illegible]去看牠，就可以看見一個[illegible]。如果紅是[illegible]在左[illegible]，[illegible]；如果[illegible]是[illegible]在左[illegible]，[illegible]一個底[illegible]，剛才的頂點[illegible]。 —全文完—

中華自然科學社

第十一屆年會論文摘要

本社第十一屆年會業於去歲十一月十三日在重慶舉行。除[illegible]各項要案外並宣讀論文三十四篇，均係本社社友在國內外研究之成果，可供吾人參考者。茲[illegible]將[illegible]各論文摘要刊載如后：

（1）楊光植：柴油低溫流動性質之新檢驗——[illegible]性（原文係德文）

「摘要」因柴油引擎之應用愈廣，柴油遭遇低溫之機會[illegible]，而關於柴油在低溫時流動性質之檢驗，遂成為極緊要之問題。[illegible]今日各國關於此種檢定，皆以 Stockpunkt 為柴油最低之適用溫度，然在溫度猶高於 Stockpunkt 之時，柴油往往已先有 Paraffin 以及其他等等沉澱分出，此為 Stockpunkt 試驗所未示者。此等沉澱在濾械上有將濾器塞住，而使油不能流通以入於引擎之危險。多因此之故，柴油最低適用溫度，實因此等沉澱發生[illegible]之溫度為準。

關於柴油之此種[illegible]性之檢驗，最近以由德國政府採為柴油標準檢驗之一，[illegible] Mardan 氏之儀器作為檢驗之標準儀器。然作者細究此器之內容，其測定方法[illegible]之處，因倡[illegible]改用時間比例法（Zeitverhaltniss Methode）以資糾正。此外作者應用[illegible]管式粘度器（Kapillare Viskosimeter）得一新方法，以為測定柴油在低溫時之[illegible]性之用。此法之特長為任何細管式粘度器皆可應用。不須再另用新儀器，且能求得更為精確之結果。

（2）劉[illegible]：耐火材料之牽引抵抗力（德文）

（摘要）近代[illegible]耐火材料[illegible]力之高低多用下列方法：

1.以一定[illegible]載重溫度昇高，而紀錄其變形。

2.以一定載重[illegible]一定溫度[illegible]形與時而俱增，但所得結果與[illegible]工業應用上，多有不符，緣實際上[illegible]耐火材料所受之力為牽引力，故以此法試驗為宜。

（3）趙宗燠：植物油之紫外光帶吸收譜及其成分之關係（德文）

（提要）甲、各種[illegible]物之紫外光帶吸收譜。

乙、各種脂肪酸之紫外光帶吸收譜。

1.飽和脂肪酸 2.不飽和脂肪酸 3.[illegible]基脂肪酸 4.其他植物油成分。

丙、植物油紫外光帶吸收譜與所受溫度氧化紫外[illegible]之關係。

丁、油脂之紫外光帶吸收譜與所受溫度氧化紫外光線之關係。

（4）何家[illegible]：禾本科植物根生理研究—吸收作用之位置問題（德文）

（提要）[illegible]研究材料，係用大麥及小麥之根為對象。由人工[illegible]作物根之各部對於無機物質之吸收，是否限制於一定位置。其結果可以認為此種有「吸收能力」之位置，不僅限于[illegible]部份，一直可以[illegible]根冠五，六，厘米以上。而所值得注意者，有「吸收能力」，同時兼有「儲積能力」，[illegible]（就[illegible]物質而言）往往高出六，七倍，[illegible]。[illegible]之解釋為明瞭也。

（5）[illegible]：人種分析方法之研究（英文）

（提要）共分六章[illegible]人種分類之不當。第二章[illegible]，第三章[illegible]，第四章討論「[illegible]」與「[illegible]分析」，[illegible]。第五章[illegible]。第六章[illegible]之研究。

（6）[illegible]：黃土築堤之功能。

（提要）1.說明：黃河[illegible]已數千年，據歷史之記載在二千五百三十七年中，洪水之災，竟有二千五百[illegible]十八次之多，吾國水功歷史[illegible]為黃河治導史，而治黃河工作中又以堤工為首要。近代治河專家研討黃河問題者甚[illegible]，然多偏於水性與本身方面。對於黃河堤工之土料（黃土）尚少分析之研究。本文目的[illegible]在以「[illegible]」之水力學之觀點，將中國黃土作[illegible]方面之試驗而探討其是否具有築堤之適宜性，其內容如下：

2.內容：甲、黃土之[illegible]的成因。

乙、黃土之物理性及其化學性，物理性又分為(a)[illegible]力(b)壓縮力(c)透水性及(d)其他與其安全度(Sicherheit)有關之特[illegible]。化學性[illegible]分析其成份。

丙、堤工模型之試驗—以各種不同之坡度及各種不同之築堤[illegible]究其在各級水位之安全性。

丁、靜力學法分析其安全[illegible](1)水位變[illegible]之影響(2)土質[illegible]受力之影響。(3)水位[illegible]之影響等。

戊、根據各種試驗之結果探討其是否適宜於築堤。

3.結論（現所以發表的）(I) Loess 與 Loesslelm 築堤之性能不同，(II)改良築堤方法 Loesslelm 亦可築堤。

图5-2 《科学世界》第八卷(1939年)第一期刊发的第十一届年会论文摘要

二、社务会(理事会)

社务会是“年会闭会后的最高执行机构,执行年会议决定的方针和年度计划”①,“管理社内一切事务”②,负责社务的日常工作。1927年,成立之初,社务简单,社务会由4名发起人互选担任职务,计有主任、书记、会计、事务4人为兼职委员,另有两人为未兼职委员。第二届社务会增添学术1人。1929年增加基金保管委员会,下设秘书、司库、稽核3人。具体前三届社务会人员及分工情况如下。

第一届

兼职委员 主任 李秀峰 书记 郑集 会计 赵宗燠 事务 苏吉呈

未兼职委员 徐光吉 陈芳洁

① 沈其益、杨浪明:《中华自然科学社简史》,《中国科技史料》1982年第2期。

② 《本社总章》,《中华自然科学社第二届年会年刊》,1929年,北京大学图书馆藏,第9页。

第二届

兼职委员 主任 杨浪明 书记 李秀峰 学艺 李达 会计 赵宗燠 事务 周隆孝

未兼职委员 余瑞璜 苏吉呈

第三届

兼职委员 主任 郑集 书记 赵宗燠 学艺 霍秉权 会计 谢立惠

事务 屠祥麟

未兼职委员 杨浪明 余瑞璜

基金保管委员 秘书 谢立惠 司库 周隆孝 稽核 陈芳洁[1]

关于社务会,中华自然科学社历次《章程》都有详细规定,最多者达11条之多,分别对基本职责、下设部门及分工、社长职权以及理事选举办法、人数、任期等方面有明确的规定。其职责主要是以下6个方面。

(一)决定本社方针,实行本社计划;

(二)推举候选名誉社员、赞助社员及董事;

(三)选决普通社员;

(四)掌理社中财政出纳并编造每年预算决算;

(五)报告每年社务于年会;

(六)管理本社各种财产及基金。

社务会由9名理事(后改为15名)组成,其中5人为常务理事,理事中互推1人为社长(也称理事长),杜长明任社长时间最长,谢立惠、胡焕庸、吴有训、朱章赓等也都担任过社长。社长外出期间,委托代理社长,沈其益曾担任代理社长。另设总干事一人,协助社长主持社务,杨浪明、朱炳海、沈其益3人担任该职务时间较长。“社务会下分总务、组织、学术及社会服务四部,另设基金保管、社史整理两委员会,分别执行社内之例行事务,社员之联系,科学之研究与推广,基金之保管及社史之整理诸项。”[2]总务等4部各设主任1人,各部下设各股,每股设干事若干人。各部分工如下:总务部管理文书、事务、会计等项内容。组

①《本社社务会历届委员名表》,《中华自然科学社第二届年会年刊》,1929年,北京大学图书馆藏,第17页。

②《中华自然科学社之回顾》,《成都中央日报·科学副刊》36期,民国三十二年(1943年)11月16日。转引自:郑集《郑集科学文选》,南京大学出版社,1993年,第261页。

织部管理社员调查登记、《社闻》的编辑与发行以及其他一切关于分社及社员之联络事项,包括《社友录》等编辑。学术部管理图书收集、《科学世界》等专门刊物的编辑发行,以及一切关于学术研究的相关事项。社会服务部管理科学普及与科学建设事业。

除了章程规定的理事选举办法以外,第十一届年会还制定了《社务会理事选举条例》,对理事选举规定得更为详备。

(一)理事之选举事宜,由年会筹备会设司选委员会办理之。

(二)司选委员会于办理选举之前,先行通告全体社员,请社员尽量介绍候选人,但以五人介绍一候选人为限。

(三)司选委员会于规定介绍截止之后,指定当选理事十倍以上之人数,连同选举票散发全体社员以供参考。

(四)票写被选人可不必以所介绍之候选人为限。

(五)凡不履行社章规定之义务者,不予选举权及被选举权。

(六)选举人必须盖章。

(七)收到票数不足发出票数二分之一时,提请解决之。

(八)其他事项依据社章有关选举各条执行之。[①]

社务会作为中华自然科学社的常设机构,负责一切社务的谋划和推行。有鉴于此,社务会需要广泛征集社友的意见,定期举行会议,商定社务。下面一份《社务会启事》有明确说明。

本社组织日益扩大,事业范围亦极广阔,惟社务之进行端赖我社友之集体努力,以期不负本社发展我国科学事业之使命。同人等受社友重托,担任社务,深恐才力不逮,顾虑未周,务盼各分社及全体社友时加督责,并对社务多抒卓见,共策进行,至深盼祷。社务会经常每二月开会一次,于一、三、五、七、九、十一月之第一星期日举行,如有提议请寄交本社文书胡谿咸社友收是盼　重庆中央大学地理系。[②]

中华自然科学社后来又设立常务理事,随之,社务会(理事会)也有了新变动,“常务理事会每月一次,理事会二月一次,规定于每月首次星期五举行。并

①《社务会理事选举条例》,《社闻》总第四十九期,1938年12月1日,第7页。

②《启事·社务会启事》,《社闻》总第五十九期,1942年1月25日,第20页。

由总务部先行通知"[①]。

理事会之外还有所谓的监事会,这一组织名称是全面抗战后期"遵照国民党中央规定设置监察委员"而出现的,在后来的年会时,理事、监事总是一起选举,选举往往通过邮寄选票的方式进行,但受战时客观条件制约,函票回收常常不尽如人意,"此次社中发出之理监事选举通知计一千六百余份。截至投稿时止,以社友讯址变更无法投递而退回者有一五〇封,其中以陕西、成都、贵阳三区为数最多,占总数四分之一,重庆、武昌两区次之,凡因复员而失却联络之社友,至希诸位社友协助随时报导,恢复联系,以利社务之进行"[②]。

此外,社章中规定设立的另一项组织"董事会","其职权为筹措经费,审核财政出纳及预算决算,但是迄未设立"[③]。

三、分社及社友会、社友区

分社是中华自然科学社的重要组成部分,"总社之外,各地复设有分社和社友区若干,总计现有分社24,社员近2千,散布于全国及欧美各国"[④]。关于分社总的数目,"统计前后在国内外设有28个分社"[⑤]。关于分社,社章"分社"一章有明确条款规定:"凡各地社员在十人以上得向社务会申请设立分社经社务会通过后始得成立,其组织及社章须根据本社章程拟定,经社务会核准后始能发生效力"[⑥]。除了社章规定以外,中华自然科学社还制定了《分社组织条例》,以下为1938年6月26日修正稿内容。

(一)本社各地分社依本社章程第三十九条组织之。

(二)分社应受社务会指导办理与本社宗旨相符之一切事业。

---

①《总社会议记录·第十九届第三次理事会议记录·十一·本社理事会及常务理事会,会期请予决定案》,《社闻》总第七十期,1947年8月20日,第5页。

②《组织部消息》,《社闻》总第七十期,1947年8月20日,第13页。

③ 沈其益、杨浪明:《中华自然科学社简史》,《中国科技史料》1982年第2期。

④《中华自然科学社之回顾》,《成都中央日报·科学副刊》36期,1943年11月16日。转引自:郑集《郑集科学文选》,南京大学出版社,1993年,第261页。

⑤ 沈其益、杨浪明:《中华自然科学社简史》,《中国科技史料》1982年第2期。

⑥ 李学通:《中华自然科学社概况》,《中国科技史杂志》2008年第2期。

（三）分社设干事会，由干事三人至二人组织，分任常务、文书、事务等职。干事每年改选一次，连选得连任。

（四）分社经费由分社拟定预算，由社务会核准拨给之。

（五）分社应随时报告其工作于社务会。

（六）分社得依地域之便利，设立社友区，各区干事由分社指定之。

（七）分社得另订细则，但须交社务会核议。

（八）本条例经社务会通过施行，有未尽之处得由社务会修改之。[①]

组织条例明确了分社的领导权归总社社务会，对其组织建设、自身工作等也有较明确的规定。

社友区是分社之下的组织，分社组织条例第六条专门规定了社友区的设立。各分社之下，可以根据地域的便利情况，再划分出若干社友区。此外，全面抗战前，还有所谓社友会的组织。早在1928年2月6日，中华自然科学社"依总章规定成立南京社友会"[②]。

此外类似的组织还有社友小组，社章明文规定"凡各地社员在三人以上得向社务会申请设立社友小组，经社务会通过后始得成立。其服务简章须根据本社章程拟定，经社务会核准后始能发生效力"[③]。

中华自然科学社时刻注意对分社、社友区、社友会、社友小组等外地社友组织的经营。譬如1948年，中华自然科学社再次强调社友会和分社的建设，"凡一地社友人数达五人以上者，请即组织社友会，二十人以上者请即组织分社，以便增加社友间联络，以利社务为发展"[④]。

四、学组

因为自然科学的范围宽泛，包含多学科门类，从便于工作的角度考虑，按照

①《中华自然科学社章程》第十一章"分社"。转引自：李学通《中华自然科学社概况》，《中国科技史杂志》2008年第2期。

②《本社略史》，《中华自然科学社第二届年会年刊》，1929年，北京大学图书馆藏，第1页。

③《中华自然科学社章程》第十二章"社友小组"，转引自：李学通《中华自然科学社概况》，《中国科技史杂志》2008年第2期。

④《附启之三》，《社闻》总第七十一、七十二合期，1948年2月，封二。

学科差别加以分组很有必要。该社成立伊始就推进学组的设立，并制定规章制度，现存早期的学组制度为《本社社员分组研究通则》，其文本如下。

（一）每组按照社章，由社员自由认定组织之。

（二）各人可加入正副二组。

（三）每组举组长一人，主持该组研究事务。

（四）每组集会时，应推书记一人，由组员轮流担任。

（五）每组须提出问题，共同研究，或根据相当范围，作个别研究。

（六）社员得向本组提出问题，亦得向他组提出问题。

（七）组员提出问题时，应作相当之说明。

（八）研究形式，得采口头或书面讨论，或作调查及实验。

（九）研究问题，得由组员同意，限定相当时期，以免怠误。

（十）每组集会，每月至少一次，凡在南京以外之各地社友，每组组长应与之常通消息。

（十一）研究之成绩，应在该问题结束后，交学艺汇存之。

（十二）各地社员，如已成立社友会者，应设讲演会，其开会时期，得由该地社友会，自行酌定之。

（十三）研究问题有疑难时，或讨论有争执时，得有本社延请专家为之解决。

（十四）学艺必按月调查各组研究状况，并加督促。[①]

关于人员分组情况，现存第二届年会学组分组名单可以参照，如下表。

表5-1　第二届年会学组分组情况表[②]

学组	组长	组员	副组
数学组	王运明	李嘉会 李达 李蕃 徐国英 熊先珪 周绍濂	余瑞璜 李秀峰
物理组	李国鼎	余瑞璜 霍秉权 谢立惠 顾衡 汪积恕 颜承鲁 郑家俊 郑祖修	苏吉呈 赵宗燠

①《中华自然科学社第二届年会年刊》，1929年，北京大学图书馆藏，第15页。

② 本表依据《本社社员分组名单》制作。该名单出自《中华自然科学社第二届年会年刊》，1929年，北京大学图书馆藏，第16页。

续表

学组	组长	组员	副组
化学组	屠祥麟	刘效实 蒋志尧 徐尔仪 涂维 章涛 杜长明 胡尔仪 屈伯传 李秀峰 冯家乐 郑厚安 苏吉呈 赵宗燠	郑集 周隆孝 吴功贤
生物组	王曰璋	杨浪明 方文培 吴功贤 江志道 陈芳洁 叶广度 周隆孝 徐光吉 郑集	雷肇唐
地学组	王德森		屠祥麟
心理组	雷肇唐		

从上述名单可以看出，这一时期中华自然科学社社员人数不多。个别社员跨学组也很明显，如余瑞璜跨界数学、物理，李秀峰跨界数学、化学，郑集跨界化学、生物，赵宗燠跨界物理、化学，雷肇唐跨界生物、心理，屠祥麟跨界化学、地学。这种学科跨界，应该就是《本社社员分组研究通则》所谓“各人可加入正副二组”。

后来，按照自然科学的学科需要，中华自然科学社增加学组，大体分为数学、物理、化学、地学、生物、心理、农学、工学、医药9个学组。每个学组设有3个干事，负责联络同组社友以及谋划该学组研究工作的进展，“统筹各该学组之研究事宜”①。如第十二届学组干事当选人如下：算学组，周绍濂、李达、周鸿经；物理组，李国鼎、谢立惠、钱临照；化学组，李秀峰、徐宗岱、屈伯传；生物组，杨浪明、罗士苇、童第周；地学组，朱炳海、徐近之、胡焕庸；心理组，雷肇唐、郭祖超、龙叔修；农学组，俞启葆、徐硕俊、刘伊农；工学组，杜长明、杜锡桓、汪楚宝；医学组，乔树民、顾学裘、苏德隆。

五、社员

同其他任何社会组织一样，社员（也称社友）是最基本的成员。中华自然科学社特别重视发展社员，“社员之吸收，则重质不重量，且打破任何门户偏见，凡合于本社社员资格，愿入本社者，均可经介绍而为本社社员，对于有志科学之青

---

①《社务会启事·通知各学组干事就责事》，《社闻》总第四十九期，1938年12月1日，第17页。

年，尤特别欢迎，因本社原系一般青年所组织，希望生力军源源而来，使本社特具之青春朝气一代一代永恒的相承发展而不坠”①。中华自然科学社提倡服务社会的平民精神，介绍新社员的基本条件和程序完备，有以下要求：一是人格必须健全，二是具备相当根基的自然科学水平，三是必须具有社会服务的精神与毅力。为了发展壮大组织，中华自然科学社鼓励各社员注意介绍发展新社员。当然，基于更慎重的原则，介绍新社员要求介绍者先行严密观察，再经由理、干事会初步讨论确定，还要经过相当时间的观察后，由分社正式认可，报送总社通过，再向介绍者征求意见，同意后，才能成为正式社员。

对于社员，中华自然科学社早在第二届年会上就制定了规约，其内容如下：“1.社员不得无故缺席常会及年会，凡缺席者，须向社务会书记预先说明理由。2.社务会按期发给表格，社员须填明，寄存社务会。3.社员住址有变动时，须立即报告社务会书记。4.（编者加）社员每年至少须缴工作报告一篇。5.凡社员于半年内，不填寄表格，或不向社务会通信一次者，社务会加以警告。6.社员于一年内，既不向本社通信，或填寄表格，又不缴纳常年会费，基金捐及工作报告者，则以出社论”②。

社员分布在全国各地及欧美发达国家，涵盖自然科学众多学科，服务于各大学、科研机构、中等学校及其他企事业单位等多个行业，这是自然科学社能够立足于全国的精髓所在。关于社员分布情况，从该社统计的《本社社友分布表》可以窥见大略。以下为根据资料整理内容。

一、各分社社友之分布

重庆分社271人，成都分社117人，西北分社91人，遵义分社66人，昆明分社55人，南溪分社32人，嘉定分社26人，美国（中部）分社23人，贵阳分社19人，江西分社17人，英伦、美国（西部）及欧陆三分社，因通讯迟阻，人数不详，尚有上海、南京、北平、武汉、青岛、广州等分社，均已停止活动。

二、各学组社友之分布

工学组253人，化学组227人，农学组216人，生物组117人，医药组114人，

①《中华自然科学社之回顾》，《成都中央日报·科学副刊》36期，1943年11月16日。转引自：郑集《郑集科学文选》，南京大学出版社，1993年，第261页。

②《本社社员公守规约》，《中华自然科学社第二届年会年刊》，1929年，北京大学图书馆藏，第14页。

地学组107人，物理组88人，数学组79人，心理组22人。女社友共78人。

三、服务机关之分布

大学及专科学校服务413人，研究机关（研究所、编辑馆、调查所、农改所）150人，行政机关82人，大学及专科学校肄业77人，生产事业（工厂、公司、矿业、农场）59人，留学国外48人，卫生事业34人，中等学校服务24人，从商及职业不明者143人，通讯处不明者193人。

四、各大学之分布

中央大学102人，浙江大学65人，西北农学院55人，同济大学32人，四川大学27人，重庆大学25人，西南联大21人，药学专校20人，金陵大学15人，武汉大学13人，华西大学10人，中正大学10人，中山大学9人，云南大学7人，广西大学6人，复旦大学6人，西北工学院6人，齐鲁大学4人，湖南大学4人，中央技专4人，蓝田师范学院4人，贵阳农工学院3人，其他24人，合计490人。[①]

中华自然科学社社员多为男性，但也有一部分女性科学人员，如沈其益的夫人吴亭早就加入该社，因社务活动相识并喜结良缘，"我与夫人吴亭是中大同学，她比我低二班，曾同赴苏州旅游并曾邀请中华自然科学社会员到中央棉产改进所进餐时见过面"[②]。由上面资料可知，截至1942年1月份，女社友共有78人。

分社在中华自然科学社社员扩充中起到了重要作用。如昆明分社曾于1938年7月31日召开的筹备会上专题讨论扩充本社组织问题，"议决：（1）由各社友负责调查已来昆明之社友并通知分社以便联络。（2）尽量介绍科学界努力份子参加本社，由各社友分别进行。（3）欢迎云南科学界工作人员参加本社，共同为抗战建国而工作"[③]。

中华自然科学社社员队伍的壮大，与其积极健康的发展观念息息相关。该社曾以《打破畛域团结自然科学者》为题描述了发展该社社员的这种迫切心态。

我们认为我们所负的时代使命，是整个的、十分广大的，不是少数人，也不是一部分或一方面的人所能担负的，我们深信封建思想阻碍我国社会的进展，

---

① 《社闻》总第五十九期，1942年1月25日，第19-20页。

② 沈其益：《科教耕耘七十年——沈其益回忆录》，中国农业大学出版社，1999年，第17页。

③ 《分社消息昆明分社筹备会记录》，《社闻》总第四十八期，1938年8月20日，第6页。

要想我国的科学事业能发展，第一步非极力破除这种恶势力不可。所以本社吸收社员，绝对不让省籍、学校、留学国等界线存在，自限事业的前途。只要是研究或从事自然科学而赞成本社宗旨的，我们都欢迎入社，经过合法手续，便为本社社员。本社竭诚希望能集全国自然科学者共同努力于中国科学事业之开拓。

本社社员，除普通社员外，还有下列两种社员：

赞助社员：凡捐助本社经费、产业、书籍、仪器或其他之赞助，经社务会提出，得年会社员过半数之选决者，得聘为本社赞助社员。

名誉社员：凡于自然科学之研究或事业上有特殊贡献，经社务会之提出，得年会社员过半数之选决者，得聘为本社名誉社员。

本社已有普(通)社员一千二百余人，赞助社员九人。①

需要指出的是，按照社章规定，社员又分为以下5种：普通社员、永久社员、赞助社员、名誉社员、团体社员，“实际上，迄至社务结束时止，只有前三种社员。而永久社员即缴足永久社费的普通社员，并无义务权利上的区别”②。中国科学社社员分为普通社员、名誉社员、赞助社员、终身社员、仲社员、特社员6类，中华自然科学社设置社员的种类明显有中国科学社的印痕，除了仲社员和特社员以外，普通社员、名誉社员、赞助社员名称完全一样，永久会员类似于其终身会员。中华自然科学社的永久社员是特殊时期筹措社费的无奈之举。1942年年初，社务会发布启事，“本社事业日益发展，需款极殷。凡社友积年欠费，务肯从速缴清。再为便利社友缴款起见，凡社友一次交足五十元者，可作永久社友，以后不再缴纳社费。务肯本爱护本社之旨，踊跃缴纳，是所至盼”③。

赞助社员也是一种权宜之计，顾名思义，赞助社员即是为中华自然科学社做出赞助者，即如社章所言“凡捐助本社经费、产业、书籍、仪器或其他赞助，经社务会提出，得年会社员过半数选决者，得聘为本社赞助社员”。中华自然科学社共有赞助社员18人，分别于第七届和第十四届年会各通过9人。第十四届年会时列举了第七届年会通过的赞助社员名单及通讯处。

---

①《中华自然科学社概况·继续进行的事业》，《中华自然科学社西康科学考察团报告书》附录，中国国家图书馆藏缩微胶卷，第166页。

② 沈其益、杨浪明：《中华自然科学社简史》，《中国科技史料》1982年第2期。关于团体社员，前述社章没有规定。

③《启事·会计股启事》，《社闻》总第五十九期，1942年1月25日，第20页。

吴道一,重庆上清寺中央广播电台;

辛树帜,重庆中央党部组织部朱部长转;

沈百先,四川綦江导淮委员会;

李书田,西康西昌技艺专科学校;

俞大维,重庆兵工署;

陈立夫,重庆教育部;

叶秀峰,贵阳农工学校;

赖琏,陕西城固西北工学院;

韩祖康,上海四川路卜内门公司。[①]

第十四届年会又增聘朱家骅、翁文灏、竺可桢、邹秉文、秉志、胡先骕、叶企孙、孙洪芬、熊庆来9人为赞助社员。这9人中除了朱家骅以外,其他8人对中华自然科学社科学研究方面均能增加分量,“前八位先生都是科学界的老前辈,我国各门科学的创建人,又大半是中国科学社的发起者和组织者,我们为获得他们的指导与协助,并加强赞助社员中科学家的阵容以及科学界的大团结,所以选举他们为赞助社员”[②]。朱家骅、陈立夫、叶秀峰等国民党党国要员作为赞助社员,对中华自然科学社而言,既有提携赞助之荣幸,也有权利争斗之苦恼,“叶秀峰、陈立夫、朱家骅之帮助本社经费,都是别有用心的,即想利用本社作为政治资本,以扩大其政治影响……国民党反动派头目帮助本社经费是有其野心、带有条件的,他们随即提出一批人作为本社的赞助社员,并要求设立董事会,推选他们那批人作董事,企图通过董事会来控制本社。我们虽在经费十分拮据的情况下,仍坚决反对他们作董事,只推选他们作赞助社员”[③]。按照社章第三章第六条规定“凡捐助本社经费、产业、书籍、仪器或其他赞助,经社务会提出,得年会社员过半数选决者,得聘为本社赞助社员”。后因年会不能正常按期召开,遂变通办法,“凡协助本社事业之发展,可由理事会先行通过,再交年会追认”[④]。

---

① 中华自然科学社组织部编印《中华自然科学社社友录》,1941年4月,中国国家图书馆藏缩微胶卷,第2-3页。

② 沈其益、杨浪明:《中华自然科学社简史》,《中国科技史料》1982年第2期。

③ 沈其益、杨浪明:《中华自然科学社简史》,《中国科技史料》1982年第2期。

④《总社会议记录·第十九届第三次理事会议记录》,《社闻》总第七十期,1947年8月20日,第5页。

全面抗战爆发后，国民政府西迁重庆。中华自然科学社社员们也是各奔东西。1938年，重庆局势基本确立下来，为尽快恢复组织工作，并召开第十一届年会筹备委员会，中华自然科学社社务会随即进行社友近况调查，并发布如下通告。

> 自全面抗战开始以来，人事失常，通信困难，各地社友近况颇多隔膜，对于社务前途殊多妨碍，本会曾制定“社友近况调查表”一种，附于年会通知函内，同时发出，务祈诸社友从速详实填明寄回，本会收到之后拟在社闻陆续发表，以通声息，深恐中途遗失，爰再附格式如下：[①]

表5-2　中华自然科学社社友近况调查表

姓名	组别	社号
性别	年龄	籍贯
现在通讯处		
学历及个人专长学科		
现在生活情形		
现在工作情形		
对于战时科学工作之意见		
对于本社社务之(意见)		
填表时间	年　月　日	

前述第二届年会“社员生活调查表”共分为最近住址、最近通讯处、最近工作及心得、每月经常收入、对本社提议、其他6项。这份“社友近况调查表”后来居上，社员所填项目增加到13项，组别、社号、性别、年龄等项内容是前述表格所没有的，说明中华自然科学社社员管理组织更加细致。

①《通告·社务会调查社友近况》，《社闻》总第四十八期，1938年8月20日，第2页。

第三节　中华自然科学社的经费筹集

中华自然科学社虽然有一定的官方背景，但毕竟是社会团体，纵观二十几年的历史进程，经费一直是掣肘其发展的最大问题，“本社的经费，从成立至结束，一直是依靠自力、非常困难的，一切工作始终都是在艰苦的条件下创办和发展起来的”[1]。梳理中华自然科学社经费筹集的种种努力，对于感知中华自然科学社诸君砥砺奋进的科学献身精神很有必要。

1950年历史使命即将结束之际，中华自然科学社对自身经费建设有过系统回顾。

本社经费来源，主要是靠社员的社费和捐助。抗战以前，曾得到国立编译馆在科学世界印行上的帮助，每期二百元。本社社友为编译馆审查出版的科学书籍和编订科学名词，此外，有职业的社友按月有捐助，刊物的销售亦可维持。抗战期中，编译馆补助费停发，社友们的收入微薄，刊物的印刷费重而销售困难，幸国外分社时有社费及募捐款寄回国内，因国内物价虽涨，但币值低落尤甚，故转换可以填补不足。至于西康考察团、西北考察团所需经费，则全属教育部及各该省政府的补助。一九四一年后教育部才月拨四百元作科学世界印刷补助费，此外，不定期的有少数补助款项。一九四四年，社友们共同募集基金，勉强维持社务。同年，因发行中国科学及科学大众，前者在国外销行，得到美国文化委员会、英国文化委员会和教育部的帮助。后者则各学术机关订购者较多。抗战胜利复员以后，曾得行政院及教育部之补助，作普及科学的用途。同时因刊物发行及广告收入，故刊物勉强继续出版，直至现在（以上经费概况系就本社历年印行的七十八期《社闻》（一九三〇——一九四八）中所有资料综合叙述）。[2]

从这段叙述来看，中华自然科学社的经费筹集主要有以下几项：社员的社费和捐助，国立编译馆给《科学世界》每期200元的印行费，政府补助，社友募捐基金，刊物广告发行收入等。全面抗战期间所需经费最多，主要来源是以下

① 沈其益、杨浪明：《中华自然科学社简史》，《中国科技史料》1982年第2期。

②《二十三年来的中华自然科学社》，《科学世界》第十九卷第六期，1950年6月。

5个方面：一是社员的社费；二是各地社友特别是欧陆、英国两分社社友的捐款；三是各种刊物的售款；四是向一些国民党政府机关申请的考察经费，如西康省政府和中英庚款董事会补助西康和西北两个考察团的经费；五是向英美文化机关申请补助《科学文汇》和《中国科学》的出版费。下面，就中华自然科学社的经费筹集情况，分别述之。

一、社费缴纳

社员是社团的基础，社员经费筹集是中华自然科学社最持久的一项经费来源，也是保持社务有效开展的基础。社员需要缴纳入社费和常年费，社章"第五章·经费·第十五条"规定"普通社员应缴常年费四元，入社费五元，常年费每年每期缴纳。学生时代减半年征收，入社费暂不缴纳，俟有收入时补缴"。全面抗战后期及抗战胜利后，由于物价上涨、社务增多、社址修建等因素，即使有所谓永久费和基金捐等经费筹集办法，也常常陷入入不敷出的艰难局面，"一些新的事业，需要大量费用，由于社务会苦心筹措，广大社友踊跃捐输，从国内国外源源接济，才能克服重重困难，使各项计划得以实现"[①]。关于经费困难情况，当时一份催缴社费的通知颇能说明问题。

本社经费向不充裕，往日虽曾一度募集基金，然为数极小。兹昔科学世界复刊，以重庆纸张印刷殊昂，而订户不多，社内经费大感困难。科学世界复刊后第一期由各分社致送，第二期起则由总社直接寄发，惟须先将二十六年度社费缴清云。又本分社刊行社讯，其印刷费系由本分社社友之社费扩充，甚望诸社友本爱护本社之怀，即日向各区组织干事或会计干事缴纳，以利社务进行。又二十七年度之社费，现亦开始征收，诸社友如能同时缴纳，尤所公感云。[②]

这则通告所称《科学世界》复刊之际，恰值民国经济较为困顿的时期。中华自然科学社借机筹备第十一届年会，催缴社费："本社社务已复常规，但经常各

① 沈其益、杨浪明：《中华自然科学社简史》，《中国科技史料》1982年第2期。

② 《社内经费困难——望诸社友迅速缴纳社费》，《成都社讯》创刊号，1938年8月15日，中国国家图书馆藏缩微胶卷，第5页。

费，极为拮据，兹者年会之期已近，所需又属不资，务祈诸社友将二十六年度社费即日惠下，以资挹注。值此国难正殷，薪水短少之际，得暂缴半数（二元，在学生时代者一元），特此通告。临时通信处　重庆中央大学朱炳海社友收转”[①]。鉴于整体上经济紧张，这次催缴做了权宜之计，对薪水少者、学生均减半征收社费。

第十四届第一次社务会上，理事吴襄提议“自本年度（1940年）起社费不再减半，并将二年来未缴社费之社友，列单公布，加紧催缴案”。不久，社务会专门发布《清理社费》启事：“兹以物价高涨，社务日繁，本社经费拮据万状，本届第一次社务会议，爰有‘自本年度起社费不再减半，并将二年来未缴社费之社友列单公布，加紧催缴’之议决，现正由会计股着手清查，至希诸社友本爱社之诚，缴清欠费是荷。”1948年，中华自然科学社甚至要寅吃卯粮，“根据本年年会修订，社章第十八条规定，卅七年度及卅八年度常年会费共四万元于卅七年三月份内一次征收，敬希社友从速缴纳以维财务”[②]。纵观中华自然科学社发展各阶段，清理社费一直是持续不断的工作，其经费紧张情况于此可见端倪。

针对社费及基金等收入情况，社务会需要向年会做会计报告，交代各项收支的来龙去脉。如第十一届年会会计报告，分三类做出决算：一是刊物发行股决算表（1937年7月至1938年10月）。收入项目为旧管、津贴、借款、订户、代售、杂收、利息、英伦捐款，支出项目有印刷、还债、工资、文具、邮费、杂费、房租，收入共计2617.38元，支出共计2613.45元，应存3.93元。二是社务经济决算表（1937年7月至1938年11月）。收入项目有旧管、社费、副刊稿费、发行股还、利息，支出邮费、社闻（京）、借发行股、稿费、拨基金会、扣入社费、杂费、文具、西北分社，收入共计777.18元，支出共计752.99元，结余24.19元。三是基金报告（1936年10月至1938年10月）。收入部分是：1936年10月有欧陆社友捐款、发行股交款、永久社费、基金捐；1937年1月至8月的永久社费、8月份会计股交款；1938年5月上海银行的利息。三项共计1322.89元。支出部分只有1938年5月转交重庆银行的手续费2.60元。剩余款项存入发行股及其他各银行：南京中国银行（四年）、重庆中国银行（半年）、重庆上海银行（半年）、重庆美丰银行

①《社务会催缴社费通告（八月十日）》，《社闻》总第四十八期，1938年8月20日，第3页。

②《附启之一》，《社闻》总第七十一、七十二合期，1948年2月，封二。

(半年),共计1320.29元。从《社闻》刊登的这份表格来看,会计报告颇为详细,各笔收入、开支罗列清楚,让人一目了然。这种不计私利的保管方式是中华自然科学社得以长时间存在的根本保证之一。

二、基金筹集

基金是中华自然科学社发展的最重要经济支柱,早在第二届年会上,该社就有了这一认识,提出了应对办法并设置了较为完备的基金保管委员,“本社进行困难点有二……其二,则无固定基金,而常年会费收入亦甚微薄,故一切设施均感不便。同人等有鉴于此,特提倡分组研究及学术讲演,以收互助之效。同时,厘定征收及保管基金简章迅速储金,以图各项事业之发展”[①]。

中华自然科学社基金积累的方法有三种:一是上述入社费、年度社费及永久社费;二是面向社内外募集基金捐;三是兴办产业,积累公积金。早在1928年,中华自然科学社就设立基金保管委员会,开始募集基金捐。在第二届年会上,中华自然科学社制定了专门的“基金捐简章”,其内容如下。

(一)本社为发展社务,按照下列规程征收基金捐。

(二)本社基金捐,按各社员经常收入,用累进率征收之。(注)经常收入以外之所得,如公费版税、利息、红利等不在征收之列。

(三)社员每月经常收入在七十元以下者,免征基金捐;七十元至百元者,征收百分之〇、五;百元至二百元者,征收百分之一;二百元至三百元者,征收百分之一、五;余类推;社员每人缴纳基金捐以十年为限。

(四)社员应于每年六月底、十二月底,将基金捐寄缴本社会计。但每月纳捐在二十元以上者,须按月寄缴。

(五)社员应缴之基金捐,得因天灾、疾病或其他特别原因,经本人请本社社员二人以上之证明,经社务会之认可,得缓缴或减豁之。

(六)基金捐之用途为(甲)备置社址,(乙)设立科学图书馆、各种研究室及陈列室等。

①《第二届社务报告·总括报告》,《中华自然科学社第二届年会年刊》,1929年,北京大学图书馆藏,第2页。

(七)基金捐之动用,须用通信法,征求全体社员意见,得过半数同意后动用之。

(八)基金捐之保管,另定章程规定之。

(九)基金捐之征收,自十八年度(即第三届社务会)起实行。

(十)本章程之修改与总章同。[①]

从这份“基金捐简章”中可以看出,征收基金捐全部是针对社员的,按照社员收入设置不同的征收比例,具有合理性和可行性。除了“基金捐简章”以外,这次会议上还制定了《本社基金保管章程》。该章程第一条明确指出“本社基金之保管,概由本章程规定之”,以下条款对基金各方面规定也比较详细,主要内容如下:第二条,基金保管 由本章程规定的基金由基金保管委员会保管;第三条,基金保管委员会设于社务会之下;第四条,基金保管委员会设委员会三人,分别是总理本委员会一切事务的秘书,专司基金保管及收支的司库,查核基金保管及收支的稽核;第五条,基金管理委员会会员选任办法,有年会选举,可连选连任,秘书由社务会会计兼任;第六条,基金支付方式,由保管委员会按照社务会交来的多数社员通过的“基金议决案或者预算,秘书处发出付款通知单,稽核审查签字盖章,再由司库支付”;第七条,基金存储,要存储于社务会认可的殷实银行;第八条,基金捐收纳,必要时候可以由保管委员会委托银行代收;第九条,从银行取出时,必须由秘书、稽核、司库三人共同签字盖章才能生效;第十条,基金委员会保管的经费由社务会规定支付,不得擅自拨用;第十一条,关于整理会计事宜,必要时要聘请会计师会同办理;第十二条,规定章程开始实行的时间是十八年度(1929年)。最后一条规定该章程修改须经过半数社员通过才能生效。

1934年将永久社员的社费作为基金。1937年专门设立基金募集委员会,募集对象扩展到机关事业团体和社会各界,时基金结存累计达法币1700万元。虽然是规模宏大的科技团体,但是中华自然科学社的实业经营方面却是不尽如人意,“曾与川康实业界人士合组川康实业公司,开发煤铁等矿。本社投

①《本社征收基金捐简章》,《中华自然科学社第二届年会年刊》,1929年,北京大学图书馆藏,第13页。

资20万元，占全部股本四分之一，绝大部分为发动社友投资集成。该公司规定全部盈余3%为本社基金，只因国民党官僚资本垄断全国经济，破坏小规模的生产事业；加以公司内一部分人员经营不力，且有贪污舞弊情况，以致整个企业破产，反使本社遭到重大损失”[①]。随着法币贬值严重和谋划事业的增多，基金募集任务加大，且以社内募集的成分为主，从以下启事中可以看出。

迳启者：本社年来各项事业，日趋扩张，经费方面，益感支绌，对于基金之筹募，亟待积极推行，兹经第四次社务会议决，推定基金募集负责人五百位，每位至少须负责募足两千元，所筹之款，请于本年底以前，汇交总社基金筹募委员会，希全体社友共策进行，不胜企祷。[②]

反映基金征集情况的主要材料是《基金报告》。1945年的基金征集情况是“本社基金收到者计有美国国务院拨付本社补助费3,500,000元及社友募集款项696,703元，又利息108,000元，共计4,414,703元”[③]。该报告还将各社友经手募集的基金数额及捐款人姓名专门记录下来。其中除个人之外，还募集了许多单位款项，如西北分社、李庄分社、昆明分社窑业试验场、中山大学土木系、泰山公司、血清制造厂、企业营造厂、企明化学社、兄弟商店、四川农业公司、中国物产公司、大华实业公司、四川合众轮船公司、大陆生产公司、电化冶炼厂、永川酒精厂、生化药厂、民营酒精厂、西亚电器厂、重庆银行、复礼银行等。

三、政府补助

1932年至1933年《科学世界》创刊初期，因中华自然科学社社员多为刚毕业财力困顿的大学生，故无力负担纸张、印刷等费用。当时，一些社员与国立编译馆的馆长辛树帜有师生之交，借此关系，双方合作，中华自然科学社为编译馆编纂中学理科教材，该馆每月补助150元作为办刊经费。1934年春，国立编译馆因本身经费短绌，停止补助，中华自然科学社遭遇经济困局，经多方奔波，最

① 沈其益、杨浪明：《中华自然科学社简史》，《中国科技史料》1982年第2期。

② 《总社启事·征募基金启事》，《社闻》总第六十五期，1944年8月1日，第9-10页。

③ 《总社社务·六·基金报告》，《社闻》总第六十八期，1945年2月23日，第11页。

终由国民政府解决。当然此举也颇经磨难。

本社顿遭困难,乃由总社及上海分社理事分担印刷费,每人月出5元、10元或20元不等,并由上海社友向上海工商企业刊登广告,勉强维持刊物出版。同时成立募捐委员会,发动社友向社外人士募捐,并向中华教育文化基金董事会请求补助,虽经多方筹措,皆无所得。适逢国民党中央政治会议秘书长陈立夫在提高科学的幌子下,设立机构,刊行《科学的中国》。某社友因与他们有个人关系,由他接洽的结果,从中央政治会议秘书处每月补助200元,另由中央党部宣传部每月补助100元,合计300元。但国民党反动派头目帮助本社经费是有其野心、带有条件的,他们随即提出一批人作为本社的赞助社员,并要求设立董事会,推选他们那批人作董事,企图通过董事会来控制本社。我们虽在经费十分拮据的情况下,仍坚决反对他们作董事,只推选他们作赞助社员,并决定把董事会的职权限制到只筹措经费,以免受其控制。他们看到董事会没有操纵的余地,只好放弃,所以社章上虽有董事会一项组织,始终不曾设立。他们由于没有达到这个目的,便拖延不发补助,并拒见领款人,致使个别社友经常垫款作印刷费,造成家庭生活的困窘。我们又想了一个对策,恰好有位社友是这个头目的亲戚,于是举他做会计,要他去领款。经过这样地反复斗争,才算暂时把经费问题解决了。①

中华自然科学社重大活动经费的主渠道都是由政府补助而来。如西康科学调查团、西北科学调查团,前者由教育部、西康省建设厅分别出款3000元和7000元,后者由四川、青海、甘肃三省政府拨给经费。

四、《科学世界》等书刊收入

中华自然科学社经营时间最久、投入精力最大的就是《科学世界》,当然该刊物也是经费支出最显著的项目。《科学世界》的经费收入主要是两部分:一是刊物发行,二是广告收入。

刊物的发行又分为个人预定和代理处销售两种。从第二卷第二期起,《科

① 沈其益、杨浪明:《中华自然科学社简史》,《中国科技史料》1982年第2期。

学世界》就开始谋划发行事宜,从其扉页的广告中可以清晰地看出来。为了更好地了解发行方面的努力,此处将预定章程、代售章程、定阅单、定价表和相关启事罗列如下。

本刊预定章程

1.本刊每期出版后尽先发送预定各户。

2.定阅者请直接将售价寄交本社编辑部,如向代售处订阅亦预由本社寄发。并加寄本社正式收据为凭。

3.定阅者须将寄件处详细注明,如中途改变地址时,请即来函通知,否则如有遗失本社不能负责。

4.定阅款项以大洋为准,但一角以下邮票得十足通用。

5.定阅须注明开始卷期,否则自最近一期起寄。

本刊代售章程

1.保证金:凡旬期代售上十册者须先拿保证金一元,上二十册者两元余类推。本社接到保证金后即开始寄书,如代售处不代售时,此项保证金即凭收据退还,但如有欠款即由此款扣除。

2.代售价目:照定价八折实收。

3.代售份数:每期至少五份,至多一百份。

4.结账期限:每两月一次,其售得之书价,由代售处按期汇交本社,逾期不拨。由本社函催二次,再不应者,本社即停止寄售,并将保证金没收。

5.介绍定阅:甲,本社提出书价二成作为代售处之手续费。乙,所收预订书价应照八折实数寄交本社,再由本社直接将正式收据寄交定阅者,同时由本社按期寄出。

6.退书:每期能售出五册以内者,可向本社批发五册,十册以内者,可批发十册,余类推。如至出版期四月未经出售者,得寄还本社,但每期退还数不得超过五册。

7.收到刊物收据:代售处于每期收到本社寄交刊物后,须将正式收据寄交本社。如在下期出版前尚无收据寄来，本社即停止寄售。

8. 接洽处：关于代售一切事宜，均请直接函达“南京国立编译馆转中华自然科学社编辑部”接洽可也。①

定價表

零售每期大洋一角五分郵費二分半

預定		
時期	半年	全年
期數	六	十二
書價連郵費	八角	一元五角

郵票代洋十足通用惟以一角以下為限

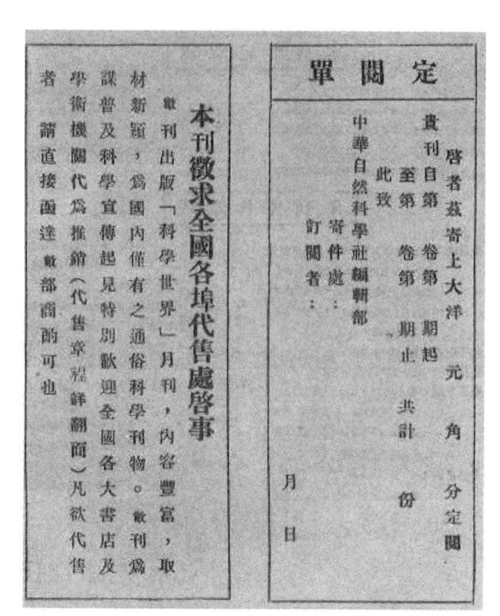

本刊徵求全國各埠代售處啓事

敝刊出版「科學世界」月刊，內容豐富，取材新穎，為國內僅有之通俗科學刊物。敝刊為謀普及科學宣傳起見特別歡迎全國各大書店及學術機關代為推銷（代售章程詳翻面）凡欲代售者請直接函達敝部商酌可也

定閱單

啓者茲寄上大洋　元　角　分定閱

貴刊自第　卷第　期起至第　卷第　期止共計　份

此致

中華自然科學社編輯部

寄件處：

訂閱者：

月　日

图5-3 《科学世界》刊登的定价表、征收代售处启事、订阅单

1933年的经销处主要是位于南方的一些大城市，南京、上海、广州、汉口等，具体有：南京钟山书局，中央大学门口蓁巷口及太平路三二二号；上海开明书局、作者书局、现代书局，均位于四马路；广州现代书局，永汉北路210号；汉口光华书局、金城图书公司分别位于特三区的湖北街和保华街；其他一些商埠的各大书局。

各大公司、企业刊登广告的费用是刊物经费的主要来源之一，《科学世界》广告价目表和刊登的广告样式如下。

① 《科学世界》第三卷第五期，1934年5月。

廣告價目表

地位	底封面之外面	正封面之裏面	正文前後圖畫前
全面	三十元	二十元	十六元
半面	十五元	十元	八元
四分之一面		五元	四元

左列均係每期價目　長期登載價目從廉

图5-4　《科学世界》广告价目表和刊登的广告

为了更好推行发售工作,《科学世界》还曾发起"征求基本定(订)户20000号"的活动。其方案为:"本刊为贯彻科学运动,发扬物质文明之宗旨起见,特别优待长期定户,其优待之办法如次:(限于直接定户)(1)凡在民国24年3月31日以前,来函申请作为基本定户者,注册后得享受优待权利。(2)基本定户20000号为限。(3)基本定户自第四卷起,订阅本刊一年者,照原价打七五折。(4)基本定户自第四卷起,订阅本刊两年以上者,照原价打六五折"。这种打折促销的活动还适用于《科学世界》过刊,《欲购旧〈科学世界〉者注意》的广告词是:"旧《科学世界》现存者除第一卷第二期、第二卷第一期、第三卷第一期及第二期因存数太少,概不出售外,其余各期均可价买。其定价如次:第一卷及第二卷每册连邮二角,购满十二册者打九折。第三卷原价出售"[①]。

基本定户能够限号发行到20000号,再加上其他不定期的散户购买和过刊的售卖,尤其是其过刊的售价"二角"甚至高于现刊"一角七分五",可见《科学世界》的销路很好,这从其部分过刊"存数太少,概不出售"和第三卷"原价出售"的举措上也能得到体现。

当然,《科学世界》发行长达十九年之久,上述销路甚好的时期仅仅限于全面抗战前国民经济发展较好的时期。全面抗战时期以及内战时期,物资奇缺引

① 《科学世界》第三卷第十二期,1934年12月。

发的物价暴涨，民众生活困顿，《科学世界》销售和价格的变化也极为明显，不难想象其“物价波动、朝夕不同”[1]的种种艰难经营状况。无奈之下，理事会甚至要求社友人均一份《科学世界》，“遵理事会决议社友订阅全年《科学世界》缴助印费八万元希我社友各订一份，此款请寄上海威海卫路二十号本社办事处”[2]。

第四节　中华自然科学社的组织变迁：基于章程修改的考察

中华自然科学社发展过程中，组织运作经历了从简单到复杂，从内在到外在的演变。最明显的是，社务会从最初的书记、学艺、会计、事务（各设一人）发展到总务、组织、学术及社会服务四部（各部有三、四人）。另外，董事会、监事会的设立以及社务会改名为理事会等组织机构的变化是中华自然科学社组织运作必须考察的内容。局限于资料的原因，此处仅以组织运作中最重要、最系统的法规性质文件——章程，从两份完整的章程文本变动的动态角度，探讨中华自然科学社的组织发展情况。

这两份章程标明的时间分别是民国十八年（1929年）和民国二十九年（1940年）。第一份章程算是较早的文本，应该是第二届年会的产物，这时候中华自然科学社刚刚成立两年，算是创始时期，称为《本社总章》，共分11章：定名、宗旨、社员、组织、社务、社员权利及义务、社费、年会、分社、社友会、修改章程，共计34条。第二份章程算是较为成熟的文本，应该是第十三届年会的产物，这一时期中华自然科学社在重庆发展势头很好，算是该社的鼎盛时期，再加上第十三届年会上更换了新社长、新理事，可谓气象更新、朝气蓬勃，名称已经是很规范的《中华自然科学社章程》，共分13章：定名、宗旨、社员、社员权利及义务、经费、社务、董事会、社务会、年会、学组、分社、社友小组、修改章程。

两相对照，从章的角度来看，两份章程中，定名、宗旨、社员、社务、社员权利及义务、年会、分社、修改章程八章名称未改动，社费、社友会分别改为经费、社

① 《十九年来的科学世界》，《科学世界》第十九卷第六期，1950年6月。

② 《附启之七》，《社闻》总第七十一、七十二合期，1948年2月，封二。

友小组，组织一章拆分为董事会、社务会、学组三章，总数多出两章，并且章的顺序有了一定程度的改变。名称及顺序具体变动如下：前三章定名、宗旨、社员顺序一致且未变更，原第四章组织调整为第七章董事会、第八章社务会、第十章学组，原第五章社务改为第六章，原第六章社员权利及义务提前到第四章，原第七章社费改为第五章经费，原第八章年会改为第九章，原第九章分社调整为第十一章，原第十章社友会调整为第十二章社友小组，原第十一章修改章程调整为第十三章。

从条目方面来分析，与章的变化相比较，章程中条目变化更细致，《本社总章》共计34条，《中华自然科学社章程》共计42条。条目数没有变动的章为：第一、二章均各为一条，原第五章社务改为第六章仍为一条，原第六章社员权利及义务改为第四章仍为七条，原第九章分社、第十章社友会、第十一章修改章程调整为第十一、十二（改为社友小组）、十三章仍旧均为一条。条目数量变化不大的章是：第三章社员增加“永久社员”一条，原第七章社费两条减为第五章经费一条，原第八章年会五条减为第九章四条。条目变动最明显的为原第四章组织，该章原10条，相应调整后，第七章董事会7条，第八章社务会11条，另有第十章学组1条。综合计算，原第三章增加1条，原第四章增加9条，共计增加10条，原第七章、第八章各减去1条，合并加减后，《中华自然科学社章程》比《本社总章》总条目多出8条。

下面，以《本社总章》中章的顺序为主（因原第四章变动最大，故放在最后分析），比较其与《中华自然科学社章程》具体文字表述方面的变化。

第一章“定名”第一条“本社定名为中华自然科学社”没有任何更改。

第二章“宗旨”第二条“本社以研究及发展自然科学为宗旨”只有一字之改，即“及”改为“和”字。

第三章社员由3类改为4类，增加了永久社员。相应增加一个条目：“永久社员”为第五条，“凡普通社员在一年内一次或二次缴定五十元社费者，即为永久社员，以后不再缴常年费，其他权利与普通社员同”。赞助社员的要求有稍微改动，主要是去除了“其价值在五十元以上”的表述。其他两条普通社员、名誉社员的表述基本未变。

第五章社务第十七条改为第六章第十六条，该条下所列原6个方面改为

8个方面，原6个方面变动不大，只有两处小改动，事关博物馆的第三方面去掉“以备研究”，第六方面“科学旅行团”改为“科学旅行”。此外，增加两条“(七)联络中小学理科教师，共谋改良教育；(八)受公私机关之委托，研究及解决关于科学上之一切问题”。

第六章社员权利与义务改为第四章，原第十八至廿四条相应改为第八至第十四条，具体各条的内容变化较大。原第十八条“社员之权利”(后为第八条)，稍有变动，原三、四两方面合二为一，并且顺序也做了变动。关于选举权和被选举权被调整为第二方面，并去除了原文的“赞助社员及名誉社员不能享受此项权利”。关于参加年会调整为第一方面，“得参预(与)本社常年会及特别大会，并得提议各项议案”改为“普通社员得出席本社年会，赞助社员及名誉社员得列席本社年会”。“(三)得享受本社发行之期刊及其他印刷物；(四)得向本社所设之图书馆、博物馆及研究所借用图书仪器及标本”合并为“社员皆得享受本社出版物，并得利用本社所设图书馆、博物馆及研究所之各项设备”。原第十九条“社员之义务”(后为第九条)条目顺序和内容均未变。原第二十条(后为第十条)关于欠费社员的处理问题，新章程中去掉“或经多数社员之公允”。原第廿一条(后为第十一条)变动较大，“社员于一年内，既不向本社通信或填寄表格，又不缴纳常年会费，基金捐及工作报告者，以出社论”改为“普通社员于二年内既不向本社通信或填寄表格，又不缴纳常年费及工作报告者，以出社论，所有出社社员应由社务会提交年会决议之”。其中，欠费年限“一年”改为“二年”，因基金捐没有实行，其内容也加以去除，新社章还增加出社的程序“由社务会提交年会决议之”的表述。原第廿二条(后为第十二条)关于宣布除名的问题，原第廿四条(后为第十四条)关于社员自愿出社的问题，均没有变动。原第廿三条(后为第十三条)关于社员参与政治活动，去掉“惟以个人名义行动者不在此限”的表述。

第七章“社费”改为第五章“经费”。原有第廿五、廿六两条，保留原第廿五条内容为第十五条，去掉第廿六条的内容“社员所缴之费，均交本社会计，或会计指定之人员”。

第八章年会改为第九章，原为第廿七至第卅一条，计五条，改为第卅五至卅八，计四条，总数减少一条。前三条内容“年会每年举行一次，其时期及地点由社务会决定，先期通知各社员”“年会讨论分学术及社务两部分举行”“学术部分有下列各事项:(一)讲演科学原理及社员个人研究之著作或论文;(二)讨论关于自然科学之一切问题”,没有任何变动。原第三十条(后为第卅八条)社务部分各项由5方面改为4个方面,其中第二、第三方面“(二)修定(订)本社章程;(三)推举查账员二人,查核基金,财产,及收支账目,报告之于年会”未大改,第一、第四两个方面“决议社务会及社员提交之议案”“选决赞助社员及名誉社员”分别改为“决议董事会、社务会及社员提交之议案”“选决赞助社员、名誉社员及董事”,即分别增加了“董事会”“董事”的词语。新章程去掉原第五方面“改选社务会职员”的表述。另外,原第卅一条“年会以全体社员十分之一为法定人数”的表述也被去除。

原第九章分社改为第十一章,内容为“凡各地社员在十人以上,得向社务会申请设立分社,经社务会通过后始得成立,其组织及社章须根据本社章程拟定,经社务会核准后,始能发生效力”。除了“本社总章”改为“本社章程”外,其他没有任何变动。

原第十章“社友会”改为第十一章“社友小组”,内容均为一条,即原第卅三条改为第四十一条。总体内容变动不大,仅有3处,一是“社友会”改为“社友小组”,二是“其职务及会章”改为“其服务简章”,三是“本社总章”改为“本社章程”。

原第十一章“修改章程”改为第十三章,内容基本没有改动,“本章程经社务会或社友十人以上之提议,得年会到会人数三分之二之通过,或由社员通信投票得五分之四之同意得修改之。第十二第十三两条须经全体社员同意后,始得修改”。其中,因新旧章程条目调整因素,“第二十二、第二十三两条”改为“第十二、第十三两条”,与文本内容无关。

因原第四章“组织”相应拆分为第七章“董事会”、第八章“社务会”以及第十章“学组”,此处重点分析之。原第四章从第7条至第16条,共计10条。新章程第七章第17条至第23条,计7条;第八章第廿四条至卅四条,计11条;再加上第十章的一条,共计19条。三章总计比原第四章多出九条,剔除第七章“董事会”的7条和第十章“学组”的1条,为11条,与原第四章的十条,总条数差别不大。因新章程“董事会”一章在原章程中没有对应的章,“学组”一章内容仅有一条,原“组织”一章主要是与新章程第八章“社务会”对应,且二者相应条款数目差别不大，此处先对此“社务会”一章作文本分析。原第七条“本社设社务会，管理社内一切事务”和第八条“社务会以七人组织之”被合并为一条，即第廿四条“本社设理事九人，组织社务会处理社务”。原第九条“社务会会员任期各一年，由全体社员投票选决”修改为第廿六条“社务会理事任期三年，每年改选三分之一，于每年年会前用通信选举法选出，其办法另定之”。这一条改动如下：社务会“会员”改为“理事”，任期“一年”改为“三年”，选决办法由“现场投票”改为“通信选举”。原第十条“社务会设主任一人，书记，学艺，会计，事务各一人，由社务会中互选之。社务会主任，即为本社社长”修改为第廿五条“本社社务会下设总务、组织、学术及社会服务四部，每部设主任一人，由社务会聘任之”和第廿七条“社务会设主席一人，即为本社社长，由理事互选之，任期一年，连选得连任，但不得超过三次以上”。这一条事关社务会运作的核心组织，前后变化较大。一是社长的问题，社长由原“社务会主任”改为“社务会主席”，并且新章程增加了任期限制，修改了选举办法。二是各职能部门工作人员的问题，部门组成由“书记、学艺、会计、事务”修改为“总务、组织、学术及社会服务”，其中学艺改为学术，其他三项“书记、会计、事务”被“总务、组织、社会服务”取代，修改后的职能体现了由内设向外延的性质转换倾向，比如组织和社会服务分别强化了对社员的管理和外界的联系。原第十一条“社务会之职权”改为第廿八条，依旧为6个方面，内容仅稍有变化。第一方面“议决本社组织及政策”修改为“决定本社方针，实行本社计划”；第二方面在原表述“推举候选名誉社员及赞助社员”增加了“董事”一项；第三方面仍旧为“选决普通社员”；第四方面“司理社中财政出纳，并编造每年预算，决算，报告于年会”中去掉了“报告于年会”，修改“司理”为“掌理”；第五方面“报告每年社务成绩于常年大会”修改为“报告每年社务于年会”，或为减少重复，致使第四方面去掉“报告于年会”的表述；第六方面“管理本社各种财产及基金”未做任何改动。原第十二条改为第廿九条，原内容“社长代表本社，总理社务会一切事务。社长因事不能执行职务时，由书记代行之”改动不大，只是将“由书记代行之”改为“得委托其他理事代理之”。原第十三条至第十六条分别事关社务会下设的书记、会计、事务、学艺4个机构，新章程第三十条至第卅三条则对应社务会下组织部、总务部、学术部、社会服务部4个新机构。

因机构职能变化较大，所以各条内容相应做了较大的改动，只有个别条内容中还可以看到原来的痕迹，如：组织部之“司理社员调查登记、社闻之举行及其他一切关于社员之联络事项”与原书记职务之“管理社员入社一切手续，及保存社员姓名住址及履历”有一定意义上的近似性，学术部之司理“专门刊物之编辑”与学艺之“主持出版事件”有异曲同工的旨意。当然社会服务部在原章程中看不到印记，明显是中华自然科学社业务成熟拓展的表现。另外，新章程还专门增加了第卅四条“社务会得视事实之需要，组织各种委员会，办理特种事项，其组织法由社务会规定之”。这一条款是适应中华自然科学社业务扩大的必然之举，比如西康科学考察团和西北科学考察团各自的筹备委员会就属于这一类专门委员会。新章程第十章学组只有一条内容，“第卅九条 社务会为发展各门学科事业起见，得设立学组，直隶社务会，其组织条例由社务会另定之”，这一内容虽然明显归属于社务会管理下的内容，但没有被列入社务会一章中，并且在原章程中也没有看到相应的表述。学组的相应职能包含在原社务会下“学艺”职能下，而又不同于新设立的学术部，专门设立的这一章是中华自然科学社重视各学科发展的有力证明。

纵览这两份中华自然科学社章程，变化最大的部分就是增设“董事会”一章。众所周知，董事会是西方社会公司内部治理模式下的产物。最早将董事会引入科技社团内部管理的是中国科学社，“科学社经过改组把公司改为了一个学术性组织，但是董事会名称的存在说明仍然留下公司内部治理模式的印记。……1915年中国科学社的正式成立也标志着中国近代学会理事会(董事会)制度的基本形成”[①]。大体而言，近代中国科技社团的内部组织管理模式都受到了中国科学社的影响，中华自然科学社的董事会当然也在这一范围之内。随着回国后形势的变化，中国科学社产生了新一届董事会，原董事会改称理事会。其后的董事会近乎成了虚设机构，理事会显然是决策和运行的领导机构，“董事会只是一个名誉机构，主持社内大政还是由原董事会改组的理事会”[②]。中华自然科学社的董事会和社务会仿效了中国科学社的做法，在《中华自然科

① 中国科协发展研究中心课题组编《近代中国科技社团》，中国科学技术出版社，2014年，第88页。

② 张剑：《中国科学社组织结构变迁与中国科学组织机构体制化》，《近代中国》(第七辑)，立信会计出版社，1997年，第129页。

学社章程》中董事会虽名列社务会之前(两者分别为第七章、第八章),但从该章程中可以看出,董事会的4项职务“(一)襄赞社务会,计图本社之发展;(二)筹措经费与办本社各种科学事业;(三)审核本社财政出纳及预算决算;(四)向年会及社务会报告募集基金及各种捐款”均是关于经费问题,其他社务方面均未涉及,并且董事会“每年至少开会一次”远不如社务会开得频繁,足见其职能之弱。

第六章

中华自然科学社的分社活动

分社是中华自然科学社最重要的基层组织，在发展社员、科学演讲、经费募捐、稿件撰写、科学文化交流、组织发展等众多方面起到了关键作用，重庆分社、南京分社、上海分社、成都分社等分社有时候还分担了总社的部分职能，比如出版或复刊《科学世界》、承办科学研讨会等。对分社活动的叙述，是梳理中华自然科学社发展历程中不可或缺的部分。

第一节　“西迁”前后分社分布情况

中华自然科学社依托于中央大学而成立，中央大学就在当时的国民政府首都所在地南京，故此“社友分布海内外，而以首都为最多”[①]。大约从1929年第二届社务会开始起，中华自然科学社就谋划分社事宜，“为谋办事便利计，社务会暂时兼理南京分社一切事务。至于费用，则依半数分配，一俟社址固定，或已感觉需要，即当使分社另行组织无疑”[②]。在第二届社务会期间，南京社友会每5周举行常会一次，前后共有6次，主要内容为：报告社务，欢迎新加入的社员

①《第二届社务报告·总括报告》，《中华自然科学社第二届年会年刊》，1929年，北京大学图书馆藏，第2页。

②《第二届社务报告·总括报告》，《中华自然科学社第二届年会年刊》，1929年，北京大学图书馆藏，第2页。

(共计16名),通过议案,组长报告各组研究概况,学术讲演。学术讲演具体情况如下表[①]:

表6-1 南京分社演讲情况表(部分)

次数	日期	出席者	讲题
第一次	1928.11.11	郑集	叶绿素及其功用
第二次	1929.1.1	李秀峰	水之结构
第三次	1929.4.7	余瑞璜	声影电传机之原理
第四次	1929.5.12	李达	照橡(相)测量原理
第五次	1929.6.9	方文培	四川植物之初步观察
第六次	1929.7.4	李蕃	火星之生物

因为南京分社位于中华自然科学社总部所在地,故此,南京分社和总社的职能难以分解清楚,其又兼有管理总社的义务。1933年在第六届年会上,中华自然科学社决定成立上海分社。截至1937年"七七事变"爆发前,中华自然科学社共有上海、北平、济南、长沙、青岛、成都、杭州、广州、西北、英国、欧陆、美国、日本13个分社。另有分社性质的5个社友会和4个社友区,社友会、社友区分别位于桂林、常州、苏州、南昌、武汉和天津、重庆、厦门、安庆。

关于分社成立及起步情况,可以从成都分社"窥一斑知全豹"。

远在四五年前,在四川的社友,随着人数的增多,而感觉有相互联络的必要。可是,许多社友散处在四川各城市,其中有些行踪又不固定,通讯很困难,那时在成都的社友人数是比较地多,组织起来容易着手一点。然而这并不是没有困难的,因为成都的社友很少互相认识,而在另一方面,许多人因为职业的关系,没有时间来做这样的组织工作,在这种情形之下,成都分社终于在一九三六年四月正式成立了,这应当归功于王明诚社友的努力。

在成都的社友们许多是和王社友熟识的,应诸社友的需要,并受了总社的委托,他负起了组织分社的工作,他分别向各社友接洽,接着在四月间,他用私人名义召集成都的社友在川大理学院开会。由出席的社友的议决,当日的会就

① 《第二届社务报告·总括报告》,《中华自然科学社第二届年会年刊》,1929年,北京大学图书馆藏,第3页。

作为本社成都分社的成立大会，大会中产生分社职员三人：会计由孙炳章社友担任，文书由吴昌源社友担任，理事由我担任，那时我是一个新入社的社员，真不知道怎样向社中贡献我的力量，倘使不是先进的徐光吉社友和王明诚社友在会中给我有价值的提示。

在分社成立的第一年中，除掉社友间的联络以外，成都分社的社友们也致力于社会事业的推进，可是因为人数过少——那时分社社友只有十人左右，社友常常有心有余而力不足的感觉。虽然这样，我们在可能范围内尽我们的力量，我们每星期在成都交通部广播电台作一次通俗的科学演讲，由社友轮流担任。因为人数太少，每个社友轮着的机会很多，在一年中有人轮着三次以上。在另外一方面，我们计划出期刊，可是因为人力和财力的缺乏，没有达到目的，关于这点，我们几个负责的人应当为自己的无能而抱憾的。[①]

第二节　西迁时期的分社活动

1937年全面抗战爆发后，大片国土沦丧，尤其是南京、上海等江南地区沦陷敌手，国民政府西迁，以重庆、四川、云南为主的西南边陲受到特别重视，这一政局变动对分社影响也是显而易见的，“沿海及中部各省的分社和社友会以及日本分社都暂行撤销，而西南各省增设分社较多，计有重庆、嘉定、李庄、北碚、三台、昆明、贵阳、遵义、安顺、辰谿、江西等11个分社。同时美国分社因社友人数众多，分布地区太广，改组为美中（明州）、美西（加州）两个分社”[②]。因经济困顿，交通不便，分社活动受到很大影响，尤其是欧陆、英伦、美国等海外分社与总社之间信息沟通极为不便。为了方便这些分社的工作开展，1938年8月10日，中华自然科学社第十一届年会筹备委员会专门发出通告，允许他们便利行事，“当此抗战期间，交通困难，通信滞阻，各分社事业之进行，如必先经本会之审定，事实上有所不能，爰经本会第三次会议决定‘抗战期内，各分社在不违背本社宗旨章则

① 张仪尊：《三年来的中华自然科学社成都分社》，《成都社讯》创刊号，1938年8月15日，第2–3页。

② 沈其益、杨浪明：《中华自然科学社简史》，《中国科技史料》1982年第2期。

条件之下,得独立进行事业,但须于事后向总社补行备案手续,'特此通告"[①]。

这一时期,全面抗战与科学紧密联系,大家众志成城,中华自然科学社分社活动最为活跃,具体情形分述如下。

一、重庆分社

全面抗战时期,重庆是国民政府的首都,国立中央大学的大部分院系也搬迁到这里,中华自然科学社重庆分社一度代行了总社的部分职能。

1938年1月9日,重庆分社在重庆生生公园召开第一次社友大会。出席者共计20人:胡坤升、李嘉会、孙光远、曾丽勋、杜长明、周绍濂、徐宗岱、周相元、蔡介福、曹飞、徐近之、罗士苇、庄纾、周鸿经、童致诚、王佐清、江志道、谢立惠、朱炳海、傅朝普。此为总社迁渝后的第一次大会,名义上是重庆分社的社友大会,但从内容等方面来看,也可以看做是总社的会议。这次会议也是总社迁移到重庆后的一次大聚会,因各位理事行踪不定,在重庆的理事不足法定人数,是无法召开总社社务会的一种权宜之计。由重庆五位老社友谢立惠、江志道、李嘉会、周相元、傅朝普招待午餐,"各社友相会之时,互道近况,并讨论社务,均以社中事务,虽经迁移,固不易集中办理,但在国难期中,吾社更宜团结,以期对国事有所贡献,讨论之点甚多,不及一一详载,当时情形异常热烈"[②]。餐毕即举行分会(社)大会,社长杜长明主持会议,议决设法恢复《科学世界》《社闻》及社中各种活动,同时选举谢立惠、江志道、周绍濂3位社友为重庆分社干事。

3月27日,在重庆沙坪坝举行第二次社友大会。这次分社大会和总社社务会同日进行,两个会议的参会人员也相互交叉,由杜长明主持,朱炳海记录。出席者共计18人:袁著、顾学裘、乔树民、龙叔修、朱炳海、王昶、邓宗觉、陈邦仁、柳大绰、罗士苇、李秀峰、俞启葆、唐培经、周绍濂、谢立惠、杜长明、高行健、江志道。杜长明先报告了社中经济状况,欧洲、长沙、武功、成都各分社近况以及各社员对社务关心情况,还谈到筹备恢复《科学世界》及《社闻》。报告之后,会议

---

① 《通告·社务会通告各分社(八月十日)》,《社闻》总第四十八期,1938年8月20日,第2页。

② 《分社近讯·重庆分社·第一次社友大会》,《社闻》总第四十七期,1938年6月20日,第7页。

讨论社务，议决3项提案：一是江志道提议，依托日报创办科学副刊，定名为“科学通”，介绍通俗科学知识案。议决：组织“科学问题讨论委员会”主持办理，由理事会就各学组中聘定一人组织。二是朱炳海提议继续举行广播演讲案。议决：由谢立惠主持进行。三是议决通过唐培经提议的“通函各社友征求战时科学制造代替品问题”[①]。

1939年10月12日在重庆大学理学院二楼会议室，重庆分社举行第十三届第一次社友大会，出席者为周怀衡、朱应铣、李锐夫、高叔哿、周绍濂、谢立惠、吴文晖、朱健人、胡鸣善、叶明升、杜锡桓、过基成、杨延宾、杜长明、郭祖超、朱炳海、徐尔灏、曾广珠、严钦尚、胡焕庸、吴功贤、李旭旦、高行健、苏德隆、冯焕、藤昌绥、袁翰青、潘歆、王佐清，由周绍濂主持，谢立惠记录。会议主要内容有以下几项：一是周绍濂“报告开会宗旨大意谓在欢迎远征归来之西康科学考察团诸团员及新归国诸社友并讨论本分社社务及改选职员”[②]。二是西康考察团成员报告西康科学考察团的具体情况。朱炳海总体报告了筹备经过、考察概况、考察团组织，还谈到经济上及人事上的种种困难，“原约定团员十五位，但临期有数位因病或因事未能成行。七月二十二日在重庆起程，至成都集合。八月十七日抵康定，停留约一周，再出发至九龙，然后分三路线进行考察骑行三十五日始回康立，再返成都”[③]。此外，吴文晖报告了经济情况，朱健人报告考察西康农林的经过。三是新自欧陆回国的两位社友李旭旦（伦敦分社）和叶明升（柏林分社）报告了各自分社情况。四是社长杜长明报告了两项社务：《科学世界》即将复刊，川康实业股份筹备就绪，希望社友踊跃入股。五是分社改选职员，李旭旦（14票）、胡焕庸（13票）、杜锡桓（12票）、高行健（11票）、周怀衡（10票）、谢息南（8票）、袁翰青（7票）7人当选为干事。这次会议上讨论的西康考察团、《科学世界》复刊、伦敦分社和柏林分社、川康实业公司等问题都属于总社问题，在这个程度上，重庆分社算是代行了总社职能。

---

①《分社近讯·重庆分社·第二次社友大会》，《社闻》总第四十七期，1938年6月20日，第7页。

②《重庆分社第十三届第一次社友大会》，《社闻》总第五十二期“西康科学考察团专号”，1939年12月25日，第20页。

③《重庆分社第十三届第一次社友大会》，《社闻》总第五十二期“西康科学考察团专号”，1939年12月25日，第21页。

12月3日在重庆大学，重庆分社举行该分社第十三届第一次干事会，出席会议的干事有高行健、李旭旦（谢立惠代）、胡焕庸、周怀衡、杜锡桓（高行健代），列席会议的人员为周绍濂、谢立惠、过基成、王绍休，由胡焕庸主持，李旭旦（谢立惠代）记录。会议主要有6项议案：一是分配分社职务，胡焕庸为常务干事，李旭旦为文书干事，杜锡桓为组织干事，周怀衡为会计干事，高行健为事务干事，袁翰青、谢息南为学术干事；二是由学术干事负责按期举行学术讲演；三是由朱炳海主持办理西康文物展览；四是参加国民月会，做学科表演而宣传科学，由袁翰青、高行健负责；五是通过新社友周焕章、甘怀新、谭同坤；六是添聘交际干事分区负责联络社友，谢息南为瓷器口区交际干事，杜锡桓为渝市区交际干事，蔡德注、孙遂初为白沙区交际干事。

1944年3月19日上午9时，重庆分社在重庆大学理学院第二教室召开社员大会。到会社员36人，由张更主持，下列社友做了各项报告：曾昭抡的昆明学术近况；朱章赓的美国科学界研究近况；丁骕及戈定邦2人参加中央研究院科学考察团的经过及新疆资源、政治、国防、民族、文化等近况；王恺的关于赴美从事于木材制造的研究；沈其益的关于总社情况。最后选举戈定邦、刘伊农、丁骕、朱应铣、何琦、李锐夫、涂长望7人为分社理事，朱章赓、潘璞、周鸿经3人为监事。5月12日，重庆分社召开理监事联席会议，分配职务如下："（一）理事：常务，戈定邦；文书，涂长望、何琦；组织，丁骕；学术，朱应铣；会计，李锐夫；事务，刘伊农。（二）监事：朱章赓、潘璞、周鸿经。（三）各区联络员：歌权山区，任邦哲；重庆城区，杨允植。"①

1945年10月7日，重庆分社在沙坪坝举行科学座谈会，讨论题目为《战后科学研究工作》，出席社友50余人。会议共有两项内容：一是吴有训演讲第二次世界大战中各国科学研究情形及中国研究成绩。第二项讨论"如何推动战后科学研究问题"，这一问题分为5个方面。社员们讨论结果形成一项草案，这项草案大约就是中华自然科学社第十九届年会专题讨论的《我国科学发展纲要》。

① 《分社近讯·重庆分社》，《社闻》总第六十五期，1944年8月1日，第12页。

二、成都分社

国立中央大学搬迁时，医学院教授蔡翘与华西大学接洽医学院联系合作，农学院畜牧兽医系与四川省立家畜保育所合作，随后，这两个院、系均在成都办学。中华自然科学社创始人之一郑集因医学院教授的身份在成都工作，自然而然地担负了成都分社的工作。全面抗战时期，由于四川大学等科研机构的存在以及成都在西南地区的重要地位等因素，成都分社成为中华自然科学社分社中仅次于重庆分社的重要组织。

成都分社社务活动极为活跃，各项组织较为健全。1938年，成都分社社员人数达到30人，曾召开社友会和干事会各2次。7月3日，成都分社社友大会召开。出席人包括管相桓、吴襄、郑集、李学骥、黄似馨、张仪尊、樊庆生、范谦衷、程淦藩、金贵湜、蓝天鹤、曾宪朴共12人，由张仪尊主持。本届选举结果：分社理事为张仪尊、郑集（书记）、黄似馨（会计）。大会议决案：一是该分社自本届起添设组织股，以联络社友，并聘吴襄为组织股干事。二是该分社区域分为4区，每区设组织干事1人，负责联络及代社办理各种事项。各社友区干事如下：四川大学理学院区，吴昌源；四川大学农学院区，金贵湜；华西区，程淦藩；农林区，管相桓。本届讲演股改聘范谦衷为干事。规定组织干事职权：总干事主持一切组织事项；社友区干事职权为"（一）敦促社友到会，（二）收集会费，（三）传达社的一切重要消息，（四）调查社友动态"[①]。以后大会定期为每两月1次，地点及开会方式应常变换，以使社友感兴趣。

8月15日，中华自然科学社成都分社创刊《成都社讯》，通讯处为成都华西坝中央大学医学院，联系人为吴襄。《成都社讯》刊发成都分社史、社务情况、成都分社大会记、本分社理干事会议记、社友动态、成都分社社友录等内容。《成都社讯》每两个月发行1次，双月十五日出版，第一卷共六期。第二卷第一期出版日期为1939年8月15日。1940年《成都社讯》停止出版，分社社讯送交总社发表。

1940年干事名单如下：常务，李方训，成都金陵大学；文书，朱壬葆，成都金

① 《分社消息·成都分社社友大会（七月三日）》，《社闻》总第四十八期，1938年8月20日，第5页。

陵大学;会计,曾宪朴,成都四川大学农学院;事务,吴襄,成都中央大学医学院;学术,李超然,成都四川大学农学院;社会服务,童第周,成都中央大学医学院;组织,曲漱蕙,成都中央大学医学院。成都分社社友会每三个月举行1次,交谊会与学术研讨会交替举行。分社下面也有分区,1940年因华西坝区人数太多,被分为3区,即华西坝华大区、医院区及外南区。各区干事如下:川农区,杨开渠;城中区,徐国屏;农所区,洪用林;金陵大学区,齐兆生;华西大学区,白英才;医院区,宋少章;外南区,戴重光。推选各学组干事:理工组,张孝礼;生物医学组,齐兆生;农学组,章文才。1940年通过社友:黄克维、路连墀、谭伯禹、傅世春、段玉清、邹海帆、颜闿、何光篪、张子圣。初步通过新社友阎玫玉、于景让。成都分社还筹谋设立“现代科学讨论会”,用以阐明各门科学之相互联系,聘请李方训、童第周、靳自重为筹备委员。

1940年1月12日,成都分社在华西大学医学院生物楼举行年度第二次社友大会,到会29人。收到论文共7篇:童第周、叶毓芬的《轴之分化》;李方训、陈惠卿的《二碘氯平衡常数之测定》;陈华癸的《Pyruvic Acid之生物养化作用》;徐丰彦、杨浪明的《各种动物血浆之抗溶血作用》;杨浪明的《稻秆节上休眠中穗之分化过程》;王启柱的《中美棉抗虫性之研究》;朱壬葆的《Diethylstiboestrol(己烯雌酚)对于两栖类动物性腺分化之影响》。3月15日,成都分社在华西大学医学院举行第七次干事会,出席者有李方训等6人,内容为:欢迎新来成都的盛彤笙,盛彤笙介绍了西北分社情形,议决春季社友交谊会事项。3月23日下午,春季社友交谊会在武侯祠举行,到会社友共23人,另有家属及来宾多人。议程极为简单,有以下几项:主持人李方训简单报告,组织股干事曲漱蕙介绍新社友,其他各社友自作介绍,自由谈话,参观刘湘墓等。

10月12日,成都分社在外南唐家花园举行本届第一次交谊会,到会社友及眷属40余人。由李方训主持报告开会意义,欢迎新自海外归国的汤逸人、自西北考察归来的张松荫及新近莅蓉(蓉城是成都的别称)的各位社员。另有三人报告:汤逸人的回国观感,张松荫的西北考察之经过,盛彤笙的社友动态。10月25日,成都分社又组织了西北日蚀观测队的欢迎活动。时该队自兰州而回,经过成都,队员中有中华自然科学社3名社员。成都分社联络金陵、华西两个大学理学院,邀请该队队长张钰哲在华西坝作公开演讲,报告观测日蚀(即日食,下同)经过。演讲完备,在金陵大学理学院举行欢迎会,该队全体队员、分社全体干事及两校理学院代表20余人到会。由分社常务理事金陵大学理学院副院长李方训、分社学术干事华西大学理学院院长张孝礼致欢迎词,观测队队长张钰哲及队员高鲁作了答词。10月28日下午四时,成都分社邀请高鲁在华西大学演讲《日蚀知识的研究》。另外,生物医学学组曾举行二次讨论会。第一次由徐丰彦与曹钟樑二人主讲,讲题分别为《器官之灌注》《最近关于溶血性链球菌分类之概念》。第二次由张奎主讲,讲题为《蛔虫》。

1942年6月18日,成都分社举行大会改选职员,改选结果是:常务,张孝礼;文书,陈华癸;会计,邹海帆;事务,齐兆生;组织,朱惠方;学术,杨开渠;社会事务,张奎。8月12日,该分社举行欢迎川西科学考察团大会,30多名社友参会。

中华自然科学社创建人之一郑集参与成都分社的创建工作,并被推举为演讲股干事,负责演讲事宜。郑集一改过去散漫的演讲题材,提出了一个系统的演讲题目——《抗战中的科学》。在这个大题目之下,郑集拟出许多有关抗战的题目,指派分社社友进行广播演讲。广播电台通俗讲演是科学传播的有效工具之一,成都分社社会服务部倾注很大心血。自1940年暑期至1941年4月广播演讲就达到十八次,其日期、讲员及题目如下:1940年6月28日,童第周,(题失);7月12日,朱壬葆,(题失);7月26日,靳自重,《选择终身伴侣的科学方法》;8月9日,李方训,(题失);8月23日,曹钟樑,(题失);9月6日,胡竟良,《棉与人生》;9月20日,胡鸣善,(题失);10月4日,胡自翔,《农村与游资》;11月1日,黄克维,《缺乏铁质之贫血症》;11月15日,杨开渠,《由菊展谈到艺菊》;11月29日,胡仲紫,(题失);12月27日,黄瑞采,《垦荒与保熟》。1941年1月10日,邹海帆,《如何保护我们的牙齿和牙龈》;1月24日,陈华癸,《豆科植物之根瘤细菌》;2月21日,杨浪明,《酒之生理作用》;3月11日,徐国屏,《我国农业政策之确立》;3月28日,蔡旭,《川省预防旱灾的几种办法》;4月11日,王启柱,《从防治虫害说到衣食生产》。

为了适应中学的需要,成都分社还联络社友到各中学演讲。自1937年年底恢复演讲后,至1938年4月15日,共计演讲8次。特别需要指出的是,1941年度,针对中国学生不注重自然科学各学科间关系的状况,成都分社曾专门举办总题为《各科学间关系之检讨》的公开演讲,并发布公告,其文如下。

迳启者：

查迩来欧西科学界对于各科学间共同之领域，均予以密切之注意，而我国学生对此往往忽视，甚所偏重者，仅限于主系学程，至与主系有关学科，每不知研习。敝社有鉴于斯，以为各科学学理关系问题似有共同检讨与介绍之必要。爰特请各大学教授就主要科学而与他门科学有联系、关系者，定期举行有系统之公开演讲。欢迎各校同学到会旁听，兹特奉上会程数纸。尚祈惠予公布，介绍是幸。

此致。

中华自然科学社成都分社发[①]

图6-1　华西大学赫斐院

演讲地点是华西大学赫斐院（参见图6-1　华西大学赫斐院）第五教室。每次演讲的时间为下午三时至五时，余兴为音乐或电影。其讲员单位、姓名以及讲题名称、日期等具体演讲情况如下表。

表6-2　成都分社演讲情况表

<table>
<tr><td rowspan="2">第一次</td><td rowspan="2">二月二十二日</td><td>华西大学数理系教授</td><td>李晓舫</td><td>天体物理学之进展</td></tr>
<tr><td>金陵大学物理系教授</td><td>戴运轨</td><td>理论物理学之进展</td></tr>
<tr><td rowspan="2">第二次</td><td rowspan="2">三月八日</td><td>金陵大学化学系教授</td><td>李方训</td><td>物理学与化学之关系</td></tr>
<tr><td>中央大学生物化学系教授</td><td>郑集</td><td>生物学与化学之关系</td></tr>
</table>

①《中华自然科学社成都分社举办科学公开演讲·各科学间关系之检讨》，中国第二历史档案馆，全宗号：六四九，案卷号：115。

续表

第三次	三月二十二日	中央大学生理学系教授	蔡翘	理化对于生理学之关系
		中央大学胚胎学系教授	童第周	生物形态之演成与化学分化
第四次	四月五日	金陵女子文理学院兼金陵大学地学教授	刘恩蓝	理化与地学之关系
		中央农业试验所顾问	利查逊	化学与土壤学之关系

为了进一步提升中学生的科学兴趣，成都分社大会决定针对中学生开展悬赏征文，奖金通过向分社社友募捐而得。征文题目《科学与抗战》，第一次收到23篇。成都分社专门成立征文委员会，负责评阅论文奖项。评奖结果是：第一名邓静中，第二名罗本先，第三名陈有能。奖金分别为15元、10元、5元。

三、长沙分社

1938年2月28日晚8时，长沙分社在长沙青年会召开分社会议，到会社员为彭民一、吴福元、劳启祥、徐硕俊、谢国藩、曾广珠、曾广樑、贺熙、姚舜生、周幹、汪楚宝、薛衡钧、刘泽永、杜锡桓、罗泽沛、王绍休、潘毅。由周幹主持，徐硕俊记录。主要议决了6项事务：一是征集社友动态，寄总社做《社闻》材料；二是要求每人担任《科学世界》一篇文字工作；三是因蒋昌煐、袁业宏二人担任民训工作，离开长沙，推选徐硕俊、杜锡桓二人代理干事一职；四是确定每两星期举行谈话会一次，并将谈话有关非常时期的科学意见随时贡献政府；五是建议总社发动全体社友，提倡简易科学生活救国方法，比如城市人废止早餐、避免用舶来品的科学材料、发展手工业等；六是调查并设法帮助来长沙避难社员。

1938年11月11日，日军攻陷长沙门户岳阳，13日开始，因所谓“焦土抗战”政策的不当影响，长沙发生大火，“《中央日报》曾以‘百年缔造，可怜一炬’哀叹其一夕之间所遭受的重创”[1]。在这种境遇下，直至全面抗战胜利前，长沙分社自然难以再有作为了。

---

① 邢烨、许海芸：《长沙会战》，航空工业出版社，2016年，第25页。

四、西北分社

全面抗战时期，由于重要的战略地位和特殊的地理环境，除了西南地区以外，西北地区成为国民政府高等教育的中心，故此，中华自然科学社西北分社人数较多。该分社成立于1936年，分社社址在陕西省武功县，分辖西安、汉中、泾阳、兰州、宁夏诸社区，社员最多时达157人，分散于西北各地，而以武功为最多。1938年西北分社各专业人员分布情况如下。

武功区46人及所属专业：沈学年、姜国幹、万长寿、沈煜清，农艺；沙玉清、黄怀桢、叶彧、陈椿庭、俞世煜、黄震东、邢如模、李瀚如、朱晴澜、胡运枢、丁夫凡、贾毓敏、李昌荣、张克勋、潘人龙、刘荣、陈庄、倪超，水利；钱立宪、张剑、洪用林，园艺专业；吴信法、李本汉、催焴溪，畜牧兽医；施有光、曾广证、王振华、陈芸，植物；毛庆德、王恺，森林；王器珊、安希伋，农业经济；柯士铭、邓振辅，医学；周昌芸（土壤），程宇启（数学），汪积恕（物理），颜承鲁（气象），葛春霖（化学），黄其林（昆虫），杨浪明（动物），邓启东（地理）。上列46人中，丁夫凡、胡运枢、王器珊、王恺4人该时请假休学，邓启东、陈芸、倪超三人因道路阻隔不能来校，其余39人通信处均为陕西武功西北农林专科学校。西安区6人：沈文辅（棉作）、黄国璋（地理）、张慧卿（生物）、袁义田（森林）、黄文熙（水利）、谢书炽（工业），以上各社友因即将迁离西安，通信处“容日后探明宣布”。褒城区（今陕西省勉县褒城镇）：成希颙（土木），通信处为陕西褒城鸡头地桥工程处。醴泉区（今陕西省礼泉县）：李荣洲（生物），通信处为陕西醴泉第一小学。

1938年2月27日，西北分社曾于国立西北农林专科学校（今西北农林科技大学）大楼举办讨论科学救国大会。出席人有辛树帜（赞助社员，农专校长）、刘士林（西北植物研究所所长）、王恭睦（西北地质土壤研究所所长）、康清桂（西北农专总工程师）四位老科学家，老社员沙玉清、新社员周昌芸等，合计38人。

会议先由主持人沙玉清报告开会有两个特殊意义：欢迎新社友和邀请各位科学前辈指导工作。资深会员杨浪明简明叙述了分社宗旨、基本精神、方针、态度、概况等情况，还提出两个问题：一是如何发展中国科学？二是如何联络全国科学工作者做有计划的抗敌？

辛树帜的发言内容大意为“对于本社努力之成绩着重国计民生之方向及大

公无私切实负责之精神和态度，极端称许，希望本此特具之精神态度和方针向前迈进，以救此垂亡之民族。关于第一个问题则希望本会人数逐渐增多，个人之实际能力加强，将来能领导中国之科学，甚而领导东亚之科学。关于第二问题，则希望本社友已参与抗战工作者更加倍努力，其未得直接抗战之机会者，则宜在后方努力科学生产事业，或科学教育事业，使抗战力量益臻雄厚，愈能持久”。刘士林致辞大意为“痛论中国近数十年来关于科学建设，只曾发生几次风气，如清末之提倡工业，民国十九年来之提倡农业，抗战以来之提倡生产等口号，皆未能捉住要点，即未能着重自然科学，其结果仅造成一时风尚，而未能收到实际效果。贵社同仁努力科学运动，实为国家命脉所系，希望继续努力。须知文化动员，不必定要上战场，欧洲大战时科学研究并未停止，且有引俘虏入实验室中研习者。故在此抗战时期，本各人之所学朝向有利于抗战之途径则可，舍己之田而耕人之田则不可，至于谋科学之普及，则深入民间及自然界作实际调查，实为第一要务”。王恭睦致辞大意为“历述民国以来大学生之未能注重科学，生活之未能科学化，甚至有医生狂嫖宴起，随地吐痰。今后中国科学欲得发达，务须科学家能以身作则”。康清桂致辞大意为“如何发展中国科学，乃是长久大计，科学欲普及，必先解决民生问题，而民生问题之解决，又有赖乎科学，二者实须兼顾。如何联络全国科学者参战，确为当前之急务”。康清桂还举例自己出游法国，法国一般工厂为服务欧洲战争，全部改为制造武器，“我国亦应如此，若在此时尚高谭（谈）研究，则恐为事实所不允许。语云‘事有本末，物有终始，知所先后，则近道矣！”周昌芸在肯定我国过去亦有发明的同时，认为“科学不发达之原因，在过去只有片面之技术，而未造成一贯之学问，故欲使科学发达，必须研究科学以得其真髓”。

1941年3月23日，西北分社在武功西北农学院举行本届第二次大会，20余人到会，会议议决了科学讲演、春假旅行团、编辑《科学的武功》等问题。其后，西北分社曾多次举行干事会，会议重要议决案如下：“（一）扩大征求永久社友；（二）尽量征集川康实业公司股金；（三）推定下届理事候选人；（四）设通讯干事与兰州城固等地社友联络；（五）建议总社严格征收社费，以免滥收社友；（六）建议总社明年扩大组织西北科学考察团，并请沙玉清社友拟定说明书；（七）协助陕西省中小学校科学教育，由干事会计划实行；（八）举行科学演讲，科学旅行及不定期社内演讲;(九)参加政府提倡之国防科学化运动”[①]。10月19日上午,在西北农学院举行本届第一次社友大会,到会新旧社友32人,由程宇启主持报告开会意义,王器瑚致欢迎新社友词。新社友作了答词。继由王振华报告发明改良植物油灯的经过,说明此种油灯可免去普通油灯的不明、不洁、费油诸缺点,并当场试验。

此一时期,西北分社注重科学演讲,将社友50余人分为18组,每组3人,每半月轮流作社内演讲1次,每人讲20分钟。公开演讲则每月举行1次,第一次由祁开智演讲《今年的日全蚀》,第二次请虞宏正演讲《分子蒸馏》。该社还在武功举行中小学科学演讲及科学表演。

1942年,在程宇启、祁学智、沙玉清、龚道熙等人组成的干事会的努力下,西北分社的成就不小。该年度介绍入社人员达30多名,一度新老社友人数达60人之多,学生毕业季离校之后,尚有40多名。演讲方面分为公开演讲和社内演讲。公开演讲邀请社内名流学者,听众每次人数都在200人以上,该年度共计5次,演讲作者及题目分别是:虞宏正《分子蒸馏》,龚道熙《太平洋大战声中之南洋群岛》,沙玉清《宇冰学说》,么振声《农业气象》,李佩林《花柳病之病理及其预防法》。社内演讲每5人分为一组,“轮流报告各人研究心得,并作各项讨论,藉以提高社友对科学研究之兴趣,并收互相切磋之效”[②]。西北分社还注意社友训练,由常务干事程宇启轮流召集学生社友做个别谈话,“藉觇其工作情况并使其对本社有深刻之认识而发生浓厚之感情”[③]。此外,他们还通过前往附近中小学进行科学演讲和科学表演的方式辅导中小学科学教育,还负责解答西北地区各文化机关有关科学方面的各种问题。

1944年7月2日,西北分社在国立西北农学院41号教室举行第九届常务大会,欢迎新社友及新来西北农学院工作的王桂五、单魁、沈煜清三名社员,欢送西北农学院本届毕业社友并改选职员。新旧社友30余人参会,由程宇启主持,万建中记录。程宇启报告了总社社务状况暨该分社过去一年的工作情形,李翰如报告了分社经济情况。由龚道熙致欢送辞,王桂五、陈高霖分别致答辞。本

① 《分社消息·西北分社》,《社闻》总第五十八期,1941年11月15日,第5页。

② 《分社消息·西北分社报告》,《社闻》总第六十一期,1942年11月1日,第10页。

③ 《分社消息·西北分社报告》,《社闻》总第六十一期,1942年11月1日,第10页。

着服务社会的目的，利用农学院暑期招生机会，主办暑假升学讲习会，灌输考生数理生化方面的基本知识，会议最后改选职员。监事会改选结果是：龚道熙，15票；沙玉清，11票；程宇启，7票；申学年，6票；邢丕绪，5票。理事会改选结果是：祁开智，25票；李翰如，20票；陈明绍，19票；万建中，17票；陶辛秋，15票；沈煜清，14票；樊宇聚，7票；王桂五，5票；单魁，4票。两项改选结果都是7票及以上人员当选为监事或理事，后两名分别当选为候补监事或理事。7月3日下午六时，在程宇启宅召开第一次理监事联席会议，除决定执行大会议决案办法外，还对理事会职务做了如下分配：常务，祁开智；学术，陈明绍；文书，沈煜清；事务，陶辛秋；社会服务，樊宇聚；编辑，万建中；组织，李如翰。

12月24日，西北分社在国立西北农学院43号教室召开年会，社友33人出席，列席来宾百余人，由祁开智、程宇启、龚道熙3人分任主席，除举行仪式讲演及讨论社务外，还宣读以下19篇论文：祁开智《日蚀图解之一法》，沙玉清《沙漠之征服》，陈椿庭《渭惠渠实测资料之研究》，曹骥《两种杀虫剂对于跳蚤防治之试验研究》，余恒睦《油泡法测定流速》，李翰如《黄水滞率》，李毓华《渭河流域静止锋面与秋季雨量》，吕忠恕《武功苹果枝条与果实生长之研究》，宋玉墀《穴距大小与薯块多少对马铃薯产量之影响》，沈煜清《陕西之小麦生产与雨量》，张培棪《曼陀罗提出液与阿刀平对于生理作用之比较》，吴士雄《地产尖塔》，程宇启《一函数之未变数之平方中值之研究》，张纪曾《近代马铃薯育种方法之探讨与我国马铃薯应有之改进》，王振华《中国北部卫矛科植物图志》《南五台种子植物图志》，赵洪璋《小麦成熟期霪雨为害之研究》，邢丕绪《船闸进水泄水时间之新计算法》，吴祯祥《绿肥栽培试验研究之初步报告》。

1944年西北分社的科学演讲，除特别原因外，每两周举行一次。历次讲演人及讲题主要有：袁翰青《科学与农业》，李赋京《疟研究之现阶段》，沙玉清《火箭与飞弹》，邹钟琳《蛹及白蛉子与人类的关系》，祁开智《鸡蛋直立问题》，吴春科《无线电》。

为增强助教级社友英文讲读写能力，以应付出国考试，西北分社经年会议决组织英文研究会，推李翰如负责筹备，于1945年1月4日正式成立，由余恒睦、吕忠恕二社友负责会务，并请祁开智为指导。

1945年，西北分社的人事安排也做了调整，本届理事万建中、李翰如以及候补理事曹骥等3人出国深造，理事陈明绍、樊守聚二人离陕，经过推选，单魁(社会服务)、余恒睦(组织)、吴士雄(学术)、陈椿庭(编辑)4人分别递补。11月18日，西北分社在西北农学院举行年会，到会社友及来宾一百余人。由祁开智主持报告年会目的，来宾唐得源教授致辞，陈锡鑫教授演讲《武功之葡萄与苹果》，还宣读了农业方面论文。中午聚餐后，继续宣读数理方面论文。论文题目如下：沙玉清《流水含泥量公式》，程宇启《一函数之两导数之中值研究》，祁开智《阴极线之新利用(电子肇)》，张培棪《青霉菌素制备之初步研究》，沈煜清《测定作物抗旱力之一新法》，孙毓华《东南季风与渭水流域夏季雨量》，李宗正《棉花早熟因子之研究》，赵洪璋《小麦黑麦杂交育种问题之研究》，张庆吉《粟作间苗问题之研究》，张纪曾《美国援华蔬菜种子之初步检定报告》，王立泽《西农心里美育种工作报告》，王聚瀛《杜梨再生力之初步试验》。年会之后，本届理事的职务分配做了相应调整。理事：祁开智(常务)，涂长望(文书)，余恒睦(组织)，陈骏飞(学术)，沈煜清(编辑)，陶辛(事务)，潘亚生(社会服务)。监事：程宇启、沙玉清、龚道熙。

五、贵阳分社

因西南地区在全面抗战时期的特殊地位，贵阳社友不下数十人之多，是中华自然科学社社友密集中心之一，朱章赓、乔树民、李良骐负责筹备贵阳分社。1940年9月20日，贵阳分社在贵阳公共卫生人员训练所举行第二次全体大会，社友10余人参会。会议主旨报告通报了拟于11月1日起会同遵义分社联合编行《贵州日报》“科学副刊”。会议还议决下列问题：第一项是扩大征求永久社友；第二项是初步通过新社友；第三项是通俗科学播音演讲，由干事会办理；第四项由刘廷蔚主持贵阳市科学座谈会；第五项商请贵州省立科学馆拨给房屋一间为本分社社址；第六项为人事安排，朱章赓、乔树民二人即将离筑(贵阳)，所遗候补干事职务公推刘廷蔚、苏德隆二人担任，王世忠即将赴渝任教，所遗会计兼事务干事职务由苏德隆递补。

1942年8月9日，该分社举行第三次全体社友大会，李庆赓等31名新老社友到会，主持和记录分别为李良骐、刘伊农，李锐夫致辞欢迎新社友。会议“议决修改分社章程，向社友会处备案，继续举行科学座谈会及科学广播演讲并与社会服务处合办科学咨询等要案”[①]。最后议程是改选职员，具体改选结果是：理事，李良骐、刘伊农、苏德隆；监事，李锐夫。李锐夫因总社工作需要辞去监事，改由刘廷蔚继任。

因受1944年黔南战事的影响，很多社员离开贵阳，贵阳分社被迫停顿。全面抗战胜利后，仍留贵阳的常务理事李良骐决心调查在黔社友，重振组织，恢复工作。

六、李庄分社

李庄分社成立于1941年5月25日，初时11人，1942年11月社友人数达到35人。这一阶段举行了3次社友大会，7次干事会，“关于社内工作，以学术演讲为主”[②]。

1943年12月12日，李庄分社在同济大学举行全体社员大会，到会社友数十人。会议进行理监事改选，方俊、杜公振、朱木美、罗云平、卓励之、廖季清6人为理事，唐哲、倪超、吴印禅3人为监事。大会后，举行理监事联席会议，分配各理事职务：常务，方俊；文书，朱木美；组织，卓励之；学术，杜公振；编辑，罗云章；事务，廖季清。

1944年5月28日上午9时，李庄分社在同济大学生物系举行第三届第一次社员大会，社友30余人到会。会议主持人方俊报告社务，欢迎新社友及新来李庄社友。徐凤早报告北碚分社近况，王志曾报告贵阳分社近况。会议议决捐款期限于六月结束，估计至少可捐得三万元或竟达四五万元之多。最后，吴定良讲演《西黔苗区人类学之调查》。

1945年4月7日下午3时，李庄分社在同济大学教授新村薛愚公寓召开第四届理监事第一次联席会议，薛愚、叶雪安、方召、徐凤早、戴英本、杨浪明、方俊、李国镇等人出席，由薛愚主持，李国镇记录。这次会议共有7项议题：第一项，因陈永龄离开李庄赴渝工作。议决：由事务李国镇兼任文书，并推邓瑞麟为

①《分社消息·贵阳分社近讯》，《社闻》总第六十一期，1942年11月1日，第11页。

②《分社消息·李庄分社报告》，《社闻》总第六十一期，1942年11月1日，第11页。

分社宜宾区干事。第二项,因薛愚为总社理事,按中华自然科学社习惯,不应担任分社职务。议决:本分社人数较少,仍请薛愚担任本分社理事会主席。第三项,学术演讲问题。议决:学术演讲本学期至少举行2次,由学术股理事方召负责推动,并请同济大学理、工、医三学院同学各一人协助进行,通俗演讲请方召筹划。第四项,征收分社经费问题。议决:根据第三届第二次大会决议案,征收分社临时社费每社友一百元,由会计股理事戴英本负责收集。第五项,分社全体大会日期问题。议决:每半年开全体大会一次,下次大会定于五六月间举行。第六项,如何征求新社友。议决:由各社友慎重介绍,质量兼重。第七项,期刊问题。议决:建议总社各种刊物请按期出版,并请寄《科学世界》三份,《科学文汇》至少一份,以便分社社友轮流阅读。

1945年度,李庄分社进行了两场公开演讲。一是3月18日,邀请历史学家向达讲演《历史上之敦煌》,并陈列珍贵字画。二是6月17日邀请寄生虫学专家洪式闾讲演《危害农村经济之几种寄生虫》,并陈列挂图切片以资对照。

七、昆明分社

1938年7月31日午后2时,昆明分社筹备会在昆明黑龙潭召开,霍秉权、沈贯甲、汪楚宝、曾昭抡、张大煜、夏行时、王功勋、李继祐等人出席,由汪楚宝临时主持。原本昆明分社定于7月27日举行筹备会,因通知太迟,到会人数较少,会议被迫改期。会议首先由汪楚宝报告本次会议是否算作成立会,议决:仍作为筹备会,等候总社将社章、文件等寄到,再按照分社组织条例,正式成立。会议推选沈贯甲、汪楚宝为筹备干事。这次会议谋划内容较多,主要有以下几项。

一是办理科学服务问题。沈贯甲提议联合中国科学社、云南科学社等团体,组织"科学工程顾问社",解释科学常识问答,帮助进行科学教育,改良工业技术,增进生产能力,以适合全面抗战建国之需要。议决:(1)先由各社友以私人名义向其他科学团体征求意见,中国科学社由曾昭抡接洽,云南科学社由沈贯甲接洽,俟分社正式成立,再正式向各科学团体建议。(2)俟分社成立后,向青年会社会服务部接洽合作,最好借用青年会为办公地点。

二是办理工业,增加战时生产问题。1.开办砖瓦窑。全面抗战以来,昆明国防工业渐次发达，导致建筑材料供不应求，张大煜、沈贯甲提议集资开办砖瓦窑，以利工业发展，盈余可以作为发展其他生产事业的经费。议决：(1)推举张大煜、沈贯甲两人负责筹备。(2)经费暂定五百元。曾昭抡认股一百元，霍秉权、张大煜、夏行时、汪楚宝、王功勋5人各认股50元，其余向没有到会的社友募足。(3)地点，烧窑地点推曾昭抡、张大煜、沈贯甲及蒋先生勘定，暂以黑龙潭茨坝一带为原则；租地问题，将来由汪楚宝负责接洽。(4)技术，制坯烧窑工人由汪楚宝、夏行时调查接洽，煤价由汪楚宝接洽调查，并决定俟砖窑试验成功后，短期间加制洋瓦及火砖。2.筹办印刷厂。全面抗战发生后，各学术团体刊物，均因后方印刷工业不太发达，不得不停止发行。为此，曾昭抡提议筹办印刷厂，发展文化事业。议决：(1)推举曾昭抡计划进行。(2)推举夏行时向长沙及《昆明朝报》馆调查技术工人。(3)推举汪楚宝向香港调查卷筒机及字模市价，同时调查造纸机器市价。(4)推曾昭抡调查海防某印刷厂出售字模详情。

三是普及科学运动问题。沈贯甲提议在《云南日报》上发行通俗科学副刊。议决：俟正式成立分社后，向《民国日报》接洽。

四是扩充本社组织问题。议决：(1)由各社友负责调查已来昆明社友并通知分社以便联络。(2)尽量介绍科学界努力分子参加本社，由各社友分别进行。(3)欢迎云南科学界工作人员参加本社，共同为全面抗战建国而工作。

1945年，昆明分社理事为曾昭抡、余瑞璜、汪楚宝3人，通讯处由西南联大余瑞璜社友转。当年出国的社友有凌宁、程毓淮、裘维蕃、许宝騄。

八、嘉定分社

嘉定分社成立于1941年4月，理事为下列5人：梁百先(常务)，章润珊(文书)，朱木美(学术)，钟兴厚(会计)，刘云山(事务)。出国者有高尚荫及王恺两人。从成立到1942年10月的一年内，嘉定分社共举行九次大会，分别为一次成立大会、两次学术演讲会、三次欢迎会、一次聚餐会、两次常会。学术演讲会演讲人和题目如下：唐燿《抗战期中之木材利用问题》，胡乾善《宇宙线是什么?》。欢迎会分别为欢迎赞助社友辛树帜、总社理事曾昭抡以及川西科学考察团成员举办。双十节期间，嘉定分社还举办科学宣传周，进行科学演讲、科学表演以及模型标本图案展览等活动。1942年新当选的分社职员为:常务,周厚枢;文书,陈克诚;会计,王恺;学术,钟兴厚;事务,唐燿。

九、江西等国内其他分社

1940年10月12日,江西分社在泰和县贸易委员会江西办事处招待所开会成立,到场张肇骞、欧阳谊等十余人,分社社址设在中正大学内,负责干事如下:常务,张明善;文书,黄野萝;会计庶务:彭鸿绶。

三台(今四川省绵阳市三台县)分社于1944年2月10日正式成立,计有老社友十四人,新社友亦十余人,大多为东北大学理学院同事。理事会分常务、组织、学术等股,每股有一理事负责,另聘干事二人协助。杨曾威任常务,李光家任组织,陈时伟任学术兼掌社会服务,左宗杞为候补理事,杨树培为监事。

十、英伦分社

由于第二次世界大战,英国本土没有受到法西斯的占领,再加上英国科学的发达及中英科技文化交流的相对融洽,英伦分社的成就比较突出。英伦分社成立于1935年,1938年初有社友31人,分布在伦敦、剑桥、曼彻斯特、利兹、利物浦、格拉斯哥、威尔士、爱丁堡等地。因李国鼎、林致平等社员相继归国,分社日常事务由事务员沈其益、鲍觉民和文书李旭旦负责。英伦分社社员都是海外留学人员,变动很大,如1938年新加入社员19人,归国15人。该分社往往通过聚餐或游览的形式,欢迎新社员、欢送归国社员。6月,欢迎新社友俞调梅,欢送张德粹返国,16名社员赴Whipsnad游览。8月,19名社员在顺东楼聚餐,欢迎自德来英社友盛彤笙、黄野萝和新社友吴仲贤、薛汾。

1938年3月,英伦分社举行15名社员参加的分社社务会议,讨论全面抗战工作,议决:用轮回通信方法交换国防科学知识,同时向总社函询国内发生的科学问题,以便利用国外优良环境,进行研讨。同时,与国际和平协会科学基金取得联络,请求英国科学界对中国进行实质性的科学援助。

1938年4月17日下午5时，英伦分社在伦敦中华协会召开第四届第一次大会，18人出席。会议内容较多，大体有以下几项：一是报告了社务基本情况，包括：总社及各分社近况，社长及总社来函，《科学世界》复刊，欧陆分社成立法国、明兴及莱茵河三社友区，法国社友欢迎英社友去法等。二是王景春讲演称赞该社宗旨及工作，勉励社员为科学建国而努力深造。三是欢迎卢嘉锡、唐崇礼、谭桢谋、刘士豪、张师鲁、吴仲贤、张维、吴文辉、王兆华、王自新、赵却明、梁百先、黄肇兴、周如松等新社员。四是形成3项议决："(1)决进行调查英国科学事业：推定各科负责人，定六月底完稿。医，张师鲁；化学，卢嘉锡；化工，谢明山；动物，唐世凤；农业经济，吴文辉；农业技术，陈华癸；植物，沈其益；军事，皮宗敢；工程，黄玉珊；地学，鲍觉民；物理，余瑞璜；畜牧兽医，吴仲贤；数学，柯召；天文，赵却民。(2)轮回通信继续进行。(3)成立剑桥及曼城社友区，请李旭旦，徐震池社友负责；Glasgow请胡敬侃社友负责"[①]。

此一时期，英伦分社注重科学调查事宜，对此有深刻的认知，"吾人就学来英，与所在国家之科学建设事业理应彻底明了，此不独于个人所学得获广泛之枕念，使后来同学，易求门径，其尤要者则为供给国家建设以实际参考资料，本分社以往幸有科学调查工作，现拟继续广泛进行，现分社有社友四十余人分习各科，如能各就所学，分任各科系之调查工作，集腋成裘可成宏著"。调查范围包括学校、研究机关、工厂、学会等领域。调查内容分自然科学和应用科学，前者包括数学、物理、化学、动物、植物、地学、天文、心理等学科，后者分工业、农业和医学三大类别，工业又分为冶金工业、机械工业、化学工业、纺织、航空工程、土木交通工程，农业为行政机构及其工业、农学技术，医学为医院、医学、卫生行政机构及其工作。调查方法："(1)就在英社友所习科系分为若干组，分担各该组，调查工作，由一人总其成；(2)请留英研习科学同学协助；(3)由各组负责人详定计划分请各社友担任；(4)调查工作由简而详。"调查结果的处置方法："(1)调查完成后作成书面报告送交《科学世界》，或出英国科学事业专集；(2)如得重

① 《分社近讯·英伦分社》，《社闻》总第四十七期，1938年6月20日，第11页。

要参考资料，则由社迳送有关之政府当局”。[1]

为了更好地认识这次调查的准备工作，兹列举工程组纲要如下。

英国科学事业调查纲要　工程组

(甲)项目：

一、土木 张维

(1)交通(铁道、公路……)，(2)水利(河港水力)，(3)构造(房屋、树梁……)，(4)测量，(5)市政卫生(给水、污水、通风、暖气……)，(6)材料(道路、建筑、机械材料及其试验)。

二、机械 王自新

(1)动力厂，(2)机车车辆，(3)机械制造及机械工具(翻铸、锻铁、焊割，锅炉、工具)，(4)汽车，(5)发动机(蒸汽机、内燃机、水轮机)。

三、电机 王兆华

(1)动力厂，(2)电机制造，(直交流、电车、电气铁道)，(3)电工材料制造，(4)电信(电话、电报、无线电……)。

四、航空工程 黄玉珊

(1)发动机，(2)机身，(3)零件。

五、矿冶

(1)采矿，(2)冶金。

六、纺织 唐玉书

七、造船

(乙)范围：

一、学校 主要课目、教授及其特长、设备、入学办法。

二、机关 行政机关(注意，性质及其出版物)，学会，研究所，出版机关(注意同上)。

三、工厂

(1)概论，数量，产量，特性，(2)主要工厂详情，出品，生产情况，经济，劳工，组织，历史等。

---

①《分社近讯·英伦分社·英国科学事业调查纲要》，《社闻》总第四十七期，1938年6月20日，第11页。

（丙）附注：

一、凡专门名词请附注原文。

二、请将所担任学门分学校，机关，工厂三类分页缮写。

三、用Foolscap Size单页横行。[①]

值得一提的是，英伦分社注重以集体的名义同英国科学团体寻求帮助。1938年3月世界和平会议在英国举行大会，英伦分社曾草拟一信，寄该会委员会请求援助中国科学界。同年9月，英国科学界在剑桥举行高级科学联合年会，英伦分社派出吴仲贤、沈其益两人赴会，致函该会主席请求援助中国科学界，提出下列三点：对来英留学或考察的中国人员请由英国科学界转为介绍至适当的研究机关等，考察或工作；协助中国各机关或研究人员研讨各项战时所发生的科学问题；请求捐助款项、书籍、仪器，以便利中国科学事业进行，或增设奖学金授予来英求学青年。由该会会计接见，该项请求交该会委员会商讨。

十一、欧陆分社

1937年卢沟桥事变后，欧陆分社义愤填膺，多次召开会议筹备欧战资料搜集、工业调查等多项科技抗战事宜，谋划与英伦分社合作编纂战时科学小丛书，以图谋为国内同行作参考资料。《科学世界》被迫停刊之后，经费问题是制约其复刊的最关键因素。欧陆分社利用其特殊的生活环境，曾募集到400马克，其充分利用外币兑换的有利机会，成为《科学世界》复刊募集活动的生力军。欧陆分社还主动请缨谋求解决其他抗战急需问题，1938年1月31日，发函总社“请将目前国内各项与抗战有关之一切问题及资料搜集寄交分社以便转请此间各社友分别研究”[②]。欧陆分社诸如此类的种种作为，都是中华自然科学社特别值得回忆的历史。

8月2日午后8时，欧陆分社在吴印禅家中举行分社第三届第一次干事会，

---

①《分社近讯·英伦分社·英国科学事业调查纲要·工程组》，《社闻》总第四十七期，1938年6月20日，第11–12页。

②《分社近讯·欧陆分社·欧陆分社本届第三次社务报告（五月三日）》，《社闻》总第四十七期，1938年6月20日，第17页。

出席者为陈邦杰、杨允植、吴印禅、刘伊农，由刘伊农主持，杨允植记录。讨论事项共计8项。第一项是干事会职务分配：常务，刘伊农；文书，杨允植；会计，吴印禅；候补，陈邦杰。第二项是如何撰写分社上届干事会工作结束报告，议决：该报告向上届负责人催办，由本届干事会转送总社备案。第三项是如何处理总社寄来理事会缺少3张选票事宜，议决：由本分社总干事会代为补发，函请总社年会筹备委员会追认。第四项是如何进行德国阿赫马第八（Achema VⅢ）的介绍文章，议决：由杨允植负责办理。第五项议决：由陈邦杰、刘伊农两社友负责访问暑期社友动态。第六项议决：于9月初以本社十周年纪念名义举行社友庆祝大会。第七项议决：通过聘请温步颐、赵宗燠两人担任本届社友联络事宜。第八项议决：通过戚作钧、陈永龄、王志卓（应为王之卓，以下同）、陈志定、戈定邦、王象复6位新社友。

9月3日，欧陆分社在杨允植家中举行第三届第二次干事会，出席人为陈邦杰、杨允植、吴印禅、刘伊农，由刘伊农主持，吴印禅记录。讨论三方面事项，第一项是关于召开庆祝本社周年纪念会议，定于9月8日午后8时，举行全体社友大会。第二项是原则通过事关全面抗战的两个中心工作，“尽量搜集与军事有关之专门及应用方面之著述向国内介绍”和“收集欧战文献作有系统之介绍以供国内参考”。由陈克诚、杨允植两人起草办法，以干事会名义提交大会讨论。第三项是敦促吴印禅会同赵宗燠、温步颐设法从速完成“德国皇家研究院调查工作”。①

9月8日午后3时，欧陆分社召开第三届第一次全体社员大会。出席社员为：倪超、戴礼智、程式、赵宗燠、孙祥鹏、叶汇、孙振先、杨允植、夏坚白、陈邦杰、陈克诚、朱滋李、方子藩、羡书剡、曹修懋、黄衡禄、温步颐、吴印禅、卢秀清、刘伊农。另有来宾林慧昌和严梅和两位女士。会议由刘伊农主持，杨允植记录。刘伊农在开会词中首先谈到开会的4个意义：庆祝本社成立十周年；欢迎新社友入社——柏林的黄衡禄和朱滋李，法国的朱彦承和曹薪孙，已回国的杜春晏；欢迎远道而来的社友，英伦分社的戴礼智、Honnover的倪超、Heidelderg的叶汇；检讨过去的工作，筹划将来的工作范围及方法。接下来还谈到中华自然科学社成

①《分社近讯·欧陆分社·欧陆分社第三届第二次干事会会议记录》，《社闻》总第四十七期，1938年6月20日，第13页。

立经过、组织形式、基本精神及努力目标。社务报告分文书杨允植和会计吴印禅的两个方面。由温步颐向新社友致欢迎词,新社友朱滋李、黄衡禄和远道而来的戴礼智、叶汇、倪超作了答谢词。接下来,会议聆听了5场自由演讲,分别是:方子藩的《柏林抗战后援会工作情形》,赵宗燠的《中华自然科学社之基本精神及其立场》,孙祥鹏的《欧陆各国燃料之设施及研究情形》,曹修懋的《对于本社之希望》,杨允植的《中华自然科学社之使命》。会议最后讨论并原则上通过欧陆分社干事会提议的《请以编译工作为本分社抗战期间之中心工作案》(附《战时科学小丛书编译大纲草案》),《战时科学小丛书编译大纲》交编译委员会参考,成立5人组成的编译委员会统筹办理。经大会投票,选举结果如下:陈克诚(16票)、杨允植(15票)、刘伊农(10票)、温步颐(8票)、孙振先(8票)、赵宗燠(8票)、吴印禅(8票),其中后4位票数相同者的序列系经大会表决而定。其中,《战时科学小丛书编译大纲草案》内容如下。

名称:战时科学小丛书

内容:1.搜集欧战时文献对国内作有系统之介绍;

2.编译与军事有关之最新科学技术,以供抗战之应用。

组织:设立编译委员会,计划编译事务,以五人组织之。

办法:1.每社友以至少编译小丛书一册为标准;

2.社友拟编之书名内容及其完成约期等须于本大纲通过后两周内书面详细报告所编书籍以资统计;

3.各社友所编书籍以不重复为原则,如委员会发见(现)有重复时应立即召集各当事人开会解决之。

合作:函请英伦,美洲,日本及其他海外各分社就其所在国之材料从事编辑以资合作并函请总社统筹办理。

发行:本丛书概由本社发行并欢迎转载但须声明系本社丛书字样。[①]

为了尽快编纂好这套科学小丛书,这次大会的第二天,即9月9日午后8时,丛书编译委员会就在温步颐的住宅召开了第一次编译会议。出席人为编委会的五人:孙振先、温步颐、杨允植、陈克诚、刘伊农。由陈克诚主持,孙振先

①《分社近讯·欧陆分社·战时科学小丛书编译大纲草案》,《社闻》总第四十七期,1938年6月20日,第14-15页。

记录。会议讨论6项内容。第一项,是确定编译的目标以实用简单明了为原则。第二项,暂定编译纲要的17种类及负责人员:兵工,曹修懋、杨允植;经济植物,吴印禅、陈邦杰;工兵,陈克诚;防空防毒,温步颐;战时地理,叶汇;航空,孙振先;交通,倪超;钢铁,戴礼智;电信,程式、羡书剡;国防森林,黄维炎、黄野萝;医药,盛彤笙;兽医,盛彤笙;战时卫生及防疫法,盛彤笙;燃料,孙祥鹏、赵宗燠;人造代用品,温步颐;粮食,孙仲逸、刘伊农;警察,刘伊农。第三项,确定每人编译一册为原则,编译范围并不局限于本人学科专业。第四项,本丛书欢迎外界来稿。第五项,推举陈克诚为编辑委员会常务,孙振先为文书。第六项,规定编辑委员会每两星期开一次会,必要时临时召集。

12月23日,欧陆分社在柏林南京饭店举行第三届第二次全体社友大会,出席者为温步颐、方子藩、卢秀清、陈克诚、赵宗燠、屈伯传、孙振先、程式、沈其益、盛彤笙、黄衡禄、曹修懋、吴印禅、刘伊农、孙仲逸、杨允植,另有来宾张维。会议由刘伊农主持,杨允植记录。会议分为报告事项和讨论事项两部分。讨论事项有四项。第一项,刘伊农通报开会的两个目的:一是欢迎新到社友沈其益并请报告总社及英伦分社情形,二是讨论社务。第二项,会计吴印禅报告分社经费收支情况。第三项,陈克诚报告战时科学小丛书推进情形。第四项,沈其益报告总社及英伦分社情形。讨论事项有两项。第一项,干事会提议的新社员入社问题,因中华自然科学社总社暂时停止办公,原来由分社初步通过的新成员时逾半载犹未经总社核复,可否提交本社全体社友大会通过,然后呈请总社追认备案。议决:碍于社章,仍照旧办理。第二项是择日举行全体社友郊外旅行。议决:由干事会择定日期及地点先期通知社友参加。

1938年2月2日午后6时,欧陆分社在刘伊农家举行第四次干事会,出席者为杨允植、吴印禅、刘伊农。会议由刘伊农主持,吴印禅记录。会议仍旧分报告事项和讨论事项两部分。报告事项有6项。第一项印发社友通讯录,第二项通报第一次郊游经过情形,第三项介绍战时科学小丛书编辑委员会与英伦分社合作编辑接洽经过情形,第四项传达1月31日干事会向总社及西北分社致函内容,第五项总社征求分社筹助《科学世界》复刊经费,第六项汇报社友动态。讨论事项有4项。第一项事关新社员入社问题,根据总社负责人来函,该分社可依照西北分社先例,先正式通过新社友入社,然后呈请总社备案,此案因曾受第二次大会否决，干事会是否将总社意旨于下次社友大会时，再提出讨论。议决：于第三次全体社友大会时重新提出讨论。第二项如何募集恢复社刊的款项。议决："先由私人方式向各社友转达总社意旨，然后正式发寄通启，请求各社友努力输将"①。第三项准予追认刘伊农发寄致总社及西北分社的一件公函。第四项由吴印禅社友负责催收社员们的各种欠费。

3月22日，欧陆分社在杨允植家召开第五次干事会，出席者为吴印禅、陈邦杰、杨允植、刘伊农，另有列席者赵宗燠，由刘伊农主席，杨允植记录。报告事项有6项。第一、二、三项分别为德国莱茵河区、明兴区和法国三个社友会筹备成立等有关情形，第四项英伦分社转来总社社务会朱炳海对本分社正式通过新社友暂时办法函一件，第五项复刊社刊劝募经费情形，第六项社友生活及工作情形。讨论事项有五项。第一项定于3月26日午后7时，在柏林饭店举行本届第三次全体社友大会。第二项新社员入社问题。结合总社来函大意及当时情势，重新提出大会讨论报告，作为讨论参考。第三项德国莱茵和法国社友会成立经过情形呈报总社并请予备案。第四项建议总社复刊后的《科学世界》内容选择以浅显通俗切合抗战需要为准则，并提示各社员写稿时特别注意。第五项，通过新社友：张书农（水利）、郭官仁（地理）、陈宗器（物理）、蒋以模（医学）、于志忱（植物）。

3月26日午后7时，欧陆分社在柏林南京饭店召开第三次全体社友大会。出席者为屈伯传、吴印禅、温步颐、方子藩、刘伊农、程式、陈邦杰、卢秀清，杨允植、曹修懋、赵宗燠、孙振先，由刘伊农主持，杨允植记录。刘伊农报告了开会的目的，计5项：一是欢送屈伯传学成归国，二是各社友生活及工作情形，三是社务报告（附带报告英伦分社近况），四是复刊《科学世界》劝募情形，五是讨论社务。会计干事吴印禅报告经费收支情况。会议议决事项共有3项。一是预定半年内募足复刊《科学世界》发行费四百登记马克（Registered Mark）。二是凡由本分社干事会初步通过的新社友，而再经本分社全体社友大会通过，即为本社正式社友。三是通过10名新社友：陈志定、戚作钧、王象复、张书农、陈永龄、王志卓、郭官仁、陈宗器、蒋以模、于志忱。

7月9日，欧陆分社在柏林大华饭店举行第四次常务会，出席社友29人，除

①《分社近讯·欧陆分社·第四次干事会会议记录》，《社闻》总第四十七期，1938年6月20日，第18页。

讨论社务外(已有前届常务干事刘伊农报告)还进行改选,结果夏坚白、陈克诚、陈邦杰三社友当选为干事,赵宗燠、温步颐、王之卓三人当选为候补干事,推定夏坚白为常务,陈邦杰为文书,陈克诚为事务。欧陆分社通讯处暂由陈邦杰负责。通过下列新社友:黎尚权,生物化学;秦志庆,土木、陶瓷;唐进,植物;王发缵,植物;邵铂,物理;程兴武,化工。

截至1938年5月3日,欧陆分社共有社员44人(其中有3月26日第三次全体社友大会通过的陈志定等10人),社友具体分布情况如下:德国柏林23位,德国其他城市13位,比利时1位,法国5位,匈牙利1位,最近赴美国1位。考虑到"本分社所属范围太大,社友日益增多。社友间之联络工作常感不足,因而思及欲避免此种缺陷而增加社友间之联络关系及学术研究之方便"[①],欧陆分社按照社友分布情形,会同欧陆组织干事盛彤笙合作,积极筹备社友会。见于记载的欧陆分社社友会主要有德国莱茵社友会、明兴社友会和法国社友会。

德国莱茵社友会于1937年11月20日正式成立,主要社友有:孙君立、孙德和、孙祥鹏、丘玉池、戴礼智。推举干事一人,任期半年,第一届干事戴礼智。干事掌理社友会会务,随时与欧陆分社及总社取得联络。莱茵社友会的主要工作分3方面:"通信——干事得到总社,分社消息后,择要报告各社友。各国科学及工业消息——社友每月供给各国最新科学及工业发展消息。个人经验报告——集会时由社友口头将个人心得或工作作一简单报告"[②]。德国明兴社友会,由黄维炎、王德荃2人负责推行。法国社友会于1938年2月28日正式成立,由刘炳焜负责推进,刘炳焜、孙云焘当选为干事。为复刊《科学世界》,刘炳焜捐助100法郎,曹新孙50法郎,朱彦承50法郎,孙云焘100法郎。法国社友会还专门制定了《会章》,其内容有5条。

第一条,本会定名为中华自然科学社法国社友会,依据总社社章第四十条组织之。第二条,本会以研究及发展自然科学为宗旨,承受社务会之指导。第三条,本会会址设于社友人数最多之城市,暂设南锡(Nancy)。第四条,本会设

---

①《分社近讯·欧陆分社·欧陆分社本届第三次社务报告(五月三日)》,《社闻》总第四十七期,1938年6月20日,第16页。

②《分社近讯·欧陆分社·欧陆分社本届第三次社务报告(五月三日)》,《社闻》总第四十七期,1938年6月20日,第16页。

干事二人办理会内一切事宜，由会员函选之，任期一年。第五条，本章程自社务会通过之日施行。[①]

1939年9月1日德波战争发生后，随之英法对德宣战，引起欧陆分社社友流动。8月以来总计欧陆共有社友45名，战后离开德国前往中立国的有10名，在德国境内者尚有31名，原来在法国和比利时的4名社友也因为邮政停滞，通信不便，无法确定是否仍在原地。因欧陆分社总务干事陈宗器去英国旅行，一时难以返回德国，为了便利进行分社事务，10月8日，欧陆分社第五次干事会上议决总务事务由文书干事张维代理，文书事务则由候补干事赵宗燠暂时代理，今后一切信件仍旧按照原通信处寄发。关于欧陆分社出版的《科学通讯》第九期虽然在12月21日印刷出版，但因为政局紧张，稿件来源困难且不定，经过干事会议决自第十期开始改为不定期出版。中华自然科学社曾委托办理欧陆分社通俗教育科学馆模型事宜，也“因欧战关系暂时无法进行”[②]。

十二、美国分社

关于美国分社，任邦哲专门给中华自然科学社第十一届年会写过一个报告，反映美国分社的情况。美国分社由董若芬、盛希音、曹友诚3人负责，分社活动除了社友个人参加爱国募捐、演讲等种种活动以外，还有团体参观调查工厂、学校或敦请教授专家作学术演讲和社友中研究报告。因为人数和方便起见，凡旅行或是演讲，这两种活动在密西根大学方面常常是和中华化工业会合作的。因为工作忙碌、路程太远，美国的社友和总社似乎缺乏联络，常常会耽误时程，譬如选举票寄到美国，离选举截止日期不过半月。由于社友大多数回国，而出国的人数日减，会务发展很成问题，甚至存在密西根大学几十元美金的社费，因为没有和总社联络，也没有寄回。

美国明州分社曾于1940年夏初筹备成立，后大多数社友学成归国，留下者稀少，活动中止。后来随着来此研究的自然科学者不断增加，经此地旧社友发

①《分社近讯·欧陆分社·欧陆分社本届第三次社务报告（五月三日）》，《社闻》总第四十七期，1938年6月20日，第17页。

②《欧陆分社近况》，《社闻》总第五十二期“西康科学考察团专号”，1939年12月25日，第22页。

起，征求新社友，筹设分社，1941年9月14日正式成立，新旧社友共11人，推选干事3人，常务干事孙云沛，文书蒋彦士，会计兼事务严恩棫。社费定为入社费美金半元，年度社费美金一元，入社费全部汇交总社，常年社费半数亦交总社，其余半数则留分社，以作开支。截至1942年明州分社先后有22名社友，已经回国的有陈鸿佑、章锡昌、沈其益、吴亭、潘又齐、汤逸人6人。朱健在1941年冬天登机回国，中途因美日战争爆发而留在檀香山工作，廖伯威在俄亥俄大学任生物化学研究员，严恩棫任阿彻丹尼尔斯米德兰公司（Archer Daniels Midland Company）化学技师，余斯勋任皮尔斯伯里（Pillsbury）公司会计，留在明州大学继续研究的共有12人：陈善铭（植物病理）、程淦藩（昆虫）、潘仲祥（地质）、陈耕陶（生物化学）、范新润（杀虫剂）、孙云沛（杀虫剂）、蒋彦士（农艺）、徐克勤（地质）、蒋震同（植物病理）、乔硕人（化工）、杨书家（经济）、徐雍舜（县政）。该分社自1941年9月20日起，每月（四周）聚会一次并举行学术座谈会，由社友轮流讲演研究心得或有关国内科学事业的各种问题。第二次大会时由严恩棫讲《桐油之将来》，廖伯威讲《胶之化学公式决定法》，朱健讲《中国之羊毛工业》，其他问题还有：豆胶研究、生物肌肉之渗透压力、中国之小麦适应区域、中国农业经济、植病概论、中国昆虫史、杀虫剂概论、中国杀虫剂应用之情形、杀虫剂及其他学科之关系，等等。每位讲完后，加以讨论。明州分社的通讯处为美国明尼苏达圣州保罗市州立大学农学院昆虫系孙云沛。

美西分社是随着美国西部社友人数的增加而成立的。1942年初经过卢嘉锡、袁家骝、周明滩3人筹备，当年2月8日在美国加利福尼亚州帕萨迪纳城加州工业大学召开美西分社成立大会。参会社友70余人，通过分社社章、选举职员及讨论社务之后，还听取了两场报告：一是加州工业大学物理学教授C.D.Andernon演讲的《宇宙线及物质之最微颗粒》，另一个是社友高学中的《维他命与营养》。美西分社还计划与国内总社合办《中国科学与技术信息》，该刊旨在将国内科学与工程消息传达国外，内容分为4个方面：个人研究，国内某项科学或工程新进展，某种问题综述，某项科学或工程进行上的疑难问题。国内社友向该刊撰写文章，需要用英文并通过总社沈其益转交。当时，美西分社的通讯地址为美国加利福尼亚州帕萨迪纳加利福尼亚技术学院袁家骝。

第三节　复员后的分社活动

全面抗战胜利后，随着南京、上海等失地收复，中华自然科学社的分社情况也发生了重大改变，“又成立南京、兰州两分社，原已撤销的各分社也逐渐重新建立，而西南的某些分社则不复存在”[①]。总体来说，这一时期由于战争、经济困难、社员前途堪忧等因素，除个别城市外，分社活动并不明显，具体分述如下。

一、上海分社

上海是近代中国最重要的城市，中华自然科学社上海分社在全面抗战前就有组织工作，也是甚为活跃。全面抗战期间，留沪社友甚少，未能发展。全面抗战胜利后，来沪的社友人数众多。1946年春天，中华自然科学社理事沈其益由渝来沪之后，立即积极组织上海分社。其时，陈公培对社务极为热心，因来沪甚早，拥有威海卫路20号为寓所，愿意将两间房屋移交为分社社所。5月17日，沈其益召集已知地址的在沪社友举行谈话会，分头调查在沪社友，并组织筹备委员会。6月9日，黄绍竑、玄铁吾、赵祖康、任鸿隽、秉志、王良仲以及分社社员吴学周、胡竟良、方子蕃、张万久、张昌绍、张创、乔树民、曹鹤荪等30余人在新生活俱乐部聚餐，沈其益主持，黄绍竑、赵祖康、任鸿隽、秉志“先后阐述发展科学运动，以配合国家建设之需要，并应以发展科学为主要国策，迎头赶上先进国家”[②]。这次聚餐标志着上海分社组织的恢复。这次会议上，还谋划了科学教育馆、科学服务社、实验农场及科学新闻等事务。9月15日，分社正式成立，此为中华自然科学社在接收的沦陷区成立最早的分社。上海分社理事为李国鼎（理事长）、吴有荣（常务）、方子藩、孙尧、李达、胡竟良、张昌绍、张万久、曹鹤荪、薛芬；候补理事为黄肇兴、梅斌夫。监事为吴学周（常务）、林兆耆、翁文波；候补监事为陈宗器。

从1946年9月成立到1947年11月，上海分社主要做了以下几个方面的工

① 沈其益、杨浪明：《中华自然科学社简史》，《中国科技史料》1982年第2期。

② 《本社社讯》，《科学世界》第十六卷第一期，1947年1月。

作:一是举行通俗演讲3次,计有:萨本栋的《雷达》,陈彬的《印花布》,顾毓瑔的《华北工业概况》。二是举行春季社友大会,请上海市教育局局长顾毓琇主讲欧美科学研究概况,并由新自美国归来的周培源、任鸿隽两先生报告美国科学研究动态,由印度归来的陈省身先生报告印度学术研究动态(详细内容见《科学世界》第十六卷第二期"社讯"第三则)。三是负责推动《科学世界》复刊事宜。1946年底,奉总社通知,《科学世界》于1947年1月由上海分社负责在沪复刊。原初聘请陈岳生为专任编辑。4月初,因经济困难,不得已,改请李国鼎、陈邦杰两人主编。《科学世界》出版以来,由于印刷及内容力求改进,销路增加,此项工作可称为本年度上海分社最主要工作,也是代行总社的最主要职责。9月出版的《原子核专号》为国内首次系统介绍原子核的著作。四是协助筹备联合年会及20周年纪念大会。1947年8月30日为七科学团体联合年会,除总社派任美锷来沪主持外,其他工作完全由上海分社落实。此次到会者一百余人。8月31日下午举行二十周年纪念大会,由社友周同庆、王之卓、胡竞良、张昌绍分别报告二十年来理、工、农、医各科进展。五是协助筹设上海化验所。1946年沈其益看到方子藩的大丰化学工业原料公司企业大楼的实验室暂时未用,且有鉴于上海尚无一公共化验所为社会服务,沈其益和方子藩商妥转让房屋,中国工程师学会上海分会会长赵组康提供赞助,愿将该会所存全套化验仪器借用。只是房主不愿意作为中华自然科学社的化验室使用,尚需要进一步交涉。

二、南京分社

1947年6月1日南京分社在玄武湖白苑茶厅召开成立大会,推选下列分社理监事。理事9人及职务分配如下(名次先后以票数为准):常务理事长,范谦衷;总务,刘亦农;组织,夏坚白、陈邦杰;会计,童致诚;文书,徐近之;学术,周昌芸、范从振、沙学俊。候补理事3人:陈克诚、李正偏、吴亭。常务监事5人:张更、吴有训、卢鋈、孙光远、魏景超。候补监事3人:徐宗岱、欧阳翥、章文才。

南京分社社址设置在南京汉口路19号范谦衷寓所。南京分社中心区社友为国立中央大学本部的邓宗觉、高联佩和分部的刘亦农、黄其林。其他社友为:金陵大学的樊庆生、范谦衷;资源委员会的吕大元;国防部本部的夏坚白、葛正权和兵工署的童致诚；交通部的陈永龄；地理研究所的罗开富；气象局的汪德和；中央研究院的俞建章；卫生部的何琦；中央林业实验所的程济云；药学专科学校的管光地；中央农业实验所的朱海帆；农林部的周昌芸；国立编译馆的钟间、叶汇；水利部的倪超、陈克诚。

南京分社的工作为开展南京市普及科学工作，大体有以下8项：一是协助南京市政府建设玄武湖公园、动物园、植物园及其他科学推广工作，成立筹备会，聘任数位社友担任成员。二是举行南京市各中学轮回科学系统讲演，秋季开学开始。三是在中央广播电台设立中华自然科学社科学讲座，定期举行科学播讲。四是筹备举行科学展览。五是举行通俗科学讲演，使科学知识深入民间。六是举行社内外科学座谈会。七是加强社友联系，定期举行室内或京郊风景区社交会。八是协助总社指定各项科学工作。

三、兰州分社

1947年8月2日下午3时，兰州分社第一次理监事会议在国立兰州大学接待室召开，出席人为盛彤笙（杨浪明代）、王德基、杨浪明、张怀朴、程宇启、贾永彬，列席人程溥，由王德基主持，贾永彬记录。会议主要内容是讨论应如何推进分社工作。议决6项内容：第一项是协助兰州科学教育馆出版一个新刊物。第二项应随时敦请科学界名人演讲。第三项尽量参加有关西北方面的科学考察团体。第四项竭力设法推广《科学世界》，以各机关学校为推广目标。第五项鼓励社员向《中国科学汇刊》及《科学世界》两刊物投稿。第六项由王德基向兰州广播电台接洽科学广播事宜，每半月广播一次，广播社友次序如下：戈福祥、王德基、许继儒、王雒文、张怀朴、盛彤笙。本次会议还介绍了新社友：国立兰州大学四位：刘宗鹤，数学；李良乐，土木工程；徐五福，地理；王长仕，数学。国立兽医学院两位：常英瑜，畜牧；陈北亨，兽医。其他人为：程溥，化学，经济部兰州工业试验所；李诗豪，物理，国立西北师范学院；许继儒，化学，国立甘肃科学教育馆；王雒文，化学，甘肃省政府建设厅。

10月10日，兰州分社举行第二次社友大会，时有社友约30余人。由王德基主持，议决下列问题：一是请王雒文接洽本地报纸开一科学副刊。二是请王雒文与甘肃科学教育馆接洽，双方合作定期举行通俗科学演讲。三是请王德基与兰州广播电台接洽，继续举行定期科学广播。四是新加入的社友每人必须订阅《科学世界》一份，免收社费。五是加聘王雒文为本分社编辑理事，陈兆亨为分社组织理事。

四、北平分社

1947年9月21日，北平分社召开成立大会，薛愚、李良骐等24位社友到会，由薛愚主持。会议议决以下3个问题：一是集中力量举行科学座谈会，以加紧社友与本市科学界的联系。二是建议总社恢复学生社友的办法。三是委托余瑞璜、俞大绂、袁翰青、王桂、祁开智及李良骐等人负责本分社职员选举事宜。本届理监事人员作了安排。理事：薛愚、李良骐、祁开智、余瑞璜、袁翰青。候补理事：王桂五、王竹溪、顾功叙。监事：俞大绂、霍秉权、黄国璋。候补监事：冯泽芳、罗士苇。

第七章

中华自然科学社的成就

中华自然科学社是由少数几个尚在求学的热血青年发起成立的，"立场正大，工作努力"，再加上有很大程度上的官方背景，由此各项事业得以逐步开展，且持续23年之久。尤其是全面抗战时期，许多专门学会被迫停顿，该社同人仍然一本初衷，置身于全面抗战建国的伟大事业中，从未间断。当然，在计划方面，准备做的事业本是甚多，但是受制于落后条件，各方面的阻力很大，与计划中的理想相比，各项事业的实现必然大打折扣。在国民党政府时代，为了推进科学运动，中华自然科学社必然要向国民党当局请求款项，但所得经费往往捉襟见肘，再加上政治腐恶、经济衰落的关系，即使得到批准领取款项后，货币往往已经贬值，难以足额使用。总而论之，中华自然科学社毕竟取得了一些事业上的成就，今天来看仍有很多可资借鉴的贡献留给大家。

中华自然科学社的精神与工作目标是"研究科学以昌文化，普及科学以启民智，调查科学以固国本，发展科学以裕民生"，本章即从研究科学、普及科学、调查科学、发展科学4个方面，概述其成就。

第一节　研究科学

中华自然科学社的社员基本上都是各有所长的高校教师和科研院所的研究人员，很多人还是享誉国内外的著名专家学者。吴有训是著名物理学家，中国近代物理学的奠基人。胡焕庸“为国内有数之地学专家”。[1]郑集是生物化学家、营养学家,中国营养学的奠基人,生物化学的开拓者。1947年国立中央大学就将其编写的《实用营养学》作为专业参考书。钱学森,中国航天事业的奠基人。苏德隆,著名医学教育家,中国流行病学奠基人。曾昭抡,著名化学家。朱炳海,著名气象学家。华罗庚,著名数学家。陈省身,著名数学家,被称为“微分几何之父”。沈其益,知名的植物病理学家、农学家。有这等荣誉的社员还可以列出很多,只不过,客观地讲,这些科学家的科学成就和中华自然科学社的关系并不十分密切,尤其是置身于中华自然科学社生存的特殊环境,科学家的研究工作处于极为艰难的环境中。

科学研究之发达,科学知识之推广均须在和平安定之环境中始能作有计划之进行,积长期努力之成就,始能有超跃之进步。本社二十年之历史实与政治之内忧外患,社会之蹭蹬不安相终始。抗战以前,政府忙于安定各省,迄于抗战前夕始曾以些微之经费从事科学建设,各学术机关亦渐次能以少数资力作浅近之试验。而本社事业亦于此时略著端倪,迨夫抗战军兴,我国脆弱之科学基础即告完全摧毁,原有之些微设备或遭敌人之毁坏,或蒙迁徙之损失,学人于流亡困苦中又蒙受生活上之压迫,其收入及生活标准常不及一贩夫走卒。科学工作者虽仍多忍饥寒,耐重负,孱孱从事于研求,然仪器设备简陋万分,参考资料异常缺乏,又安能求其能有特异之成绩!胜利而后,国人翘首企足以望政治经济之改善,不幸以战乱继续,政治腐恶,以致民生凋敝与社会不安益甚于前。战时犹可以为国际通道为敌封锁,经济设施应委诸作战第一,而寄吾人之热望于胜利之后且值抗战之时,国际科学界亦以同情之心对我加以援助,科学家尚可得友邦图书仪器之协济,虽为量不多,然实给予学人以精神上之鼓动。乃胜利之后,政府设施益有捉襟见肘之态。物价奔驰有如逸缰之马,研究机关及学校怀多年之宿望,希于此海道复通之时添购仪器书籍者均以不能获取外汇而停滞。但同时消耗奢侈之品则反能大量入口,大量取得外汇。是均显示政治经济未入正轨,有足妨碍科学研究之进步。[2]

作为自然科学家的群体组织,中华自然科学社非常明确科学家应该具有研

①《社友活动·胡焕庸社友奉召赴汉》,《社闻》总第四十八期,1938年8月20日,第7页。

②《发展中国科学之前提》,《科学世界》第十七卷第一期。1948年1月。

究自然、开发自然的本身职责，自然是科学工作者研究的对象，开发自然便是科学工作者的责任，这是千真万确谁也不能否认的。科学工作者诚当忠实于自己的职责，聚精会神于科学研究，不断地谋创造和发明，使科学日新月异，发出光辉。同时该社同人进一步认识到将科学家的研究、对自然的开发应该与对社会的改造结合起来，“人们的工作不外两大类：一是开发自然，一是改造社会……不过我们要知道，自然和人的关系远不如社会和人的关系来的密切，一切自然的恩惠必须通过社会的机构，才能达到人们的身上，这样，人们才能享受到科学的利益。不然，就是不要钱买的太阳和空气，穷人也是感到缺乏的。那么如果科学工作者承认科学的成果不是少数人所独享的话，就应当对于这个不合理的社会，急切地负起改造的责任”[①]。

中华自然科学社给科学家提供了一些改造自然和社会的平台，“国内重要的专门以上的学校，也散有本社社员，大家都根据本社的基本精神和目标，分途研究实际问题，作推进事业的基础”[②]。第一个平台当属年会宣读论文。早在1929年中华自然科学社第二届年会上就已经出刊年会论文集，此后历届年会上宣读论文都是一项重要内容，这已成为常规性做法。历届年会宣读论文数量至今依然清楚，1933年第六届年会10篇，1934年第七届年会15篇，1935年第八届年会22篇，1936年第九届年会猛增至42篇。因抗战关系，1938年的第十一届年会降至21篇。1940年第十三届年会40篇，1941年第十四届年会宣读数目最多，达到85篇。1945年第十九届年会(另说十八届)30篇。因内战爆发等因素，此后历届年会，社务内容繁杂，宣读论文数目明显下降。

第十四届年会上宣读的论文题目及作者姓名，在《社闻》总第五十九期全部列出，具体情况见下表。

表7-1　中华自然科学社第十四届年会提交论文情况表[③]

脊椎动物大脑皮层内血管构造分区之可能	欧阳翥
吗啡及醚麻醉对于组织胆固醇含量之影响	吴襄、杨浪明

① 沈其益、杨浪明:《中华自然科学社简史》,《中国科技史料》1982年第2期。

② 李学通:《中华自然科学社概况》,《中国科技史杂志》2008年第2期。

③ 本表依据《年会文献·第十四届年会论文题目》制作,《社闻》总第五十九期,1942年1月25日,第7-10页。

续表

人鸟鲱鱼群之研究	薛汾
金鱼骨之发育	
金鱼及鳃之结构	
传染病管理	乔树民
国产药材植物之研究及其栽培之方法	陈封怀
中国西部飞燕草属之调查	
呼吸生理	张子圣
鸽之基底新陈代谢	
国药曷添片之研究	方文培
中国槭树科专志	王发缵
亚洲兰科植物研究	
中国百合科植物之研究	
滤过性毒在生物学界之重要性	李振翩
发酵学	郭质良
纤维质废物之发酵利用	
超越半球	徐燮
可积向量函数之几何研究	祁开智
史密士原理之新证	柯召
二次方程之七种分析法	
二次方程式浅释图表	
史密士原理概论	
油类杀灭孑孓作用之研究	苏德隆
植物细胞中微粒群之进行程序	何家泌
武昌附近糖化酵属菌之分类	施有光
Aspergillas属所产糖化酵之比较研究	
Mucor属菌之一新种	
麦蛋白质发酵菌类之调查	
武昌糖化酵属菌之比较研究	

续表

<table>
<tr><td>中国之柳树</td><td rowspan="2">郝景盛</td></tr>
<tr><td>榆口县兴隆山植物地理概况</td></tr>
<tr><td>中国西南林区之初步比较</td><td>王恺</td></tr>
<tr><td>黄土之迳流与冲刷</td><td>孙克绍、余恒睦</td></tr>
<tr><td>西川土壤之观察</td><td>黄瑞采</td></tr>
<tr><td>水稻螟虫生态之研究</td><td>王启柱</td></tr>
<tr><td>中国人鼻骨之研究</td><td rowspan="2">颜訚</td></tr>
<tr><td>四川古代民族考</td></tr>
<tr><td>贵州气候与植棉</td><td>李良骐</td></tr>
<tr><td>秦岭以西中国地理西南界线之划分</td><td rowspan="2">李旭旦</td></tr>
<tr><td>白龙江流域之地理考察</td></tr>
<tr><td>天气谚语之分析</td><td>朱炳海</td></tr>
<tr><td>中国食粮地理</td><td>吴传钧</td></tr>
<tr><td>地图投影</td><td>方俊</td></tr>
<tr><td>西康药材调查</td><td>顾学裘</td></tr>
<tr><td>江西矿产分析报告</td><td>熊功乡</td></tr>
<tr><td>铜柱压缩性之研究</td><td>姜娄思</td></tr>
<tr><td>四川省三年来之水稻螟虫调查</td><td rowspan="2">黄至溥</td></tr>
<tr><td>四川水稻螟虫之研究与防治概况</td></tr>
<tr><td>再生稻之研究</td><td>杨开渠</td></tr>
<tr><td>因子试验及拟因子试验之设计及分析</td><td>潘简良</td></tr>
<tr><td>药剂学</td><td rowspan="3">顾学裘</td></tr>
<tr><td>生药学</td></tr>
<tr><td>四川省之五倍子</td></tr>
<tr><td>棉花区域试验之成绩及中国三个棉花适应区域</td><td rowspan="4">冯泽芳</td></tr>
<tr><td>吾国棉区环境棉产区域及棉区工业</td></tr>
<tr><td>斯字棉之试验成绩及推广经过</td></tr>
<tr><td>云南之木棉</td></tr>
</table>

续表

卡车沟油松生长之研究	郝景盛
蒸馏之障碍——冲击	劳启华
中国燃料资源	吴传钧
黄土渠之糙率	李翰如
火成岩分类及译名之体系	张道骏
棉花产销合作社之组织与经营	王一蛟
东山岛海洋调查报告	唐世凤
缩小省区辖县与命名之商榷	胡焕庸
中国农业区域	
中国人口之分布	
中国蔷薇科植物研究	蔡希陶
中国茎科植物研究	
燃料工业学	王善政
油脂工业学	
葡萄结果习性之研究	张剑
番茄之腐病	魏景超、周木槿
宁属棉产之展望	于绍杰
液泡过去之研究及近年之进步	何景
Standardization of Nutritional Requirem(en)ts for Chinese Soldiers	郑集
The Ca and P Constants of Albino Rats Receiving Whole Wheat and Whole Rice as their Sole Food	郑集、戴重光
The Growth Reproduction Longevity and Disease Resistance of Albino Rats Receiving Whole Wheat and Whole Rice as their Sole Food	
The Inheritance and Linkage Requiremts of Curly and Virescent Bud, two Mutants in Asiatic Cotton	俞启葆
The Inheritance and Linkage of Yellow Seeding, a Lethal Gene in Asiatic Cotton	
Sur Le Minimom der Rapport de Certainer integrale	程宇启

续表

<table>
<tr><td>A Study on The Adrenal-thyroid Relationship in the Adrenalectomized Pigeon</td><td>朱壬葆、张子圣</td></tr>
<tr><td>The Gonadal Activity of the Pigeon under the Influence of Adrenal Insuffieiency</td><td rowspan="2">朱壬葆</td></tr>
<tr><td>The Effect of Stibestrol on Sex Differentiation in the Toad</td></tr>
</table>

另一个研究科学的平台就是《科学世界》等期刊。《科学世界》“科学社论”特请国内科学界权威撰写稿件，以此科学界可以知道世界科学、中国科学发展趋势及应走路线、方针。科学发展需要专题研究精深化，《科学世界》在普及科学文章之余，每期“专题研究”也发表一些科学研究论文。如姜贵恩《膛内弹道学》(第10卷第6期)从火药膛内气体压力、火药常数、火药气体内之作用、火药燃烧学说、膛内弹道学基本程式等几方面专题研究膛内弹道学；沈学年、刘秉宸《战时农作技术的检讨》(第7卷第2期)针对“农业生产衰落情形，更是日甚一日。不但丝茶等品，在国际市场上失掉地位，就是民以食为天的稻麦，和日常所穿的棉花，也反赖外货的输入，以补不足，利权外溢，可耻亦复可危”的悲惨境遇，从耕地、选种、播种、土壤、肥料、轮栽、病害、虫害、冻害、水旱、收获、贮藏等诸多方面总结战争背景下的农业开发。再如张国维的《中国公年之创用》(第2卷第3期)，朱壬葆的《防空洞通风问题》(第10卷第4期)，陈启岭的《废弃木材在化学工业上之利用》(第12卷第4期)，顾学箕的《节制生育的理论和实施》(第5卷第5期)等，都是各领域的专题性研究论文。专题研究还刊登农业、工业、矿业、医药学等各种生产的科学调查报告，关于民生的各种工业、农业、军工、医药等专门技术、新发现，尤其是防止敌人侵略武器的方式、方法。

为了抗战大计，中华自然科学社提倡的科学极具时代意义，“吾人所欲提倡之科学，是要把科学送到民间，是要以中国目前国计民生最有关的切实问题为研究对象，要以简捷有效的方法使大众生活改良，进而充实国力。具体点说，我们应认清国人生活方式的如何不科学化，各种产业的如何落伍，及社会秩序的如何混乱，以及一切一切急需解决的问题，然后就其轻重缓急，分别加以研究改良"[1]。《科学世界》率先垂范,"本刊要向铲除帝国主义的法西斯及救济人类的艰苦路上走"[2]。科学家要发挥自身优势,"先要能努力研究,自强不息,使学有所长;然后贡献意见,期以订立方案,见诸实行……直接可以投身军旅,参加抗战,或是做机械化部队的前驱,或是做化学战争的后卫;间接亦可根据研究的结果,得政府的协助,发明新武器籍以摧毁敌人的战斗力"[3]。譬如营养科学,"非常时期,战场的胜负,国家的命运,却在其人民的健康上取得最后判结,所以关于解决'吃饭问题',确是目前抗战声中一个刻不容缓急待解决的问题"[4]。这方面的成果除了前述的《战时农作技术的检讨》外,还有何维凝的《食盐与战争》(《科学世界》第7卷第1期),何家泌的《禾本科植物根生理研究》(第十一届年会论文,摘要见第8卷第1期),管时俊的《抗战期中农业改进问题之商榷》(《科学世界》第8卷第4期)。另外,工业、燃料、交通等诸如此类的问题很多,杜长明的《我国战时工业问题》(《科学世界》第7卷第4期),郭祖超的《战时急需的统计工作》(《科学世界》第7卷第6期),叶彧的《战时交通运输》(《科学世界》第8卷第3期),曾昭抡的《炸药与纵火剂》(《科学世界》第11卷第3期),何国模的《鄂豫陕甘四省积谷害虫初步名录》(《科学世界》第11卷第4期),杨为宪的《木蓝》(《科学世界》第12卷第2期)等,都在研究解决这种问题。

中华自然科学社集体或个人还出版了一些其他科学图书。1943年在重庆由商务印书馆出版的《巴夫洛夫纪念集》(参见图7-1 《巴夫洛夫纪念集》封面、封二刊载的巴夫洛夫像)就是这方面的代表之一。巴夫洛夫(1849—1936),也被翻译为巴普洛夫、巴甫洛夫、帕夫洛夫,俄国生理学家、心理学家、医师、高级神经活动学说的创始人,高级神经活动生理学的奠基人,条件反射理论的建构者,也是传统心理学领域之外对心理学发展影响最大的人物之一。其在学术上的贡献主要是:心脏的神经功能;消化腺的生理机制(1904年获诺贝尔奖);条件反射研究。该书由中华自然科学社领衔主编,社员数人专门撰写了文章,除了欧阳翥的《敬悼巴夫洛夫》、袁翰青的《悼生理学家巴夫洛夫教授》、吴襄的《巴夫

① 郑集:《科学到民间去》,《科学世界》,第五卷第十、十一期,1936年11月。

② 薛愚:《一九四三年的科学和科学家》,《科学世界》第十二卷第一期,1943年2月。

③ 维凝:《科学家报国之道》,《科学世界》第八卷第三期,1939年3月。

④ 蓝天鹤:《战时营养问题》,《科学世界》第七卷第三期,1938年7月。

洛夫年谱》等纪念文章外，还收录了郑集的《替代反射与大脑技能》、龙勲(叔修)的《替代反射的实验法》等学术文章。此外，一些个人有相关学术成果问世，包括沈其益在1936年编写出版的《中国棉作病害》，朱炳海的《军事与气象》(1933年)、《雹线雷雨一例之三度观察》(1934年)、《气象电码汇编》(1935年)、《中国天气俚谚汇解》(天气测验丛谈1943年)等。

图7-1 《巴夫洛夫纪念集》封面、封二刊载的巴夫洛夫像

此外中华自然科学社有的成员将科学研究用于抗战前线，救死扶伤。沈其震，“现任新四军军医处长，驻南昌，沈君部下之军医，均为国内头二等医学院毕业者，故一切卫生医疗工作，均合科学化，堪为全国步(部)队军医之模范。”李志中，“当南京告急之际，李君仍服务于江宁卫生院，为过路伤兵敷伤病，及京城失守，李君不克后退，乃绕小路步行赴汉口，历尽艰险。当其过江时，突遇寇军小艇，险为枪击。现李君已转湘赴黔，在贵阳卫生署公共训练班服务。”靳宝善、张志道，在南昌红十字会第四医疗队服务，近在屯溪一带前线工作。石茂年，现在安徽前线工作。朱汉民，在合江第五陆军医院。[①]

① 《社友消息》，《社闻》总第四十七期，1938年6月20日，第22页。

第二节　普及科学

近代以来，有志之士逐渐认识到科学普及的重要性，“要使做工种田的人，拾垃圾的孩子，烧饭的老太婆也要能享受近代科学知识，要把科学变得和日光、空气一样普遍，人人都能享受”①。二十世纪三十年代，陶行知的“科学下嫁运动”和陈立夫的“科学化”运动都是科学普及工作中影响最为显著者，大学、中等学校、民众教育馆、科学馆等是科学普及的主导力量，各种类型的科学社团也均将科学普及视为不容推辞的使命。

中华自然科学社“应社会的需求而产生，以服务社会为目的。我们努力普及科学，就是为着提高大众的科学知识，从而改善大众的生活。请全体社友以大众的前途为前途，以大众的出路为出路”②。该社的科学家们没有拘泥于科学研究本身，“普及科学以启民智”是其立社精神和奋斗目标之一，他们对发展大众科学有深切的认识，“科学的发展必须和人民的需求，紧密的结合起来。科学不能和社会脱节，科学家不能离开人群而单独生存……我们曾经提出过‘高深科学研究以人民科学知识为基础’及‘纯理科学与应用科学相配合’的口号。我们认为从事科学研究的人，也负有普及科学知识的责任，如果能使人民了解现代科学知识，使科学与人民日常生活不可分离，深入民间而为人民所支持所拥护，科学事业才有发展的基础”③。

近代科技教育社团普及科学的方式大同小异，无外乎是创办通俗科学期刊、编辑报纸的科学副刊、科学演讲、科学展览、电台广播和科学电影等，这些也是中华自然科学社科学普及所实施的基本手段。

伴随着近代中国科技化，科学普及的刊物众多，仅由各科学团体创办的综合性自然科学普及刊物就有：中国科学社的《科学》《科学画报》，上海科学文化社的《科学月刊》，中国科学化运动协会的《科学的中国》，世界科学社的《科学时报》，中华全国科普协会的《科学大众》，国防科学技术策进会的《科学与技术》，

① 白韬：《陶行知的生平及其学说》，生活·读书·新知三联书店，2014年，第101页。

② 《社论·社员的前途》，《社闻》总第三十五期，1936年8月15日，转引自：沈其益、杨浪明《中华自然科学社简史》，《中国科技史料》1982年第2期。

③ 沈其益：《中华自然科学社的宗旨和事业》，《科学大众》第四卷第六期，1948年9月。

中国科学工作者协会的《科学时代》等。

中华自然科学社的核心期刊是《科学世界》。该刊自1932年创刊，到1950年基本结束，达19卷之多。1937年，《科学世界》第六卷第七期刊出后，日本帝国主义的侵略火焰波及中华自然科学社的总社所在地南京，社友们大多随军工和事业机关西迁。《科学世界》暂时中断。1938年《科学世界》在重庆复刊，第七卷原定出刊八期。1939年因印刷和经费的困难，仅仅出刊4期。1940年编辑部转移到成都，第九卷出刊7期。1941年改为双月刊，第十、十一两卷各出刊6期。第十二卷至第十四卷各出刊两期。1946年第十五卷因复员仅出刊一期。第十六卷在上海复刊，恢复月刊。第十六、十七两卷各出刊12期。1948年，国统区朝不保夕，物价波动，刊物受到极大阻碍。中华人民共和国成立后，继续刊行至社务彻底结束。

《科学世界》是该社普及科学知识的最重要平台，“发行本刊的使命，在供给中小学理科教师的参考材料，和增进国人的科学常识，使明白科学的应用”[①]。刊发的文章大多是由社友在公务之余编写的，同时外来的稿件也很多。当然，负责同志和编辑人员或由于自身的研究工作紧张，或由于公务繁忙，再加上经济方面的掣肘，原本的计划很难完全实现。然而，就通俗科学刊物层面来讲，《科学世界》可以称得上是首刊。该刊的读者对象为高中及大学生，中学教师也将其作为教学参考书。《科学世界》有科学图画、科学评论、科学家名言、科学家活动、科学知识、读者问答等各种科学普及的栏目。概括而论，《科学世界》又分为以下几方面的内容：宣扬科学精神、介绍科学知识、揭示科学现象、提供科学方法。

第一，宣扬科学精神。1923年，胡适在《科学与人生观》的序言中写道：“这三十年来，有一个名词在国内几乎做到了无上尊严的地位；无论懂与不懂的人，无论守旧和维新的人，都不敢公然对他表示轻视或戏侮的态度。那个名词就是‘科学’。这样几乎全国一致的崇信，究竟有无价值，那是另一问题。我们至少可以说，自从中国讲变法维新以来，没有一个自命为新人物的人敢公然毁谤‘科学’的”[②]。中华自然科学社自然也将宣扬科学精神作为头等大事。这方面的文

① 《卷头语》，《科学世界》第四卷第一期，1935年1月。

② 张君劢、丁文江等：《科学与人生观》，山东人民出版社，1997年，第10页。

章几乎每期都会涉及。李锐夫的《科学果为用乎》(《科学世界》第2卷第2期)指出了科学家应淡泊名利、追求真理,“科学家之研究科学,完全为求知心所驱使,绝无功利之见,杂于其中。科学之高超,实在于此……研究之际,置身物外,超出一切约束,纯以探求真理为攸归,则自能有所成就。”王维克的《科学与迷信》(第2卷第4期)解释了“观音说话了、淹死鬼吓煞全村人、金光万道”的来龙去脉,总结说“迷信的起源,或起于有目的的制造,或起于不负责任的谬传,或起于精神不健全者的错觉,苟加以精密的考察和研究,即终有水落石出之时,魑魅魍魉,无所逃形了”。王维克的《所谓的科学精神》(《科学世界》第2卷第12期)归纳了5种所谓的“科学因子”:“精密观察现象,整理获得之事实;应用已有的正确的科学知识;做合理的解释及推论;时时吸收新事实及新知识;注意推论之证实。”陶英的《科学与迷信》(《科学世界》第4卷第1期)从科学之性能、迷信者何、科学和迷信之关系三方面客观地批评了“因科学与迷信,对立不相容。以是迷信是科学之敌”的观点。李方训的《科学与中国》(《科学世界》第16卷第4期)从经验与科学、仿效与研究、纯粹与应用、物质与精神、科学与道德5个方面阐述了科学文化精神。李晓舫的《科学与战争》(《科学世界》第16卷第7期)从科学与战争、科学如何服务战争、战争如何影响科学三方面揭示战时科学精神。杨浪明的《科学的革命运动》(《科学世界》第4卷第1期),薛愚的《敬向科学家进一言》(《科学世界》第11卷第2期),郑集的《科学教育要同生产和教育结合起来》(《科学世界》第19卷第1期)等,都是此类文章。

第二,介绍科学知识。陈省身的《最近五年来数学研究的若干进展》(第17卷第1期)对1943年至1947年国际数学界关于代数和几何数论等方面的前沿科学知识加以介绍。针对人工锯木“锯费昂贵、效率迟缓、产量不丰、劳工不足”的缺点,为发展动力锯工厂,王恺的《论吾国之锯木工业》从“吾国锯木厂应采用之方式、筹设锯木厂应先注意之事项、目下筹设锯木厂之困难及其对策、吾国锯木厂工业今后之展望”4个方面介绍了发展锯工厂的一些问题。吕大元的《钴镍锰三元素发现史》(《科学世界》第3卷第8期)和《三种重要气体发现史》(《科学世界》第3卷第9期),苏德隆的《临盆期之预测法》(《科学世界》第2卷第3期),粟作云的《变形虫的采集及其简易培养法》(《科学世界》第11卷第2期)等,都是这一方面的文章。

《科学世界》除日常零散地介绍科学知识外，还系统出版介绍某领域科学知识的专号，各科专号的论文集等广泛为社会所认同。粗略统计，《科学世界》出版了以下专号："化学专号""动物学专号""植物学专号""近代科学专号""数学专号""儿童科学专号""物理学专号""自然科学升学指导专号""医药专号""战时科学专号""各科学间之关系专号""原子核专号""航空专号""雷达专号""青霉素及其他抗生素专号""农学工程专号"，还有川康建设、日环食、纺织纤维等几个特辑。为了扩大影响力，各期专号往往聘请业界有声望的专家，并且会在前一期提前宣传。如"近代科学专号"提前发出的预告为："本刊于下月出版'近代科学'专号一期，敦聘海内著名科学家，担任撰稿。在常识之立场，介绍近代科学界上最新之进步及趋势。兹先将各门作者之台衔披露如次"[①]，紧接着，列举了以下各位先生的名字：孙光远、曾昭抡、施公岛、陈章、王子香、吕炯、胡焕庸、潘菽、孙宗彭、朱季清、郑集、杜长明、沙玉清、萧戟儒、戴志昂、吴信法、朱海帆、樊正赓、俞启葆、钱之惠、黄瑞采、俞人骏、顾学箕、苏德隆、童致棱、汪积恕、李秀峰、熊先珪。从下表可以看出，"近代科学"专号内容的洋洋大观，此可窥探《科学世界》普及科学广泛性的一斑。

表7-2　《科学世界》论文目录一瞥

第六期要目	
近代算学之一趋势——射影微分几何学略史	孙光远
近代数学之新记录	高行健
代数学在今日之意义及其发展	熊先珪
近代物理学之进步	施公岛
十二年来物理学之一基本进展	余瑞璜
近年天文学之进展	汪叔强
近年的理论化学	萧戟儒
有机化学最近发展之一重要方面——脂肪族游基	曾昭抡
近年生理化学中几种最有趣味的进步	郑集
近代化学的园林	李秀峰

① 《编辑委员会启事·"近代科学"专号之预告》，《科学世界》第四卷第五期，1935年5月。

续表

第六期要目	
近代的气象学	吕炯
近代地学的含义	胡焕庸
生物学新趋势之一	孙宗彭
近代的植物学	童致棱
近年来的心理学一瞥	潘菽
第七期要目	
近代电机工程概观	陈章
近代之化学工程	杜长明
晚近治河工学之新工具	沙玉清
近代果树品种学之进展	曾勉
近年畜牧事业之进步	吴信法
土壤肥科学之新进展	朱海帆
中国农业研究工作之鸟瞰	钱天鹤
中国农业害虫之防治及研究情形(上)	吴福桢、徐硕俊
近代医学	赵士卿
国药之科学研究	俞人骏
新发明的戒烟药——蛋黄素	顾学箕

近代科学发端于西方,《科学世界》还通过介绍西方的科学家来介绍一些学科的科学成就。比如,沙玉清的《爱迪生的为人》(《科学世界》第2卷第1期)对爱迪生坚强的科学追求做了叙述,“他把握着自己铁样的意志,孜孜不倦的埋头做实验。经月经年的向着那成功的路上做实验”。沈其益撰写了《生物科学名家传略》(《科学世界》第3卷第5、6、7期)。

以下图片上的人物都是享誉世界的大科学家,《科学世界》专门以头像及简介等形式曾对这些科学名家的成就做过介绍。

数学家高斯

实验室中的爱迪生

美国生理化学家孟德尔

德国天文学家许曼

亚里士多德

阿基米德

图7-2　《科学世界》刊登的科学家头像举隅

第三，揭示科学现象。“一般人对于时间之认识，皆以为简而易明，并非神秘难解”，然而，古往今来，许多哲学家、科学家对时间的讨论众多，一直到1905年爱因斯坦相对论才对其有了“正确而合于事实之解答”。潘璞的《时间》（《科学世界》第10卷第2期）从哲学家之时间观念、古典派科学家之时间等方面对这一概念做了系统介绍。戴学炽的《量子是什么》（《科学世界》第1卷第2期），余瑞璜的《天地间的怪物》（《科学世界》第3卷第2期），钱伟长的《关于太阳的一切》（《科学世界》第3卷5、7、8期），江元龙的《电与水》（《科学世界》第2卷第3期），苏林官的《什么是电》（《科学世界》第3卷第4期）及其翻译的《光的结构》（《科学世界》第2卷第4期），赵仁寿的《光电学浅说》（《科学世界》第4卷第4期）等，都是这一方面的作品。

第四，提供科学方法。在克里米半岛的一种蒲公英的乳汁，经苏联人研究发现其可以制造橡皮，《人造橡皮之又一发见（现）——蒲公英的乳汁亦可制造橡皮》(《科学世界》第2卷第1期)介绍了该项发明。谢明山的《墨水之制造》(《科学世界》第2卷第2期),苏德隆的《鱼肝油及其服法》(《科学世界》第2卷第2期),容又铭的《化学方程式的记忆和算法》(《科学世界》第3卷第8期)等,都是关于某些科学方法的介绍。

提供科学方法的手段还包括解答各种科学疑问、科学谚语的搜集。对于这两个特色栏目,从每次刊登的征稿启事中可以看出中华自然科学社为此做出的创意和努力。

本刊征求科学疑问启事

本刊以普及科学运动为宗旨,故对于自然界各种现象,除专文择要介绍外,其余不及讨论之问题,及日常发生之新奇事实,当然极多,本刊同人不揣冒昧敢向国人征求关于自然科学上之各种疑难问题,及动植物或岩石矿物标本之定名等事项,同人等必能尽力解答。

本刊同人大部均在国内各学术研究机关服务,及国外从事研究工作,故同人等对于近代科学上之各项问题,均愿设法直接或间接求其解答以符雅望。读者无论对于数学、天文、物理、化学、生物、地质、气象、心理,及农、工、医学等疑问,请直接寄交本刊编辑部。惟须注意下列三点:1.每次问题数目至多不过得五题;2.来函文字务宜简短,疑问要点尤须特别标明;3.问题内容如超出科学范围以外太远者恕不回答。

本刊征求科学歌谣谚语启事

歌谣谚语能代表民间真正的学问,其中不仅包含文学、艺术、政治、经济,并且含有科学。一般人对于自然界中一切的奇幻,虽然不能彻底了解,但由世代相传,千人万口中得来的歌谣谚语,均以事实为根据,这是我们不能否认的。本刊既以增进国人科学常识为主旨,所以我们很诚恳的向读者征求这类的歌谣谚语,待加以适当的解释后,即依次在本刊上发表,并征求国人公开的讨论。如承读者把这些歌谣谚语寄赠时,请注意下列各点:(1)请注明歌谣谚语通行的地方和时代。(2)歌谣谚语中如有土音俚语,务请尽量加以解释。(3)寄件请交(南京山西路国立编辑馆内中华自然科学社编辑部)。(4)承赠此等歌谣后,当酌赠本刊若干期为酬。[①]

对于各种科学咨询，中华自然科学社态度端正。譬如《科学世界》的“读者问答”栏目，收到各方面咨询科学的诸多问题，该社从普及科学的角度做好科学顾问，对于极为烦琐的问题也力争竭诚解答，并分期发表在《科学世界》篇末。对于科学谚语，中华自然科学社更是精心搜集。中国根本不是科学的荒原，正如众所周之的英国皇家学会会员李约瑟所言“西方人必须认识，在中国人看来，科学并不是出于基督教传教士的慷慨恩赐，并不是在中国自己的文化里毫无根基的”[②]。歌谣、谚语是对中国传统科学技术知识的归纳，在科技文化史上有一席之地。中华自然科学社当然也意识到这一点，下面的一个歌谣就是对华北棉花手工业的反映。

棉花子，水里拌，撒到地上里一大片。出来了，绿沾沾。长大了，打了尖，打了头尖打二尖。刮了一阵西北风，刮的棉花荣颠颠。老婆孩子摘棉花，摘的多了大车拉，摘的少了担子担，一担担到咱家院，两根木板凳，还有两根木柳椽。支的标子平坦坦。晒的棉花干上干。脚登轧车不住闲，一边掉的金川子，一边掉的十雪片。枣木弓，拉大弦，一斤棉花五十钱。搓的榖截似灯念(捻)。纺车本有十二棂，锭子本是两头尖，纺的缍子圆又圆。拐线里猴耍拳，降线里，打游钱。络线里，驴打滚，经布里娘娘跑马观，引布的娘娘坐寺观。织出布来整三丈，送到染坊染毛蓝。盆里拢，棍棰颠，剪子铰，那(拿)针穿。一天作个毛蓝衫。东家逛，西家偏(谝)，叫狗咬个稀屎烂。

(注1)这首歌辞在获鹿，栾城，正定一带都很通俗。

(注2)我乡是产棉之区，农民经济多以棉业为转移。这首歌完全是叙述耘棉至做衣间的劳碌工作，且说明妇女为棉业里的主要工匠，其生产力不逊于男子。[③]

从现代营养学来讲，有的谚语可能仍具有现实意义。如当时关于粗粮的一首歌谣：“糙米粗面很营养，花生大豆多脂肪，菜蔬要吃带色者，鸡蛋肝肾每日

---

①《封二》，《科学世界》第三卷第一期，1934年1月。

② 李约瑟：《中国在科学技术史上的地位》，《蔚蓝的思维——科学人文读本》，上海教育出版社，2012年第192页。

③《河北省立第四师范学校翟芬阁寄·农业歌谣(一)》，《科学世界》第二卷第四期，1933年4月。

尝,四季多多晒太阳,煮菜切勿乱放碱,时间也无须太长,要问米面那样好,二者不此混杂粮。"①

除了通过《科学世界》进行科学普及这一主要渠道外,中华自然科学社还通过以下途径普及科学。

一是举行通俗科学演讲。此项工作为中华自然科学社持之以恒的常规工作。总社及分社经常性或者定期举行公开演讲,往往选择在公开场所,或在学校等事业单位,或由社友亲自前往当面讲演,或通过电台形式进行广播讲演。早在创社之初就开始演讲,1928年的郑集《叶绿素及其功用》(11月11日),1929年的李秀峰《水之结构》(1月1日)、余瑞璜《声影电传机之原理》(4月7日)、李达《照像测量原理》(5月12日)、方文培《四川植物志初步观察》(6月9日),等等,都是这一时期的科学演讲。为了更好地传播演讲内容,演讲稿修改整理后,被收录于《科学世界》。广播演讲往往在中央电台或大城市的地方电台进行。赵宗燠的《食盐》(《科学世界》第3卷第8期),朱炳海的《今年夏天天灾之成因》(《科学世界》第3卷第8期),《中国人的饮食问题》(《科学世界》第3卷第10期),杜锡桓《中国有线电和无线电的概况》(《科学世界》第5卷第7期),杜长明《我国战时工业问题》(《科学世界》第7卷第4期),等等,都是由广播演讲稿整理并发表于《科学世界》的文章。

1938年4月到12月的周六19时至19:30时,中华自然科学社在电台进行广播,具体情况,详见下表。

表7-3 1938年中华自然科学社科学广播情况表

日期	讲员	讲题
四月二十三日	杜长明	抗战中我国之液体燃料问题
五月七日	朱炳海	夏季飞行之天气障碍
五月二十一日	卢鋈	防空空袭与天气之关系
六月四日	周绍濂	知识之来源
六月十八日	袁翰青	科学的节约生活
七月二日	谢立惠	无线电与航空

① 稚农:《营养新歌》,《科学世界》第十三卷第一期,1944年8月。

续表

日期	讲员	讲题
七月十六日	屈伯传	有钱人应该办实业
七月三十日	江志道	
八月十三日	袁著	张高峰事件
八月二十七日		
九月十日	周立三	国防与地理
九月二十四日	何维凝	食盐与民生
十月八日	杜清轩	防毒面具
十月二十二日	童第周	民族复兴与人种改良
十一月十九日	杜长明	如何开发天全大川场之矿产
十二月三日	胡焕庸	未来抗战之形势
十二月十七日	葛天回	中国科学化问题

由于经常应用广播电台演讲这一传播方式，中华自然科学社早就萌生了筹建自己电台的计划。全面抗战胜利后，国民政府教育部计划筹备科学教育广播电台，并拨款将其交由该社具体落实。前资源委员会电工器材厂也愿意为此捐助大批仪器设备。然而，当时的交通部一再阻挠，迟迟不予登记，致使此举半途搁置。由此也可窥见，在国民党政府的高压之下，中华自然科学社的科学普及工作步履艰难。

与广播电台相比，公开场所的演讲更具有直观性。成都分社以《各门科学间之关系》和《纯粹科学与应用科学之关系》为题，分别举办10次和8次主题讲座。为了普及雷达科学新知识，1946年11月30日、12月1日，中华自然科学社上海分社联合中国物理学会上海分会共同邀请中央研究院总干事兼物理研究所所长萨本栋，分别在上海八仙桥青年会大礼堂和祁斋路三二〇号中央研究院大礼堂，举办两次公开通俗科学演讲。1947年1月19日，中华自然科学社上海分社在岳阳路国立中央研究院大礼堂举行第22次通俗科学演讲，邀请中纺公司第一印染厂印染工程师陈彬做《印花布怎样制成的》的演讲，由携带染料的化学技师当场进行试验表演。听众百余人，均系社友及大学教授、学生。

二是编辑科学副刊。充分利用报纸发行量大、受众群体广的优势，中华自然科学社总社及各地分社先后在当地的报纸上编辑了《科学副刊》。副刊的名字各地不一：南京总社在《中央日报》主编的《农业与工业》，杭州分社在《浙江青年》杂志主编的《自然科学讲座》，长沙分社在长沙《力报》主编的《科学建设》，成都分社在《中央日报》主编的《科学》，李庄分社在宜宾《金岷日报》主编的《自然科学》，贵阳与遵义两分社在贵阳《中央日报》主编的《科学副刊》，兰州分社在《甘肃日报》主编的《科学生活》，以及遵义分社经常在遵义市主要街口张贴的《科学壁报》等。针对小学生和普通民众，中华自然科学社还编印了更为浅显易懂的各种《科学浅说》，无偿赠送到全国各地的通俗教育馆和图书馆。

三是举办科学展览会。中华自然科学社总社或各地分社时常举行科学展览会以及科学表演，以此进行科学普及推广运动。大规模的展览场次主要有：1940年3月在成都的西康文物展览会；1943年12月在重庆举办地质、地理、化学、生物、农林及医药卫生等部门的科学展览会；1948年10月南京十科学团体联合展览会，观众多达30万人。全面抗战期间，1940年成都分社和1942年嘉定分社的科学展览规模也比较宏大。此外，分社成规模的科学展览和表演活动还有：浙江大学分社所在的湄潭，李庄分社所在的李庄，西北分社所在的兰州，等等。

四是放映科学电影。中华自然科学社通过征集或租借的方式，在公共场所放映科学电影。这方面出力较多的是欧陆分社，该社于1940年向德国各厂家征得各种工业及科学教育的影片很多，以供给总社使用。1943年十六届年会和1947年举行该社成立二十周年纪念大会之际，中华自然科学社分别在重庆大学礼堂门前和上海中央研究院放映科学电影。

五是编辑《科学新闻》。抗战胜利后，为了普及科学知识，提高中国人对科学的兴趣，中华自然科学社在南京编辑发行《科学新闻》，每周发稿一次，由通讯社代为向全国发布，以供各地报刊登录之用。当时读者常看到的各报上标有“中华自然科学社科学消息”或“中华自然科学社综合报道”的字样，就是中华自然科学社通过“科学新闻”“把最新的科学发明和消息介绍给大众”[①]。1948年这项工作停止。

① 李国鼎：《这一年——科学世界、中国科学建设和中华自然科学社》，《科学世界》第十七卷第十二期，1948年12月。

六是筹设科技场馆。抗战初期的1938年，重庆成为陪都，云集了社会各界人士，中华自然科学社为了普及科学，委托社员屈伯传负责在重庆筹设通俗科学图书馆。1947年，南京市政府计划在玄武湖设立动植物园，并将此项工作委托给中华自然科学社办理。本着普及科学的信念，该社精心推选9位社员认真规划。然而，计划完成后，南京政府议而不行，该计划也因而胎死腹中，终究劳而无获。

七是编纂《国防科学丛书》。为了国防建设需要，中华自然科学社编制《国防科学丛书》的撰写计划。关于此项工作，中华自然科学社做了深入的分析，对研究科学以及普及科学的辩证关系也有很好的说明。

本社同人，原均各就性之所好，从事于各部门科学之专门研究，其工作范围，虽未必尽标以国防之名，然皆直接或间接与国防科学密切相关。窃以百事之举，必集多人之参加合作，其成功方臻伟大，何况今日之战争，不啻为国力之抗衡，国防责任，应在全体国民，故今之谈国防建设者，莫不倡全民国防之口号。至国防科学之研究，固无从亦不必全民参加，但对于国防科学基本智识之认识，确有灌输于全民之必要；非如是国防科学究研之风气无从养成，参加国防科学工作之中下级干部无从征集。是以我人一面从事专题之研究，同时尤应致力于国防科学智识之普及，本社编著国防科学丛书之旨趣，盖在于此。尚希社会人士，赐以匡正，是所至幸！①

《国防科学丛书》由朱炳海负责，通过商务印书馆印刷和发行。截至1942年11月1日，即将脱稿，或正在付审者有：1.陈克诚《军事地质学》；2.胡焕庸《军事地理学》；3.吴公权《军用飞机》；4.黄玉珊《飞行结构》；5.杜长明《化学与国防》；6.陈伯齐《防空工程》；7.张德粹《粮食问题》；8.李国鼎《照空灯与测音器》；9.罗泽沛《弹道学》；10.曹鹤逊《滑翔机》；11.朱炳海《军事气象学大纲》；12.孙鼎《筑路石料》；13.罗云平《国境筑城与要塞工程》；14.葛春林《毒气》；15.鲍觉民《国防资源》；16.王鹤亭《水泥与代水泥》；17.辛一心《军舰制造》；18.严演存《火药》。此外尚有以下几种预定题目，尚未有作者，如有愿编著者，请与重庆中央大学朱炳海社友接洽为盼：1.《膛内弹道学》2.《火药》3.《火炮》4.《枪》5.《炮》6.《军

① 《国防科学丛书缘起》，朱炳海《军事气象学大纲》，商务印书馆，1946年，序言第1–2页。

械修理》7.《战车》8.《潜水艇》9.《飞机发动机》10.《飞机材料》11.《飞机仪器及设备》12.《防空》13.《飞行站建设及设备》14.《军事运输》15.《军用道路》16.《轻便铁道》17.《要塞工程》18.《桥梁工程》19.《破坏工作》20.《掩护工程》21.《电力厂》22.《采矿》23.《冶金》24.《燃料》25.《酸碱工业》26.《油脂工业》27.《皮革》28.《防毒与救护》29.《毒气之病理与治疗》30.《战时外科》31.《军中卫生》32.《战时国民心理建设》33.《战时饮食与健康》。当然由于种种原因,中华自然科学社这一宏大出版计划没有完全实现,能够出版的共计11本:严演存的《火药》,朱炳海的《军事气象学大纲》,柏实义的《飞行原理》,施孟胥的《弹道学概论》,盛彤笙的《军马与家畜之防毒》,汪良能的《军中卫生》,罗云平的《军用急造道路工程》《军事轻便铁路工程》《交通之破坏、修复及遮断》《城塞工程》,另有一本《枪炮射击学概论》。

图7-3 《军事气象学大纲》封面

第三节 调查科学

科学调查也称为科学考察,是科学研究的重要方式之一,中华自然科学社对此有清楚的认识,“科学考察为经济建设之先驱,亦为学术界为国效劳之最理想工作,中华自然科学社成立于民国十六年,十三余年来,社友之学历与经验俱与时并进，社务亦赖以增展，惟限于社内及社友之经济能力，对于有益国家最大及科学事业最重要之考察工作，则殊少进行”[①]。由中华自然科学社自行组织的西康科学考察团和西北科学考察团可以说是其功劳簿上浓重的一笔。

一、西康科学考察

1938年11月13日，在重庆召开的第十一届年会上，屈伯传、李秀峰提议组织中华自然科学社西南及西北考察团，组织科学考察人员奔赴两地进行实地调查。“出席社友以本社为尽科学团体报国之责任，应从事边境科学考察工作”[②]，会议通过该提案，并决定成立筹备委员会，筹备委员为：赞助社员教育部部长陈立夫、西康建设厅厅长叶秀峰、西北农学院院长辛树帜、社长杜长明以及社员胡焕庸、曾昭抡、屈伯传、姜志道等。11月27日召开的第十二届理事会第一次社务会上，从考察工作便于实现的角度考虑，选定先期开展考察的地方是西康，社长杜长明及胡焕庸、屈伯传3人负责前期规划，杜长明担任筹备会召集人。

先行选择考察西康，有两方面原因：一是西康的优越的地理位置和亟待开发的现实需要。早在明清时期，西康就是中央政府控制滇、藏、青等边远民族地区的军事战略要地。全面抗战爆发后，大西南由边防要地变成了抗战大后方，位居西南交通要道，与西藏、四川、青海、云南相照应的西康便成为全国的焦点，“一、西康为汉藏之桥梁，如不建设西康，即无从经营西藏。二、西康有国际作用，因海道之输运既断，惟有借后方陆上之交通，西康可由正安、盐井经德钦入云南，又可自盐井、察隅至萨地亚而通印度达新加坡”[③]。去往西康考察成为众多机构、学术团体争相进行的事业。

最近一年来，往西康去考察，似乎变成一件时髦的事。组织较大的团体，有参政会的“川康视察团”和管理中英庚款董事会所组织的“川康科学考察团”。此外先后组织具有专门性质的考察或采集队，前往康省工作者，有中央研究院，

①《中华自然科学社西北科学考察团计划大纲·缘起》，中国国家图书馆缩微胶卷，第2页。另见：《社闻》总第五十五期，1941年4月15日，第7页。

②《考察团筹备经过》，《社闻》总第五十二期“西康科学考察团专号”，1939年12月25日，第1页。

③ 孙明经：《今日之西康》，原载《中央日报》（成都），1939年12月23-24日。转引自：孙建秋、孙建和编著《孙明经西康手记》，中国民族摄影艺术出版社，2016年，第25页。

华西大学，四川大学，金陵大学等机关及学校。作者所参加的团体，是中华自然科学社所组织的“西康科学考察团”。团员的人选，由该社聘定。考察的经费，却是完全由西康省政府和教育部资助，计西康省政府补助七千元，教育部津贴三千元，一共用去一万元国币。团员共有十二位，分成工程、药物、气象地理，和农林畜牧等四组。[1]

中华自然科学社进行西康科学考察的另一个原因在于赞助社员陈立夫和叶秀峰。当时陈立夫和叶秀峰分别为教育部长和西康省建设厅长，二人既可以给予经济方面的大力支持，也可以在具体考察区域给予关照。前期，叶秀峰还组织过一次由该社社员参与的西康考察活动。

本社赞助社员叶秀峰社友现任西康建省委员会委员，为充实抗战力量，开发后方资源特邀集团内科学家组织西康科学考察团，从事科学调查，以作开发建设之张本，此项考察团已于（1938年）八月初自重庆出发，本社参加者地质方面有袁见齐社友，生物方面有罗士苇社友，药物方面有顾学裘社友等，诸社友均学有专长，此次长征，必可满载而归，对于抗战前途，后方建设，厥功必非浅鲜也。[2]

其后数月，因年会推定的筹备委员会成员分散各地，难以集合到一处，直到第二年3月24日的第四次社务会议上，为促进西康考察事宜尽早实现，议定增加理事朱炳海、谢立惠为西康考察团筹备委员，专门设置西康科学考察团筹备处，负责筹备工作的具体落实。筹备处直接隶属筹备委员会，由胡焕庸任主任，朱炳海任秘书。胡焕庸“二十八年（1939年）并受社务会之委托任西康科学考察团筹备主任，主持该团之筹备工作，关于工作之计划、经费之筹集，胡社友最有力焉”[3]。

筹备处成立后，筹备工作进展迅速，很快进入到筹措经费的实质阶段。杜长明和胡焕庸接洽西康建设厅和教育部，“口头承商，结果颇为圆满”。再经过较为烦琐的公文来往，至7月5日和7月12日，分别落实了考察费用：西康省建

① 曾昭抡：《“西康日记”引言·考察源起》，转载自廿八年十一月二十二日至二十四日香港《大公报》，《中华自然科学社西康考察团报告》之七“附件”甲，中国国家图书馆缩微胶卷，第153页。

② 《社友活动·叶秀峰社友组织西康科学考察团》，《社闻》总第四十八期，1938年8月20日，第7页。

③ 《新社长介绍》，《社闻》总第五十四期，1940年12月20日，第10-11页。

设厅给予7000元补助，教育部提供3000元津贴。

这次科学考察，最棘手的是关于考察团人选的确定。考察团成员原本是通过《社闻》公布组织办法，公开征集。早在1938年12月1日就开始筹备。

依据本届年会之决议，组织西康考察团，从事后方资源之调查，以增抗战力量，一切详细办法，正在筹备委员会拟订中，其可先行奉告者如下：

（一）地点 西康省西南部之九龙一带。

（二）分组 考察团中分：测量、地质、矿产、牧畜、农林、民族、经济、地理、摄影、医药、卫生十（十一）组。

（三）团员 共计十人至十五人，暂以本社社友为限。

（四）日期 约于民国二十八年七月初出发，十月底返程。

（五）用费 旅费设备费由团供给，概不支薪。

（六）报名 凡我社友如愿参加者，请于二十八年三月以前函知重庆中央大学胡焕庸社友，再俟筹备委员会之覆函约定。

（七）注意 凡已报名参加，已得筹备会之约定者中途不得退出或请代。[①]

1939年3月20日的第二期《社闻》上再次发布“公开征求考察团团员”的通告，并延长报名日期至4月底。截止期满，报名参加者寥寥无几。后只好采用专函方式礼聘，因各社友都有专职，考察团成员的聘定，可谓煞费苦心。如矿物组先后函约7人，最后只有周昌芸、张通俊2人答应参加。很快又起波折，工程组组长戴居正临行前病倒，民族社会组组长徐益堂家务缠身，农林组组长方文培校务受阻，3人均来函辞职。周昌芸、吴信法、张通俊3人，或因事召回，或未克成行，或委托他人，也均因故爽约，人员再成问题。一直到7月2日的第八次社务会议上，考察团名单才经社务会予以通过。选择考察团团员之所以困难，或许与艰苦的环境、资料的短缺等有关。

康藏旅行，在中国素来视作畏途。从前的时候，走到打箭炉（康定）已经算是极边远的地方。再往西去或南去，简直少有人尝试。固然有些官吏和车队，因为职务的关系，曾经到过那些地方，或者甚至有过长时期的勾留，但是这些人始终没有把那边的情形，作成比较详细的记载，留给我们作参考。同样地，我们

① 《社务会启事·为组织西康考察团事》，《社闻》总第四十九期，1938年12月1日，第16页。

虽说每年都有不少的商人，在内地和西康间来往，但是他们多半知识有限，更没有留下可宝贵的记录。现在关于这方面的文献，最重要的，并不是我国人的记载，而是几位外国旅行家和科学家的笔记。进一步说，这几位外国人的笔记，还是不够详细。因此对于一般关心我国边疆问题的人们，一篇关于西康的比较详细而有系统的记载，似乎有相当的价值。①

考察团团长的人选也颇费脑力。这时，曾昭抡挺身而出，自愿担任团长，解了燃眉之急。曾昭抡，1938年才加入中华自然科学社，是引进西方近代化学的先驱者和中国化学学会的创建人之一，中国科学事业的杰出组织者和活动家。1936年，全面抗战爆发前夕，曾昭抡带队“北京大学化学系赴日考察团”，显示了他卓越的组织能力和敏锐的观察意识。在为此考察而撰写的《东行日记》中，曾昭抡提出了考察的原则：第一未去日本以前，最好对日本多少有点研究，但是绝对不要存着有偏见。第二到日本去，预备看那(哪)些地方，务必要预先计划接洽，免得临时落空。第三未去以前，最好查一下别人的游记，看看那(哪)些地方，别人已经去过，在可能的范围内，避免重复。第四，我们应该把自己检查一下，是不是有独立的、敏锐的观察，要是没有，干脆不如不去；因为去也看不到东西，还不如读他人的游记好。这四种条件都齐全了，我想结果所得到的收获，一定是很丰富的。由此可见，曾昭抡非常具备科学考察的领导能力。

西康省建设厅捐钱最多，且在其本土考察，故而，厅长叶秀峰被聘为考察团名誉团长。西康考察团包括团长曾昭抡和总干事朱炳海在内，正式成员有10人，分4个考察组：地理气象组，组长朱炳海，成员王庭芳、严钦尚；农林畜牧组(也称植物组)，组长国立中央大学农学院教授朱健人，成员杨衔晋(中国科学社生物研究所研究员)、严忠；药物组，组长国立药学专科学校(中国药科大学的前身)药厂负责人谢息南，成员冯鸿臣；工程组，组长曾昭抡，成员陈笺熙(四川大学应用化学处)。

因为中华自然科学社驻会重庆，并且考察团成员也多在重庆，再加上从这里出发前往西康也是最近之路，故此，考察团拟定从重庆出发。远在昆明的曾昭抡在西南联大任职，且身为团长需要筹谋诸多事宜，不得不早日动身。因昆

① 曾昭抡：《“西康日记”引言》，转载廿八年十一月二十二日至二十四日香港《大公报》，《中华自然科学社西康考察团报告》之七“附件”甲，中国国家图书馆缩微胶卷，第153页。

明前往重庆没有直达公路，坐汽车需要绕道贵阳，颇费时日，经济条件尚好的往往选择乘坐飞机。7月8日凌晨7时，曾昭抡搭乘飞机，两个半小时后，抵达重庆珊瑚坝机场。通过曾昭抡和朱炳海的多方协调，还有军界朋友的帮助，其包租了四川省公路局的一辆福特汽车。7月22日，考察团从重庆出发。因公路局的汽车太破旧，25日才到达成都，等候6天之后，又包租了一辆木炭汽车。8月1日清晨，曾昭抡带领王庭芳、严钦尚、谢息南、冯鸿臣、杨衔晋、陈笺熙以及技工周子林，共8人先行出发，朱炳海暂留等候西北方面的团员。他们由成都到旧县，改乘水路到新津县，再乘坐人力车到达邛崃。8月4日晚，抵达雅安，6日9时，这组人员从雅安赶往西康省会康定。因西北方面的成员未能成行，朱炳海只好改聘朱健人任农林组长，邀请严忠为农林组员。8月9日从雅安出发，17日赶到康定，与两日前到达的曾昭抡等人会合，考察团全体聚集齐全。22日，考察团参观西康水电厂。下午，西康省党部和建设厅举办茶话会，参加会议的除了西康考察团外，还有同期在康的中英庚款董事会组织的“川康科学考察团”。会上，相关人员介绍了该省创建几个月来的情况，并将各种统计数据、图、表、报告、标本和照片等资料陈列给大家。叶秀峰厅长和本厅主管人员还通报建设概况和计划以及交通、农牧、工矿方面的现况。由此，团员们对西康省有了一个很好的概念。

进行科学调查，选择路线极为重要，而路线的选择必须先对调查对象有所认识，“打开市上所卖的地图一看，西康省所辖的地方，大约有三分之二是在金沙江以西。事实上，一直到现在为止，省政府所能统治的地方，只是限于金沙江以东。金沙江以西，事实上始终是由西藏政府统治。不过自从今年年初西康建省以后，以前隶属四川省的川边十四县（雅安、汉源、西昌、会理、盐源、盐边等等），已经划归西康。所以虽说按照现有地图（西康的省会——康定——是位在全省的极东边境），但目下情形，并非如此，不过康定仍然是很偏东就是了”[1]。对于版图广阔、开发不足的西康省而言，虽然已经有过一些考察团，但是仍然显得不够，“这许多考察团体的先后组织，也许会令人怀疑，他们的工作，是不是架床叠屋。但是略为研究一下，便会发现在幅员广大的西康省里，再多一些这样

① 曾昭抡：《“西康日记”引言·西康省境》，转载廿八年十一月二十二日至二十四日香港《大公报》。《中华自然科学社西康考察团报告》之七“附件”甲，中国国家图书馆缩微胶卷，第153-154页。

的团体，都容得下；而且只要预先有计划的话，工作也决不致重复。也许这篇小小的著作，会有'抛砖引玉'的影响，在不久的将来，去过西康的别位专家，会把他们个人的经历，详细的描写出来，供读者们的赏鉴"[①]。经过认真推敲，曾昭抡确定了以下考察路线，"考察的路线，最后一共分成四路。第一路由雅安直赴西昌。第二路经康定、九龙、木里，到云南省北部的丽江。第三路到九龙后，向西北去，经五须，到雅砻江边，归途经折多山回康定。第四路在九龙县境内兜一小圈后，归途经雅江返康定"[②]。曾昭抡一组是第二条路线。

考察的艰苦，只有体会的人才能深有感触。亲历第二条线路的曾昭抡清晰记载了这次艰苦旅行的感受。艰苦的付出必有回报，通过这次考察，他对于西康风土人情算是做到了细致的了解。曾昭抡还以"到草地去""择定了路""大门开了""认识不足""行程概况"5个题目，对考察行程的细节娓娓道来。3个月，行程3220公里[③]，艰难程度和考察成果均超过了其后曾昭抡参加的大凉山彝族地区考察。

此次，考察团共写出了15万字的考察报告，包括地形、气象、森林、畜牧、植物、矿产、水利、民族、社会、交通、工程等多方面的内容，分为全团各组考察路线图、地理气象组报告、荥经县矿产调查报告、农林组报告、工程组报告、附件等部分。各部分撰稿人分别如下：地理气象组，朱炳海；荥经县矿产调查报告，孙博明；农林组，朱健人、杨衔晋；工程组，曾昭抡、陈笺熙；附件，曾昭抡、朱炳海。这份考察报告未见载入药物组的内容，而添加了荥经县矿产调查，这部分为考察组成员中未被列入的孙博明所写。报告分送相关机关作为西康省建设的参考。为了进一步说明报告书的形成经过，兹录报告书所附"报告书之编辑"。

本团各学组之考察报告，原经最后次在九龙之团务会议议决：预定于二十九年二月底缴卷汇编付印，但以各团员归程后，初因本职久离，诸待整理固无暇于执笔。兼以在此抗战期间，警报频传工作之时间既属有限，且所有各机关学校之参考图籍以及必需应用之仪器药品，又大多装箱疏散，标本检定之工作，大

① 曾昭抡：《"西康日记"引言·考察路线》，转载廿八年十一月二十二日至二十四日香港《大公报》。《中华自然科学社西康考察团报告》之七"附件"甲，中国国家图书馆缩微胶卷，第153页。

② 曾昭抡：《"西康日记"引言·考察路线》，转载廿八年十一月二十二日至二十四日香港《大公报》。《中华自然科学社西康考察团报告》之七"附件"甲，中国国家图书馆缩微胶卷，第153页。

③ 公里，长度单位，1公里=1千米。

受阻虑。故各团员虽欲将工作早日完成，而终不可得。是以至离预定缴卷日一年以后之今日，尚有药物组及工程组之一部分报告，迄未缴来，但为顾全本社对外之信誉，并免已缴部分失去时间性起见，不得不将现有部分先予付印，其余未缴部分容待缴齐后，继续付梓。

在此抗战后方，印刷费奇昂，关于图照之印刷工料，所费又属浩大。本团以限于物力，不得不将地理气象组测绘之地形图路线图大小五十一幅，蓝印十份，分赠有关机构。及全图照片二百余幅，另行设法附印于其他在沪地发生之科学刊物外，只能将文字部分在渝付印，然所费已在不赀。此笔印刷费用全由本团名誉团长叶秀峰先生筹付之。

三十年四月于重庆中大[①]

汇聚各组成员分别写出的报告，集中编印出版《中华自然科学社西康科学考察团报告书》。该报告书由教育部长陈立夫题写书名，西康建设厅长叶秀峰题词，西康省政府主席刘文辉和考察团长曾昭抡分别作序。

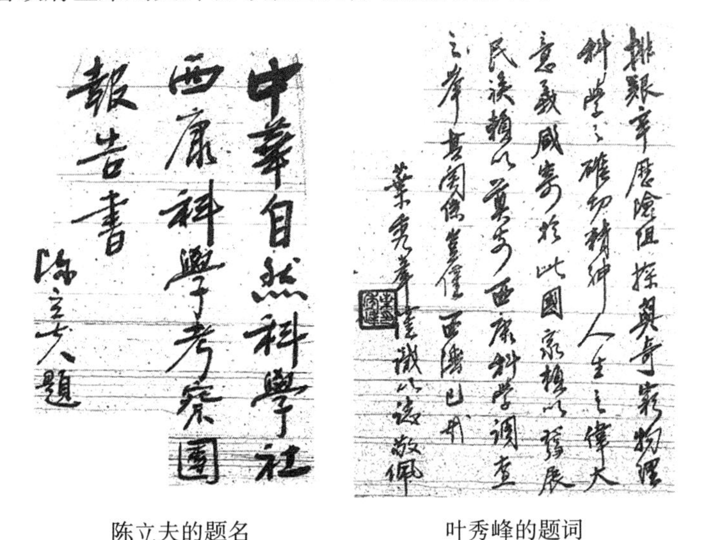

陈立夫的题名　　叶秀峰的题词

图7-4　《中华自然科学社西康科学考察团报告书》的题名和题词

中华自然科学社对这次考察报告极为重视，《科学世界》专门编印“号外”，

① 曾昭抡：《本考察团之筹备工作经过》，《中华自然科学社西康科学考察团报告书》之七“附件”乙，中国国家图书馆缩微胶卷，第164页。

公开发行,“凡预订本刊明年全年者,一概附赠,不另取资”[①]。在考察报告正式形成之前,《科学世界》出版“川康建设特辑”,撰写川康建设各方面的论文。曾昭抡领衔撰写《西康建设问题》,就其中最重要的经济、移民、建设区域3个问题加以探讨。其他的文章为:徐百川的《川康农田水利与抗战建国》,唐燿的《论川康木材工业》,钱宝钧的《川康木材干馏工业之回顾与前瞻》,程跻云的《开发川康森林中的天然造林问题之商讨》,顾怀曾的《川康之动力建设》,刘海蓬的《四川盆地中之紫色土》,曾省的《川康白蠟(蜡)改进刍议》,胡昌炽的《四川栽培梨品种之授粉研究》,姜玉舫的《川康两省畜牧概况》。此外,1939年12月25日出版的《社闻》总第五十二期也以“西康科学考察团专号”名义发行,分考察团筹备经过、考察团大事记、考察团团务会议记录等内容,较为详细地对西康科学考察团做了记述。

为了更好记忆这次考察,曾昭抡还专门撰写了散文性质的笔记——《西康日记》。香港《大公报》从1939年11月连载《西康日记》,到1941年2月始告完成,开创了近代报纸长篇连载的新纪录。其中的“生活回忆”充满了感触。

回到昆明以后,朋友们问到我在西康,究竟经历些甚么?我的回答是我不知道甚么我们没有经历过。我们差不多步行过川康大道的全程(九百里),我们穿过向来视为神秘的木里土司,我们度过了夏季从来没有人敢过的贡嘎河。我们爬过贡嘎山,渡过金沙江,走过“蚂蟥沟”,上过玉龙雪山。我们越过海拔四千八百多米的高峰,穿过几十里长的大森林,走过几十里远的大草原,经过一百多里没有人烟的境域。我们曾经一个月没有见过街子,若干天没有见过汉人。黑夜骑马,涉水渡河,蛮家借宿,林间打野,是我们日常生活的一部分。帐篷和炊具,是我们行李的重要部分。吃的用的,全都要带着走。我们曾经好几天没有吃过米饭,好些天缺乏医药。我们曾经干吃过青稞粉,还吃过狗吃剩下来的火腿。说旅行“苦”,在这些地方,根本不能成为问题。因为在这些地方,成为问题的,不是苦和乐,更不是干净和腌臜,而是死和活。到了后来,当我们看看自己一双蛮手的时候,我们确曾严重地忧虑过,会不会从此变成蛮子。好在从现在

---

①《重要预告》,《科学世界》第十卷第五期“川康建设特辑”,1941年10月。

来看，这一点未免过虑了。[①]

《西康日记》的可读性很强，曾昭抡夫人俞大絪的胞姐，俞大缜戏谑地说连香港的太太、小姐都喜欢读，“抗战期间，在香港的一些太太小姐都争着要看曾昭抡写的大凉山、小凉山的游记”[②]。在艰难的动荡岁月里，甚至冒着敌机轰炸的危险，事务缠身的曾昭抡只能忙里偷闲地写作《西康日记》。《曾昭抡日记》详细记载了其赶写日记的艰苦情形。

1940年3月13日 星期三（天阴晴）

今晨六时余醒，七时半起身。八至九，为国立编译馆审查《化学工程名词》稿（至此完毕）。九至十，审查《化学命名原则》附录。十至十一，旁听三年级俄文十一至十二，下午一至二时半，将命名原则附录审查完竣。二时半至三时半，预备《无机工业化学》。四时半至五时半，旁听二年级俄文。五时三刻至六时半，写日记。晚八时至十时半，写《西康日记》稿。十时三刻睡……

1940年5月13日 星期一（天晴阴）

今晨六时左右醒，七时一刻起身。七时半至九时，预备《无机工业化学》。九至十一，校阅两星期来所写之《西康日记》稿（第七编，共约一万九千字）。下午二时半至三时半，预备《有机工业化学》。三时半，到化学系讨论会……五时，应任叔永约，至西仓坡五号梅校长家，开中国科学社昆明年会第一次筹备会。晚饭后七时半至九时半，续预备《有机工业化学》。九时半至十时三刻，预备《无机工业化学》，十一时睡。[③]

《西康日记》约40万字，分为15编：引言、昆蓉途中、成雅道上、雅康大道、康定及其附近——西康风俗概述、由榆林宫到梭坡、贡嘎纪行、由梭坡到九龙、九龙见闻、九龙木里途中、神秘的木里、木里永宁途中、永宁杂写、永宁丽江途中、从丽江到昆明。

---

① 曾昭抡：《“西康日记”引言·生活回忆》，转载廿八年十一月二十二日至二十四日香港《大公报》。《中华自然科学社西康考察团报告》之七“附件”甲，中国国家图书馆缩微胶卷，第156页。

② 转引自：戴美政《战时曾昭抡西康科学考察及成果研究》，罗群主编《边疆与中国现代社会研究（上下）》，人民出版社，2013年，第247页。

③ 转引自：戴美政《曾昭抡》，群言出版社，2013年，第199-200页。

二、西北科学考察

继西康科学考察团之后，中华自然科学社又组织了西北科学考察团。组织西北科学考察团的主要原因是中华自然科学社社长的更迭。胡焕庸刚在第十四届第一次社务会上当选社长，在随后召开的第二次社务会上，就亲自提出了西北科学考察团的议案。这次社务会上议定先行成立筹备委员会，聘陈立夫、叶秀峰、袁翰青、赖琏、郑集、胡焕庸、李旭旦、潘璞、盛彤笙等为筹备委员会委员，并推定胡焕庸、李旭旦负责草拟计划与路线。由自然科学社供给人才，请政府各有关机关等供给经费，相互合作，有钱出钱，有力出力，使学术界人士可有贡效国家之机会，而经建工作亦籍以有所参考与依据。

对西北考察的目的，中华自然科学社有具体的文本。

川甘青边界区域，不论在地形上、气候上、经济上、文化上，均属一过渡地带。川北嘉陵江上游白龙江及岷江上游一带，低地宜农高地宜林。经济情形比较尚见开发。洮河流域为华北农业区之最西边地。洮西则地形更高，雨量更少大部为放牧区域。以夏河为中心盛产羊毛皮革。湟水流域藉灌溉以事农业，为青海省之精华所在。黄河上游亦有局部灌溉田地，惟青海大部区域为拔海三千公尺以上之草地，乃一片天然牧场，库库诺尔附近水草丰美，尤适畜牧之用。纵观本区范围虽非广大实为西北农，林，牧，三者之过度区域，故欲比较西北之土地利用实以本区为首选。

经济建设之最高目标在善用地利而不在劫夺地力。如何利用环境，使得其当。如何善用地力，俾得有久远之收获，实为一科学问题，当亦为经济建设上之唯一要义。例若某地雨量在三百五十耗(毫米)以下，为一优美之牧场，若加犁锄，则风侵日蒸反成荒原，是即利用地力有过。又如地力足供农业之区，若任其荒芜，或仅事畜牧，则利用不足，有损国力。故何地农优于牧，何地牧优于农，何地应划植森林，皆须应地制宜计划分配，然后循此努力，庶几有成，否则宜牧者使农，宜农者使牧，徒耗地力，于利何有。本区以内粮食作物如何推广，森林矿产如何开发，牧畜兽医如何改良，羊毛皮革如何制造，均属最迫切之研究问题，本团于此当特加注意。[①]

对于这次考察地点和时间的选定,也做了细致的考虑,“西南与西北为抗战期中经济建设之两大营垒,本社前年西康考察团以西南为工作地点,本年乃择定西北为考察区域,惟西北范围广袤,而本社社友多数讲学教界,工作期间仅限于暑假,欲以短促之四月余假期,从事庞大地域之考察,为事实所未许。且好高骛远走马看花,为国内多数考察团之通病。故此次考察地域,拟尽量缩小,务以四个月至五个月期间内所能详细观察者为度。兹选定川北甘西青东三省交界区为工作地点”[②]。这次考察之前的计划也比较周密,形成了较为完整的《中华自然科学社西北科学考察团计划大纲》。计划大纲分考察源起、考察路线与范围、考察目的、分组与人选、考察经费5个部分。预计行程达3000公里,需时约140日,考察路线设定为4段:第一段北上。自成都出发,搭汽车至绵阳,北上江油,循阴平大道,出平武,越摩天岭至文县,然后经武都、西固以达洮河边之岷县,顺洮河而下,经临洮洮河达兰州。第二段西行。由兰州沿湟水上溯,经民和、乐都、西宁、湟源而达青海之库库诺尔,如时间充裕,则绕海而西,以抵都兰。第三段东回。自都兰返,折东南至大河坝,沿黄河而下共和、贵德、循化,而止于夏河。第四段南下。自夏河南下有两途可循,一偏西越西倾山,至拉加寺(即同德县),微折东沿岷山南麓,溯吗楚河而至松潘,沿岷江下成都。另一途由拉布楞偏东经百拉寺、多虎寺,度洮河上游,越叠山至白龙江(嘉陵江上游)上之哇藏庄,自此南下直抵松潘,而返成都。究采何线,须视当时情形再定。考察方式也做了周到的设计:“北上路线致以循正在修筑中之川甘公路。除成都至绵阳,临洮至兰州两小段已通行汽车外,余均须步行,或乘骑。西行自兰州至西宁,可乘汽车,但自西宁而后,全须骑马,经松潘以达灌县,灌县至成都始有一小段公路,故全程三千公里之中,四分之三为步行,或乘骑。沿途情况可得从容观察。又所采路线‘北上’与‘南下’并行,‘西行’与‘东回’并行,两线相距常在三百公里

① 《中华自然科学社西北科学考察团计划大纲·考察目的》,中国国家图书馆缩微胶卷,第3-4页。另见:《社闻》总第五十五期,1941年4月15日,第8-9页。

② 《中华自然科学社西北科学考察团计划大纲·考察路线与范围》,中国国家图书馆缩微胶卷,第2-3页。另见:《社闻》总第五十五期,1941年4月15日,第7页。

以内,故为川甘青三省交界整个区域之研究。非如以往多数考察团仅作线和点考察也”[1]。

考察团团队组织设计的原则是“本考察团之工作人选,以中华自然科学社社友为原则,如有社外之特殊人才,亦可敦聘参加,总以学养有素对考察工作有丰富经验者为合格。凡属团员均可各就专长,合作探讨,以完成此共同之使命……各组助理员如属必要,由各组长酌聘以一人为限,全体团员最多以十五人为限”[2]。考察团组织计划分7组,具体分组如下。

团　　长　胡焕庸　中央大学地理系主任 本社社长

总 干 事　李旭旦　中央大学地理教授

地理气象组　李旭旦(兼)

地质地形组　任美锷　国立浙江大学地形学教授

交 通 组　严德一　交通部专员

农林植物组　陈邦杰　国立中央大学植物教授

吴印禅　国立同济大学植物教授

郝景盛　国立中央大学森林教授

畜牧兽医组　张松荫　国立四川大学养羊学教授

吴信法　西北农学院兽医副教授

农业经济组　吴文晖　国立中央大学农业经济教授

民 族 组　杨曾威　国立东北大学民族学教授[3]

经费预算也本着节约的原则,大部分的仪器、图籍等物品向各大学或私人借用,考察团团员也没有薪资,按照15人的考察团规模预算,分列以下十项:交通、膳宿、治装、医药、保护、交际、购置、仆役、预备、出版。具体开支预算如下表。

---

①《中华自然科学社西北科学考察团计划大纲·考察路线与范围》,中国国家图书馆缩微胶卷,第3页。另见:《社闻》总第五十五期,1941年4月15日,第8页。

②《中华自然科学社西北科学考察团计划大纲·分组与人选》,中国国家图书馆缩微胶卷,第4页。另见:《社闻》总第五十五期,1941年4月15日,第9页。

③《中华自然科学社西北科学考察团计划大纲·分组与人选》,中国国家图书馆缩微胶卷,第4页。另见:《社闻》总第五十五期,1941年4月15日,第9页。

表7-4　中华自然科学社西北科学考察经费预算表

项目	事由	金额
第一项 交通费	重庆至成都(或由团员所在地至成都)	四·〇〇〇元(汽车)
	成都至绵阳	七五〇元(汽车)
	绵阳至兰州	一〇·〇〇〇元(骑马)
	兰州至西宁	一·〇〇〇元(汽车)
	西宁至松潘	一五·〇〇〇元(骑马)
	松潘至灌县	四·〇〇〇元(骑马)
	灌县至成都	一·五〇〇元(汽车)
	成都返重庆或各团员所在学校	四·〇〇〇元(汽车)
第二项 膳宿费	膳食(十五人·一四〇日·每人每日七元)	一五·〇〇〇元
	宿(十五人·一四〇日)	五·〇〇〇元
第三项 治装费	羊皮衣及木箱	三·〇〇〇元
	蓬(篷)帐	二·五〇〇元
第四项 医药费		一·〇〇〇元
第五项 保护费		五·〇〇〇元
第六项 交际费		三·〇〇〇元
第七项 购置费	仪器消耗及损失	二·〇〇〇元
	照相材料及印洗	四·〇〇〇元
第八项 仆役费(以厨役及保管两人计算)		五·〇〇〇元
第九项 预备费		七·〇〇〇元
第十项 出版费(发印报告用)		七·〇〇〇元
总计共需		九九·七五〇元

预计总费用共约十万元，这次资金来源没有上次明确，含糊地提到：请求各有关机构分别津贴，于工作完成时，造册报销，以清手续。考察后所作报告分别送达各津贴机关备考，作为资助经费各机关的酬报，还承诺可以斟酌办理特殊报告。

西北考察团虽然计划书做得很全面，但很明显体现了新任社长胡焕庸急于求成的心态。资金或人员的安排上落实困难，原本计划“五月底或六月初”的出行日期也被迫推迟。最后，鉴于西北科学考察团在三省交界区域，调查地质、矿产、森林等资源及土壤气候，调查经费当然也由三省份共同协调解决，由四川、青海、甘肃三省政府给予经费。

1941年7月10日下午，西北考察团李旭旦、任美锷、郝景盛3人自重庆沙坪坝出发。当天晚上，他们到达歌乐山甘肃油矿局。时天文研究所日食观测队前往甘肃临洮观测日全食，甘肃油矿局特为此派出一辆专车，西北考察团成员约定于7月10日乘此车前往成都。然而因旅途延误，这辆汽车一直到14日才到达歌乐山，16日方开车起行。17日到达成都，考察团一行又增加了张松荫。在成都购买了行军床、药品及照相器材等。24日晚，考察团商定考察路线和最后分工：李旭旦“总理交际文书事务、沿途考察土地利用及一般地理景色”，任美锷“观察沿途地形兼会计事务”，郝景盛“采集植物观察森林分布兼理交通事宜”，张松荫“考察畜牧羊毛产品兼管行装”。旅程共分为六段：第一段自成都至碧口，出成都平原后，沿涪江上行，越摩天岭至白龙江上之碧口。第二段溯白龙江而北，至两河口转溯岷江而上，以抵洮河转湾（弯）处之岷县。第三段自岷县沿洮河西行，至临潭卓尼而抵旧城，至此分为两队，一队渡洮河南入钟山各沟观察森林农垦，另一队则继续西进。第四段自旧城走草地，经陌务黑错以赴拉卜楞，观察草地之畜牧情形。第五段自拉卜楞沿大夏河而东，经临（宁）夏回民区，以抵兰州。其留卓尼者则自临潭直北，沿洮河而下，二队在兰州复行会合。第六段自兰州乘汽车，循西兰、华双、凤汉宁、成广、成渝各公路线返渝。预计前后共须（需）时间三个月。

7月26日，考察团4人10件行李自重庆出发，“无仆役、无厨丁、无医生、无卫兵”[1]，正式开启了西北考察之旅途。西北考察虽没有西康考察险峻，但考察途中也曾遇到风险，一名滑竿夫丧命途中，颇感惊险。“川甘公路，沿陡壁建筑，工程艰巨，若干处凿壁平岩，成匚形，左缘深渊，上悬危崖，路成未久，裂石悬附，常见崩落。时下午四句钟[2]，距花马仅二里，正进行间，忽闻身后，巨声如雷，知有变异，郝团员奔驰而至，面色惨白，手指悬崖下，口呼‘死矣！死矣！’亟驰往视之，但见老王（王嘉宾，滑杆夫名）头手颤动，下身全压巨石下，血肉模糊，余滑杆夫皆相顾失色，怆惶（仓皇）不前。缘郝团员卧坐滑杆上，经悬崖时，忽闻巨声，仰首则巨石临顶而下，立弃杆跳奔，幸免于难。诚不容间发，老王走避不及，卒罹此灾。余等于心警神骇中奔花马，投公路处监工段，告其事，亟另饬人舁伤者来花马，终以施救不及，入晚气绝，余等心跳未已，夜不成寐。”[3]

10月10日，考察团返达成都。14日晚7时返回重庆。至此共计“三月又四日”的西北科学考察得以结束。次年（1942年），中华自然科学社自然科学考察报告第二种《中华自然科学社西北科学考察报告》得以完成。该报告分四方面内容：李旭旦的《中华自然科学社西北科学考察纪略》，任美锷的《甘南川北之地形与人生》，郝景盛的《甘肃西南之森林》，张松荫的《甘肃西南之畜牧》。当时胡焕庸为国立中央大学地理系主任，中国地理学会及其主办的《地理学报》依托国立中央大学地理系，由胡焕庸掌管。1942年《地理学报》以专刊的形式对《中华自然科学社西北科学考察报告》的4篇文章用中英两种文字全文发表。

三、其他科学考察

除了西康、西北两个科学考察团和叶秀峰以西康建设委员会委员的名义组织的西康考察以外，中华自然科学社很多社员也以个人的身份参与多项科学调查。1939年中英庚款董事会组织的川康科学考察团和天水行营组织的西北科学考察团，1941年曾昭抡带领的西南联大学生大凉山考察团，1942年前中央研究院组织的西北史地考察团和綦江科学考察团，等等，都有中华自然科学社的

① 李旭旦：《西北科学考察纪略》，《地理学报》1942年第00期，第2页。

② 四句钟指四个小时。

③ 李旭旦：《西北科学考察纪略》，《地理学报》1942年第00期，第15页。

参与之功。中华自然科学社社长杜长明利用1938年暑假数月的时间带队考察川西,陪同调查的有社员王昶、辜祖泽以及中央大学化工系学生,调查内容一个是自流井盐矿工场生产,另一个是四川西部化工原料等问题。同一时期,在成都中央大学医学院任教的郑集率领医学院多名同学,调查各地各级人的肺活量,受调查者有万余人。

必须提及的还有严德一对青藏高原的科学调查。严德一时任交通部专员,或因此关系他曾被列入西北考察团交通组。他对青藏高原做过深入调查,中华自然科学社对其考察经过和沿途观感有详细记录。

海外分社的科学调查也是卓有成效。英国分社为了使国内科学界了解国外的科学技术研究的具体情况,"英国分社对英国的科学教育及生产事业作了周密而有系统的调查,订有调查纲要,分期分批进行,自1936年开始到1945年坚持这项调查研究工作。所有调查报告,都陆续寄回总社,刊登于《科学世界》"[①]。欧陆分社为了帮助中国前往德国留学的学生,对德国皇家研究院、各个著名大学及大兵工厂进行了参观与调查,并将其中各大学的概况,刊载在《社闻》上。

第四节　发展科学

尽管中华自然科学社立社精神中宣扬"发展科学,以裕民生",但仅靠科学家自身的研究是不可能实现国家富强的。他们认识到谋求科学发展绝不是一件简单的事情,"欲求我国科学之发展,(一)必须有一安定之国际与国内之环境,俾科学工作人员专心致力于科学研究。(二)政府当局必须对于科学有基本之认识而抱最大决心提倡奖励,使各大学及研究院有充足之图书设备。因提倡奖励不能徒托空言。一如科学家之工作不能脱离其精密之仪器与必备之图书。(三)工商界或企业家为改进其成品应尽量提倡科学研究补助科学事业。(四)社会科学教育之普及使国人深切认识科学与其日常生活之关系,进而自动研究科

① 沈其益、杨浪明:《中华自然科学社简史》,《中国科技史料》1982年第2期。

学”[1]。诚如其言，发展科学是一项系统工程，中华自然科学社除了上述科学研究、科学普及、科学调查3方面工作之外，还为谋求发展科学做了一些其他努力，兹从科学教育、科学交流、科学生产三方面加以补充。

一、科学教育

中华自然科学社曾对科学教育有系统的谋划，尤其是第十四届年会上形成了纲要性的文件。

一、目的

(一)促进科学教育。(二)提高社会对科学之兴趣。(三)发展专门科学研究。

二、办法 分为学校、社会，及研究三项。

(一)学校

甲，小学中学大学各种科学课目应充分设置标本仪器模型图表及实验设备。

乙，各级学校设备应由教育部详细规定种类数量，设立中央科学教育馆负责制造，免费分发各校应用。

丙，设立科学电影厂摄制软片幻灯及活动电影，分发各校或巡回至各校放映。

丁，聘请专家分科编辑各级学校科学教科书，科学教按(案)，科学课外读物，科学期刊，科学画报，科学丛书。

戊，各中小学教师隔数年休假一年或半年，使有进修机会，以便采取最新之教授方法及材料。

(二)社会

甲，设计并制造儿童科学玩具。

乙，编辑民众科学读物，通俗科学画报以及其他通俗性科学刊物。

丙，各大城市宜多设科学博物馆以增加人民对科学之兴趣。

丁，多演有关日常生活之科学电影。

---

① 《发展中国科学之前提》，《科学世界》第十七卷第一期，1948年1月。

戊，各大学宜多设夜校或暑期学校，教授市民各项科学常识及其应用。

己，多举行有表演之科学讲演。

庚，每隔一年或二年由政府选定某特殊科学或某项工业为该年提倡科学或工业。

辛，各省各区至少置有流动科学演讲及表演之设备，如汽车，马车及其他交通工具。

壬，各县民众教育馆多置与科学有关之模型仪器或实验设备。

癸，利用现有之科学团体加以有力之资助，以便作种种提倡科学之工作。

（三）研究

甲，中央宜拨巨款分配与各大学及研究机关并给与种种便利以从事研究。研究人员得有特殊优待，使其安心工作而无他务以分其心。

乙，研究机关不求其多，但每机关之设备如图书药品仪器务求其充实。

丙，鼓励各大工厂设置研究室。

丁，中央政府置一极为完备之参考图书馆，搜集全世界之科学杂志及参考书籍，并备有影印或照像机以便将各种研究人员所需之参考文字复印交与各研究工作人员。此图书馆须备有精通各国文字之研究员，以便各研究机关之询问。

戊，中央政府宜刊行一种极为详尽之科学文摘，分为若干种，分送各研究机关，介绍各国最新之科学文字。

己，中央政府津贴各专门科学学术团体刊行研究文字。

庚，中央政府、各大学、各研究机关尽量设置奖学金，专为鼓励从事研究之工作人员。

三、各项办法实施次序

甲，当此抗战期间，欲求上列各项于短时内举行，颇为不易，似宜于其中选择较为简易之办法先期举行，其他分年渐次推行。

乙，在此抗战期间政府可多利用特殊机会，尽量宣传与兵工有关之科学常识，如飞机、滑翔机、坦克车、机关炮等。[1]

---

①《本社促进科学教育方案纲要》，《社闻》总第五十九期，1942年1月25日，第5-7页。

关于科学教育方面的工作，中华自然科学社倾注心血最多的就是中学生理科教学，该社主要做了以下的工作。

一是编纂中学理科教科书。1934年前国立编译馆委托该社主编一套标准初中理科课本，当即成立编委会，分请各科社员编写，计有算术、代数、几何、物理、化学、动物、植物、生理卫生8种。到全面抗日战争爆发前已陆续编出，全部原稿收存于该社社所。不幸战争爆发，一时未能取出转移后方，以致连同留存的其他文物，尽遭破坏，未能出版。1940年，“感于坊间所售教科书籍颇乏善本，故本社社员采用标准译名，根据国情，搜集材料，编辑中学教科书，以应中学教育之需。现在已编好的有植物、几何、代数、卫生四种，在编辑中的有算术、动物、化学、物理四种”[①]。

二是到各中学举行科学讲演及实验表演。总社及青岛、西北、遵义、成都等分社都曾经常开展这一活动。遵义分社每周在遵义师范学院、县立中学、豫章中学举行理化及生物实验表演，各校师生极为欢迎。

三是邀请中学教师、校长座谈理科教学问题。1935年，总社借全国中学教师来南京开会之际，举行招待会，座谈并解答有关理科教学中的种种问题。1945年总社邀请重庆沙磁区各中学校长举行座谈会，对中学理科教学做了详细的讨论，决定增加前往各校进行科学讲演的次数。1949年该社与各学会在南京举行联合年会时，在南京大学科学馆举行中学理科教学座谈会，南京市40个中学代表80人到会，对当时中学理科教学问题作了广泛的讨论，根据所提意见，归纳成九个方案，分别函送各级教育领导机关参考。

四是举办升学讲习班。全面抗战前，中华自然科学社研究部设立调查股，发动国内外社员调查科学界实业界概况。当时国内社员曾调查全国各大学及高等专科学校理、工、农、医等部门的师资、设备、教学和研究中的专长特点等，分别写成文章，汇成专集，是为《科学世界》第五卷第六期的“自然科学升学指导专号”。该专号卷首刊有15幅各大学校园环境插图，文稿有：李秀峰的《我国科学教育的后顾与前瞻》，罗永锐的《国内大学概况》，颜福庆的《医药人才的迫切需要与培植》，沈其益的《中国农业人才的迫切需要与培植》，叶彧的《中国工业

① 李学通：《中华自然科学社概况》，《中国科技史杂志》2008年第2期。

人才的迫切需要与培植》，筱竹的《数学科升学指导》，汪一言的《物理科升学指导》，李秀峰的《化学科生活指导》（附化工），袁寄奇的《地质科升学指导》，杨浪明的《生物科升学指导》，邓启东的《地理科升学指导》，吴襄的《心理学课升学指导》，徐国屏的《农科升学指导》，李正雄、叶彧的《工科升学指导》，乔树民、柯士铭的《医科升学指导》，最后还附有《报考各大学旅宿指南》。1942年、1943年，西北分社曾利用暑假举办升学讲习班，为考生补授数学、物理、化学及生物各学科，借以提高中学毕业生的科学水平。

五是设置科学论文奖金。1945年顾学箕、顾学裘二社员提交总社三万元，作为科学奖金，用于奖励中学生写作优秀科学论文。西北、成都两分社也曾设置中学生论文奖金，举行科学论文比赛。邓静中在《科学世界》第7卷第6期发表的《科学与抗战》就是获得成都分社奖金的论文。

二、科学交流

中华自然科学社特别注重同科技文化界各方面的交流。该项工作又可分为国际和国内两方面。国际科技文化交流方面最重要的是创办了《中国科学》（抗战胜利后改名为《中国科学与建设》）和《科学文汇》。《中国科学》为全面抗战期中对外报道中国科学研究与进展的英文刊物，纯粹是中国人科学研究方面的著述，在重庆和英伦两地同时发行。从1942年出刊至1945年停刊，共出版10期刊物。《中国科学》后改组为双月刊《中国科学与建设》，英、美等国均有销售，1948年发行以来至1950年，共出版3卷18期。《中国科学》的内容为“报道我国科学研究、工程技术、经济建设各方面的新进展，并包括科学研究机关、大型工程、科学团体、科学界人物、科学及工程书刊的介绍”[1]。该刊的办刊水准得到国际社会的认可，“短短的一年中，多亏主编吴学周、沈昭文两先生的努力，已建立很好的基础，国内外的流通很广，英国自然界（Nature）杂志，有很好的介绍

① 沈其益、杨浪明：《中华自然科学社简史》，《中国科技史料》1982年第2期。

认为极可欢迎的刊物。世界上各角落都有订阅和要求交换的信件”[①]。

全面抗战期间，国外刊物难以购得，科研资料极为缺乏，并且有的国外刊物本身极少流通，鉴于这样的背景，为了帮助大后方从事科学研究，介绍欧美科学界的最新成就，中华自然科学社遂创设了《科学文汇》，散发后方学术机关，并寄送延安自然科学院。该刊从英美等国所赠送的科学图书、影片等各种参考资料中，选取重要资料并参考最急需的内容，用英文打字复印，该刊内容分为物质科学、生物科学、工程科学、医学科学4大类，前3类各曾出12期，最后一类曾出8期。1943年出刊，1945年停刊。

1943年，英国科学界代表著名科学家李约瑟博士来到重庆，对中国科学家致力于艰苦的抗战工作表示敬佩，还带来英国科学工作者协会致中华自然科学社信函，希望相互保持密切联系，加强协作。这为中英科学文化交流搭建了一座桥梁，李约瑟被聘为《科学文汇》顾问，后协助社员朱树屏为国内高校进口大量实验器材，同时中华自然科学社英国分社也能够派出代表参加英国各种科学集会。1944年3月22日，中华自然科学社又专门成立了国际科学工作委员会，负责与欧美各国科学界的合作事宜。1945年，英国文化委员会地理学家罗士培教授来华访问调查期间，他接受中华自然科学社邀请，做了两次专题学术报告。同年度，在北碚举行第十八届年会时，中华自然科学社邀请从苏联考察回国的丁燮林做了《苏联的科学》的报告。1946年2月初，社员涂长望参加伦敦召开的“科学与人类福利会议”，并在会上做《科学改善人类福利之先决条件与实施方案》的讲演。此外，中华自然科学社还与加拿大科学工作者协会国际联络部互通音讯，表示友好。前述《巴夫洛夫纪念集》是由中华自然科学社与中苏文化协会合编的，也是对外文化交流的很好典范。

国内方面，中华自然科学社与中国科学工作者协会、中国科学社等其他科学团体均有合作。早在重庆时期即与前者经常合作，进行各种学术活动，许多协会会员也是中华自然科学社社员。1946年12月21日，中华自然科学社与中

---

① 李国鼎：《这一年——科学世界、中国科学与建设和中华自然科学社》，《科学世界》第十七卷第十二期，1948年12月。

国科学社共同推选委员21人合组中国科学促进会，计划进行调查登记全国科学技术人才，出版中国科学人名录，调查国内外科学研究机关，搜罗研究资料，出版科学年鉴等多项工作，“谋全国科学工作者的大团结，以求中国科学研究与教育事业的发展，并广泛推动科普事业的发展”。1947年至1949年，中华自然科学社“先后与中国科学社及天文、物理、化学、气象、地理、动物、植物、解剖、土壤、药学、地球物理等专门学会举行联合年会，也是一种合作方式”[①]。

三、科学生产

中华自然科学社从开发资源、扩充社会物资、增加收入等角度考虑，经营实业，此可谓科学生产。其主要经营了以下各项生产实体。一是参加川康实业公司。为了有效开发四川西部和西康东部的煤、铁、硫黄、沙金等川康丰富的自然资源，1939年中华自然科学社联络川康两省实业界人士，先后成立灌县煤铁厂、大川冶炼厂、天全硫黄铁矿厂。大川一厂由该社社友主持，曾开采铁砂，出产铁材和木炭，供后方使用。1942年3月，社员李秀峰等人联合川康两省实业家，组织创办主要从事贸易、实业、金融业务的川康实业公司，启动资金约7000万元，股份为70万股，其中公股约40万元，商股约30万元。公司总部设在重庆，下设四川机器公司、四川农业公司、西康毛革公司、四川丝业公司、富源水力发电公司、成都自来水公司、灌县水电厂等多个子公司，还拥有五通桥盐区矿权。创办初期的川康实业公司获利较大，在西南产生了较大影响，但1945年后，因管理经营不善、政府的压制、物价波动严重等不利因素，导致无法正常经营，逐渐衰落直至倒闭。二是开办云南砖瓦制窑厂。1938年，国民政府及各企事业单位纷纷涌入西南地区，当地建筑材料供不应求，昆明分社乃合资开办砖瓦厂，后因物价波动，终至停业。三是屈伯传筹设制革厂。1938年，从事鞣料研究的屈伯传自德国学成归国，为适应全面抗战需要，“正在用其所学筹设一大规模之制革厂，资本约需二十万元，筹备已俱端倪。皮革内地出产量颇丰，但鞣料必需购自

① 沈其益、杨浪明：《中华自然科学社简史》，《中国科技史料》1982年第2期。

外洋，迩来外汇高涨，市价倍蓰，且有供不应求之势，屈社友为应此急需，拟先从鞣料之制造着手云”[①]。四是筹设中华化验所。1947年初，在上海市四川中路33号企业大厦，中华自然科学社计划将筹建电台的款项改建中华化验所，以谋为工商界解决原料鉴定的难题。事起仓促，设备刚刚准备就绪，就受制于国民党金融政策的影响，国统区经济日趋崩溃，惶惶不可终日的工商界无暇按部就班工作，化验所也因客户资源枯竭而终致停顿。

①《社友活动·屈伯传社友筹设制革厂》，《社闻》总第四十八期，1938年8月20日，第7页。

附录一　中华自然科学社章程

(一)《本社总章》

《本社总章》

(民国)十八年

第一章　定名

第一条　本社定名为中华自然科学社。

第二章　宗旨

第二条　本社以研究及发展自然科学为宗旨。

第三章　社员

第三条　本社社员分为下列三种:(一)普通社员,(二)赞助社员,(三)名誉社员。

第四条　普通社员。凡研究自然科学,或从事自然科学事业,赞成本社宗旨,得本社社员二人之介绍,经社务会之选决者,得为本社普通社员。

第五条　赞助社员。凡捐助本社经费,产业,及书籍仪器等,其价值在五十元以上,或有其他之赞助,经社务会提出,得年会社员过半数之选决者,得为本社赞助社员。

第六条　名誉社员。凡于自然科学之学术或事业上有特别成绩,经社务会之提出,得年会社员过半数之选决者,得为本社名誉社员。

第四章　组织

第七条　本社设社务会,管理社内一切事务。

第八条　社务会以七人组织之。

第九条　社务会会员任期各一年,由全体社员投票选决。

第十条　社务会设主任一人,书记,学艺,会计,事务各一人,由社务会中互选之。社务会主任,即为本社社长。

第十一条　社务会之职权如下:(一)议决本社组织及政策。(二)推举候选名誉社员及赞助社员。(三)选决普通社员。(四)司理社中财政出纳,并编造每年预算,决算,报告于年会。(五)报告每年社务成绩于常年大会。(六)管理本社各种财产及基金。

第十二条　社长代表本社,总理社务会一切事务。社长因事不能执行职务时,由书记代行之。

第十三条　书记之职务如下:(一)管理开会一切程续(序)。(二)记录及编订社务会,年会会议事件及其他报告。(三)管理社员入社一切手续,及保存社员姓名住址及履历。(四)收发本社各种文件。

第十四条　会计之职务如下:(一)经理本社一切银钱出纳及保管之,惟基金则由基金委员会保管。(二)编造预算表,报告收支及财产状况。

第十五条　事务:经理采买及各项杂务,并管理书籍仪器房屋等产业。

第十六条　学艺:领导学术研究,管理研究成绩,及主持出版事件。

第五章　社务

第十七条　本社社务预定下列六种,以事之难易为举办先后之标准。(一)举行科学讲演以普及科学知识。(二)设立科学图书馆以便学者参考。(三)设立博物馆,搜集学术上,工业上及动植矿各种标本而陈列之,以备研究。(四)设立研究所,施行科学上之实验,以求科学之进步,及其事业之发展。(五)发刊杂志,著译科学书籍,以传播科学及便利研究。(六)组织科学旅行团,作实地之调查与研究。

第六章　社员权利及义务

第十八条　社员之权利如下:(一)有选举权及被选举权(赞助社员及名誉社员不能享有此项权利)。(二)得参预(与)本社常年会及特别大会,并得提议各项议案。(三)得享受本社发行之期刊及其他印刷物。(四)得向本社所设之图书馆,博物馆及研究所借用图书仪器及标本。

第十九条　社员之义务如下:(一)有遵守本社一切社章之义务。(二)有担任研究,调查,讲演及投稿社刊之义务。(三)有向社务会报告研究工作之义务。(四)有发展本社之义务。

第二十条　普通社员不缴常年会费至一年以上者,本社得停止其各种权利。但经缴足欠费,或经多数社员之公允,得恢复其权利。

第廿一条　社员于一年内,既不向本社通信或填寄表格,又不缴纳常年会费,基金捐及工作报告者,以出社论。

第廿二条　本社社员有损坏本社名誉之行为时,及社员之已完全离弃科学事业者,社务会得以四分之三之多数决议,宣布除名。

第廿三条　本社为纯粹学术团体,社员不得以本社名义,参加政治活动,惟以个人名义行动者不在此限。

第廿四条　社员如有自愿出社者,得具函向社务会请求退出。

第七章　社费

第廿五条　普通社员应缴常年费四元,入社费五元,常年费每年分两期缴纳,学生时代减半征收,入社费可暂不缴纳,俟有收入时补缴。

第廿六条　社员所缴之费,均交本社会计,或会计指定之人员。

第八章　年会

第廿七条　年会每年举行一次,其时期及地点由社务会决定,先期通知各社员。

第廿八条　年会分学术及社务两部。

第廿九条　学术部有下列各事项:(一)讲演科学原理及社员个人研究之著作或论文。(二)讨论关于自然科学之一切问题。

第三十条　社务部有下列之各事项:(一)决议社务会及社员提交之议案。

(二)修定(订)本社总章。(三)推举查账员二人,查核基金,财产,及收支账目,报告之于年会。(四)决选名誉社员及赞助社员。(五)改选社务会职员。

第卅一条　年会以全体社员十分之一为法定人数。

第九章　分社

第卅二条　凡各地社员在十人以上,得向社务会申请设立分社,经社务会通过后始得成立。其职务及社章须根据本社总章拟定,经社务会核准后,始能发生效力。

第十章　社友会

第卅三条　凡各地社员在三人以上,得向社务会申请设立社友会,经社务会通过后,始得成立。其职务及会章须根据本社总章拟定,经社务会核准后,始能发生效力。

第十一章　修改章程

第卅四条　本章程经社务会,或社友十人以上之提议,得年会到会人数三分之二之通过,或由社员通信投票得五分之四之同意,得修改之。但二十二及二十三两条,须经全体社员同意后,始得修改。

(二)《中华自然科学社章程》

《中华自然科学社章程》

(民国)二十九年

第一章　定名

第一条　本社定名为中华自然科学社。

第二章　宗旨

第二条　本社以研究和发展自然科学为宗旨。

第三章　社员

第三条　本社社员分为下列四种:(一)普通社员,(二)永久社员,(三)赞助社员,(四)名誉社员。

第四条 普通社员，凡研究自然科学或从事自然科学事业赞成本社宗旨得本社普通社员二人之介绍经社务会之选决者，得为本社普通社员。

第五条 永久社员，凡普通社员在一年内一次或二次缴定五十元社费者，即为永久社员，以后不再缴常年费，其他权利与普通社员同。

第六条 赞助社员，凡捐助本社经费、产业、书籍、仪器或其他赞助，经社务会提出，得年会社员过半数之选决者，得为本社赞助社员。

第七条 名誉社员，凡于自然科学之学术或事业上有特别成绩经社务会之提出得年会社员过半数之选决者得为本社名誉社员。

第四章 社员权利及义务

第八条 社员之权利如下：

(一)普通社员得出席本社年会，赞助社员及名誉社员得列席本社年会。

(二)社员得享受本章程所规定之选举权及被选举权。

(三)社员皆得享受本社出版物，并得利用本社所设图书馆、博物馆及研究所之各项设备。

第九条 社员之义务如下：

(一)有遵守本社一切章程之义务。

(二)有担任研究，调查，讲演及投稿社刊之义务。

(三)有向社务会报告研究工作之义务。

(四)有发展本务(社)之义务。

第十条 普通社员不缴纳常年费至一年以上者，社务会得停止其各种权利，但经缴足欠费，得恢复其权利。

第十一条 普通社员于二年内既不向本社通信或填寄表格，又不缴纳常年费及工作报告者，以出社论，所有出社社员应由社务会提交年会决议之。

第十二条 本社社员有损坏本社名誉之行为时，及社员之已完全离弃科学事业者，社务会得以四分之三多数决议宣布除名。

第十三条 本社为纯粹学术团体，社员不得以本社名义参加政治活动。

第十四条 社员如有自愿出社者得具函向社务会请求退出。

第五章　经费

第十五条　普通社员应缴常年费四元,入社费五元,常年费每年每期缴纳,学生时代减半年征收,入社费暂不缴纳,俟有收入时补缴。

第六章　社务

第十六条　本社社务预定下列八种,以事之难易为举办先后之标准。

(一)举行科学讲演,以普及科学知识;

(二)设立科学图书馆,以便学者参考;

(三)设立博物馆,搜集学业上、工业上及动、植、矿各种标本而陈列之;

(四)设立研究所,施行科学上之实验,以求科学之进步及其事业之发展;

(五)刊行杂志,著译科学书籍,以传播科学及便利研究;

(六)组织科学旅行并作实地之调查与研究;

(七)联络中小学理科教师,共谋改良教育;

(八)受公私机关之委托,研究及解决关于科学上之一切问题。

第七章　董事会

第十七条　本社设董事会,以董事九人组织之。

第十八条　由社务会就本社名誉社员、赞助社员、普通社员中,选定候选董事若干人,候选人数超过当选人数以上,提出年会,经到会社员过半数之同意,选决九人,社长为当然董事,合为九人。

第十九条　除当然董事外,各董事任期均为三年,每年改选二人或三人,连选得连任。

第二十条　董事会设主席一人,由董事互选产生,书记一人,由董事会就理事中择任之。

第廿一条　董事会之职务如下:(一)襄赞社务会,计图本社之发展;(二)筹措经费与办本社各种科学事业;(三)审核本社财政出纳及预算决算;(四)向年会及社务会报告募集基金及各种捐款。

第廿二条　董事会每年至少开会一次,开会日期及地点临时酌定,遇有重要事件不及会议得由通信表决。

第廿三条　董事会办事细则由董事会根据社章另定之。

第八章　社务会

第廿四条　本社设理事九人,组织社务会处理社务。

第廿五条　本社社务会下设总务、组织、学术及社会服务四部,每部设主任一人,由社务会聘任之。

第廿六条　社务会理事任期三年,每年改选三分之一,于每年年会前用通信选举法选出,其办法另定之。

第廿七条　社务会设主席一人,即为本社社长,由理事互选之,任期一年,连选得连任,但不得超过三次以上。

第廿八条　社务会之职权如下:(一)决定本社方针,实行本社计划;(二)推举候选名誉社员、赞助社员及董事;(三)选决普通社员;(四)掌理社中财政出纳,并编造每年预算、决算;(五)报告每年社务于年会;(六)管理本社各种财产及基金。

第廿九条　社长代表本社总理社务会一切事务。社长因事不能执行职务时,得委托其他理事代理之。

第三十条　组织部司理社员调查、登记社闻之举行及其他一切关于社员之联络事项,其组织细则由社务会另定之。

第卅一条　总务部司理文书、事务、会计及其他各部之事项,其组织细则由社务会另定之。

第卅二条　学术部司理之事务(如图书收集及专门刊物之编辑及一切关于学术研究等),其组织细则由社务会另定之。

第卅三条　社会服务部司理科学普及事项及科学建设事业,其组织细则由社务会另定之。

第卅四条　社务会得视事实之需要,组织各种委员会,办理特种事项,其组织法由社务会规定之。

第九章　年会

第卅五条　年会每年举行一次,其时期及地点由社务会决定,先期通知各社员。

第卅六条　年会讨论分学术及社务两部分举行。

第卅七条　学术部分有下列各事项:(一)讲演科学原理及社员个人研究之著作或论文;(二)讨论关于自然科学之一切问题。

第卅八条　社务部分有下列各项:(一)决议董事会、社务会及社员提交之议案;(二)修定本社章程;(三)推举查账员查核基金财产及收支账目报告之于年会;(四)选决赞助社员、名誉社员及董事。

第十章　学组

第卅九条　社务会为发展各门学科事业起见,得设立学组,直隶社务会,其组织条例由社务会另定之。

第十一章　分社

第四十条　凡各地社员在十人以上,得向社务会申请设立分社,经社务会通过后始得成立,其组织及社章须根据本社章程拟定,经社务会核准后,始能发生效力。

第十二章　社友小组

第四十一条　凡各地社员在三人以上得向社务会申请设立社友小组,经社务会通过后始得成立,其服务简章须根据本社章程拟定,经社务会核准后,始能发生效力。

第十三章　修改章程

第四十二条　本章程经社务会或社友十人以上之提议,得年会到会人数三分之二之通过或由社员通信投票得五分之四之同意得得修改之。第十二第十三两条须经全体社员同意后,始得修改。

附录二　中华自然科学社结束社务宣言

中华自然科学社结束社务宣言

——为全国科学界的大团结而奋斗

中华自然科学社全体社员认为历史所赋予本社的任务，到了人民胜利的今日，确已全部完成。因此一致主张在1951年3月底结束任务。我们全体社员庄严而愉快地宣布中华自然科学社光荣的结束。

本社成立迄今已23年。我们始终坚持在科学岗位上，为祖国的建设和人民的幸福献出一切力量。

我们认为建设中国成为现代化的国家，必须树立自己的科学基础。而且应使科学为广大人民所掌握，为增进人民的幸福而服务。为要达到这个目的，全国的科学工作者，应该破除狭隘的宗派观念，广泛地团结起来，才能加速我国科学的发展。这是本社成立以来的中心思想和工作指针。

在以往二十三年的岁月里，因为处在反动统治的年代，科学事业不可能滋长起来。虽然我们集中了2000多社员，共同努力，先后出版的期刊计有《科学世界》《科学文汇》和《中国科学与建设》。此外还编集了多种国防科学丛书和报纸的科学副刊，举办了科学展览会、考察团和讲演会等项工作。但是当整个中国处在封建势力和帝国主义的双重压迫下，人民的经济日益萎缩，科学必然只能成为社会的装饰品。在这种情况下，我们多数社员在忍受了苦痛之余，还是坚持了自己的工作岗位，互相砥砺，从事于一些有利于人民的工作。而有些社员，认识到科学不能超政治，超阶级的真理，先后参加了革命的阵营，献身于解放事业。

今天人民胜利了，全中国获得解放。自然科学工作者也从帝国主义和封建势力的重重压迫之下，得到了解放，成为人民政权的一员。事实证明：只有人民掌握了政权，自然科学才可能得到重视。在人民政协的共同纲领中，一再强调发展自然科学为国家主要政策之一，使全国科学工作者，得到极大的鼓励。在不久的将来，他们一定能够获得工作上的一切必要条件，更好地为人民服务。

同时，我们认为要使科学工作者充分发挥集体为人民服务的力量，就必须扩大团结。因此在1949年7月，本社和中国科学工作者协会，中国科学社，东北自然科学研究会四个团体共同发起召开了中华全国科代会筹备会，在1950年8月召开了中华全国自然科学工作者代表会议，成立了中华全国自然科学专门学会联合会和中华全国科学技术普及协会，分别领导今后全国的科学提高和普及工作。

这样，全国的自然科学工作者，有了统一的组织，可以集中力量，为人民的事业而服务。而全国解放，人民自己掌握了政权，又为今后自然科学的发展铺平了一条广阔的道路，因此本社所负倡导科学的历史任务，已告完成。我们一致决定在1951年3月底，结束本社任务。使本社的组织和事业溶汇在全国科学界的大团结中，我们全体社员必能把以往支持本社的努力和决心，积极的贯注在新生的机构之中，为新中国的科学建设而奋斗。

我们已经踏进历史发展的一个新阶段，让我们全国的科学工作者，共同掌握团结胜利的旗帜，为祖国的生产和国防建设而努力，使中华人民共和国以一个具有高度科学的国家出现于世界。

中华自然科学社

1951年4月10日

主要参考文献

一、档案文献

(一)档案

[1]《国立中央大学概况》,《中央大学十周年纪念册》(1937年),中国第二历史档案馆藏,国立中央大学档案。

[2]《利用暑假推销〈科学世界〉可得助学金》,《国立中央大学学生申请的工作自助请证明家境清寒》(1940年起,1948年止),南京大学档案馆藏,全宗号:01,案卷号:4960。

[3]《社闻》总第四十七、四十八、四十九、五十二、五十四、五十五、五十八、五十九、六十一、六十二、六十五、六十七、六十八、七十、七十一、七十二期,1938年-1948年。

[4]《胜利声中谈复员》,《中央周刊》第7卷第34、35期合刊,1945年9月7日。

[5]《校务会议记录》,1937年9月4日,国立中央大学档案,中国第二历史档案馆藏缩微胶卷。

[6]《中华自然科学社成都分社举办科学公开演讲·各科学间关系之检讨》,中国第二历史档案馆,全宗号:六四九,案卷号:115。

[7]《中华自然科学社成立二十周年募集基金专册》,1946年,南京市图书馆藏。

[8]《中华自然科学社第二届年会年刊》,1929年,北京大学图书馆藏。

[9]《中华自然科学社西北科学考察团计划大纲》,中国国家图书馆缩微胶卷。

[10]《中华自然科学社西康考察团报告》,中国国家图书馆缩微胶卷。

[11]《中华自然科学社职员名录》,南京大学档案馆藏,全宗号:六四八,案卷号:6067。

[12]李鸿章:《请设外国语言文字学馆折》,《李文忠公全书·奏稿》卷三,1905年刊本。

[13]曾国藩:《曾文正公全集·奏稿》,世界书局,1936年版。

[14]中国国民党中央委员会党史委员会:《罗家伦先生文存》第8册,(台北)国史馆,1989年版。

[15]中华自然科学社成都分社组织股:《成都社讯》创刊号,1938年8月15日版,中国国家图书馆缩微胶卷。

[16]中华自然科学社成都分社组织股:《成都社讯》第二卷第一期,1939年8月15日版,中国第二历史档案馆,全宗号:六四八,案卷号:2612。

[17]中华自然科学社组织部编印《中华自然科学社社友录》,1941年4月,中国国家图书馆缩微胶卷。

(二)报纸

[1]《中央日报》

[2]《人民日报》

[3]《申报》

(三)民国期刊

[1]《科学世界》

[2]《科学大众》

[3]《大学院公报》

[4]《科学的中国》

[5]《中央周刊》

[6]《地理学报》

[7]《科学》

[8]《中国科技史料》

二、著作、论文集

[1]戴美政:《曾昭抡》,群言出版社,2013年版。

[2]霍益萍等:《科学家与中国近代科普和科学教育——以中国科学社为例》,科学普及出版社,2007年版。

[3]蒋宝麟:《民国时期中央大学的学术与政治1927—1949》,南京大学出版社,2016年版。

[4]李约瑟:《中国科学技术史》(第四卷),科学出版社,1975年版。

[5]刘训华:《困厄的美丽——大转局中的近代学生生活(1901—1949)》,华中科技大学出版社,2014年版。

[6]冒荣:《科学的播火者:中国科学社述评》,南京大学出版社,2002年版。

[7]孟文卓主编《余瑞璜》,吉林大学出版社,2016年版。

[8]齐明月选编《民国风度》,中国言实出版社,2015年版。

[9]任鸿隽:《科学救国之梦 任鸿隽文存》,上海科技教育出版社,上海科学技术出版社,2002年版。

[10]任鸿隽:《任鸿隽谈教育》,辽宁人民出版社,2015年版。

[11]沈其益:《科教耕耘七十年》,中国农业大学出版社,1999年版。

[12]孙懋德、田守智编《屈伯川传略》,大连理工大学出版社,2014年版。

[13]王炳华,董宝良主编《中国教育思想通史》第7卷1927-1949,湖南教育出版社,1994年版。

[14]王鑫:《重回民国上学堂》,湖北人民出版社,2013年版。

[15]王渝生主编《奋斗与辉煌——中华科技百年图志(1901—2000)》,云南教育出版社,2002年版。

[16]闻岩主编《周恩来大事本末》,江苏教育出版社,1998年版。

[17]谢清果:《中国近代科技传播史》,科学出版社,2011年版。

[18]严济慈:《严济慈科技言论集》,上海教育出版社,1990年版。

[19]袁翰青:《中国化学史论文集》,生活·读书·新知三联书店,1956年版。

[20]章道义主编《中国科普名家名作》,山东教育出版社,2002年版。

[21]赵新那、黄培云编《赵元任年谱》,商务印书馆,1998年版。

[22]郑集:《郑集科学文选》,南京大学出版社,1993年版。

[23]中国科协发展研究中心课题组编《近代中国科技社团》,中国科学技术出版社,2014年版。

[24](韩)李宽淑:《中国基督教史略》,社会科学文献出版社,1998年版。

三、期刊论文

[1]樊洪业:《“中华全国第一次自然科学工作者代表大会筹备会”留影》,《中国科技史杂志》2013年第1期。

[2]范铁权、韩建娇:《中华自然科学社与民国科学体制化的演进》,《自然辩证法研究》2012年第8期。

[3]范铁权:《20世纪30年代科学化运动中的社团参与》,《科学学研究》2010年第9期。

[4]韩建娇:《中华自然科学社之科学考察》,《大众文艺》2010年第9期。

[5]蒋宝麟:《抗战时期中央大学的内迁与重建》,《抗日战争研究》2012年第3期。

[6]李学通:《中华自然科学社概况》,《中国科技史杂志》2008年第2期。

[7]刘新铭:《关于“中国科学化运动”》,《中国科技史料》1987年第2期。

[8]刘瑛、昭质:《抗战时期中央大学西迁重庆沙坪坝》,《档案记忆》2017年第1期。

[9]彭光华:《中国科学化运动协会的创建、活动及其历史地位》,《中国科技史料》1992年第1期。

[10]孙磊、张培富、贾林海:《〈中国科学通讯〉与大后方的对外科学交流(1942-1945)》,《自然科学史研究》2016年第1期。

[11]陶贤都、罗元:《〈科学世界〉与中国近代科学技术传播》,《科学技术哲学研究》2010年第4期。

[12]陶贤都、罗元:《试论〈科学世界〉的办刊宗旨与编辑特色》,《中国科技期刊研究》,2010年第5期。

[13]王细荣、潘新:《中国近代期刊〈科学世界〉的查考与分析》,《中国科技

期刊研究》2014年第4期。

[14]王扬宗:《1949-1950年的科代会:共和国科学事业的开篇》,《科学文化评论》2008年第2期。

[15]许小青:《南京国民政府初期中央大学区试验及其困境》,《近代史研究》2007年第2期。

[16]尹恭成:《近现代的中国科学技术团体》,《中国科技史料》1985年第5期。

[17]张剑:《中国科学社与科学社团》,《科学》2005年第6期。

[18]张守涛:《焦土红花:抗战时期的国立中央大学》,《同舟共进》2017年第1期。

[19]周雷鸣 李贝茜 费卫 张周卫:《赵守训教授对国立药专的回忆》,《档案与建设》2014年第4期。

四、学位论文

[1]范铁权:《中国科学社与中国的科学文化》,南开大学2003年度博士学位论文。

[2]韩建娇:《中华自然科学社研究》,河北大学2010年度硕士学位论文。

[3]贺金林:《抗战胜利后国民政府教育复员研究》,中山大学2007年度博士论文。

后记

2016年11月初冬时节，在邢台县栗树坪深山区徒步考察长城时，时断时续的信号中，意外接到中国教育科学研究院研究员储朝晖先生的电话，告知其正在主持“中国现代教育社团”项目，并委托我撰写《中华自然科学社史》。对于一个元史方向的博士而言，虽感力不从心，但由于十余年邢台学院“百年校史”的研究积累，再加上储先生的盛情，实在推辞不得。如是，自然而然又将自己带回到读博期间的紧张氛围中。

真正进入状态是到国家图书馆搜集资料时，这才深刻体会到“远观森林（古代史）、近赏树木（近现代史）”的不小差别。与古代史相比，近现代史显得更真切，其资料庞杂、人物众多、交织密切，尤其是自鸦片战争以来赛先生（即“Science”，音译“赛因斯”，意为“科学”）在中国的特殊境遇、中华自然科学社的组织松散、重要史料《社闻》的不连续、抗日战争的深刻印痕、西方文化的渗透，等等，凡此种种，都增加了研究难度。

印象特别深刻的难题是人名的识读、考究。中华自然科学社自身人物众多，大多是近现代知名科学家，深受传统文化浸润的科学家姓名、字号时代性很强，再加上出国深造受到欧美文化的感染，还有革命、政治等因素造成的改名换姓，如印刷、书写、简繁字体、异体字等，都使得人物考证花费了不小的精力。比如曾鼎和，又名曾鼎禾、曾禾生；数学家李达（近代有多个名人李达），字“仲珩”，常常以字行；参加十九届年会的教育部代表赵参事，等等，都必须详加推敲，才能得其真身。另如事关中国气象局副局长卢鋈的卒年，也颇费了一番工夫，在各种科学家传记中，甚至1999年出版的《安徽省志·人物志》中均未找到，最终在《未雨绸缪、运筹帷幄——一次高层次决策服务纪实》(赵同进、朱振全主编《十年文萃〈中国气象报〉创刊十周年优秀作品选集》,气象出版社,1999年版,第248页)一文中发现这样一句话"刚刚参加完原中央气象局副局长卢鋈同志遗体告别仪式的邹竞蒙局长在车上异常沉静",算是解决了这一问题。张昌绍先生出生年本来为1906年,但有不少书籍(至少有四部)错误记载为1909年。类似情况比比皆是。当然,凡此种种些微问题的考证虽能发扬"乾嘉学派"精神,但也给整体研究带来瑕疵。如对科学问题本身的思考、科学在中国发展的具体路径、中华自然科学社在中国科技史上的地位及其与中国科学社的关系,等等,诸如此类的问题,明显用功不足。

研究过程中,常常念叨姚雪垠先生的座右铭"耐得寂寞,才能不寂寞,耐不得寂寞,偏偏寂寞",又时常设想当年宋代邵雍在苏门山安乐窝推演先天图的情景。掩卷深思,辛劳之余也是颇感欣慰,不断发现感人至深的那些人、那些事。曾昭抡、郑集、吴有训、谢立惠等人,为国家、为人民、为科学、为社会,"心底无私天地宽"。这些科学家大多数既有深厚的中华传统文化底蕴,又在西方先进思想文化中接受过熏陶,艰苦岁月,尤其是全面抗战期间,《社闻》出版困难,西康科学考察团历尽艰险,只有经历内忧外患动荡岁月的这些先贤,才能迸发出令人炫目的光芒。我的内心油然而生钦佩,也对"坚忍不拔"更多了一份感触。

本文写作过程中,项目总负责人储朝晖先生给予精心指教,中国科学院自然科学史研究所研究员孙承晟先生认真审阅并提出宝贵建议,西南大学出版社尹清强先生和责任编辑伯古娟女士给予诚挚帮助,南京大学档案馆王老师和国家图书馆、中国第二历史档案馆、南京图书馆、北京大学图书馆等几多不知姓名老师对我热情接待,邢台学院、河北工程大学同仁也真诚关照,还有全家的默默支持,在此,一并致谢。

葛仁考

2022年5月16日

葛仁考,男,1969年生,河北邢台人,历史学博士;先后就读于河北师范大学历史系、内蒙古大学蒙古学学院、南开大学历史学院;早年在中学教书十年,研究生毕业后工作于邢台学院近廿载,现为河北工程大学马克思主义学院讲师;在《历史教学》《图书情报知识》《内蒙古大学学报》等期刊发表学术论文二十余篇,出版专著两部。

丛书跋

2012年完成自己主编的2012年度国家出版基金资助项目“20世纪中国教育家画传”后，就策划启动新的研究项目，于是决定为曾在中国教育现代化过程中发挥巨大作用而又少有人知的教育社团写史，并在2013年3月拿出第一个包含8本书的编撰方案。当初怎么也没想到这一工作一再积累后延，几乎占用了我8年的主要时间，列入写作的社团一个个增加，参加写作的专家团队、支持者和志愿者不断扩大，最终汇成30本书和由50多位专家组成的团队，并在西南大学出版社鼎力支持下如愿以偿地获得2019年度国家出版基金资助。

1895年中日甲午海战中国战败后，中国社会受到强烈震动，有识之士勇敢地站出来组建各种教育社团，发展现代教育。1895年到1949年，在中国传统教育向现代教育转化、嬗变的过程中，产生了数以百计的教育社团。中华教育改进社等众多的民间教育社团在中国教育现代化进程中都曾发挥过重要的、甚至是无可替代的作用，到处留下了这些社团组织的深深印记，它们有的至今还在发挥着潜移默化的作用，它们是中国教育智库的先声。

但随着时间的推移，知道这段历史的人越来越少。教育社团组织与中国教育早期现代化既是一个有丰富内涵的历史课题，更是一个极具现实意义的实践课题。挑选“中国现代教育社团史”这一极为重大的选题，联合国内这一领域有专深研究的专家进行研究，系统编撰教育社团史，既是为了更好地存史，也是为了有效地资政，为当今及此后教育专业社团的建立、发展和教育改进与发展提供借鉴，为教育智库发展提供独具价值的参考，为解决当下中国教育管理问题提供借鉴，从而间接促进当下教育质量的提升和《中国教育现代化2035》目标的实现。简言之，为中国现代教育社团修史是一项十分有意义的工作。

在存史方面，抢救并如实地为这些社团写史显得十分必要、紧迫。依据修史的惯例，经过70多年的沉淀，人们已能依据事实较为客观地看待一些观点，为这些教育社团修史，恰逢其时；依据信息随时间衰减的规律，当下还有极少数人对70多年前的那段历史有较充分的知晓，错过这个时期，则知道的人越来越少，能准确保留的信息也会越来越少，为这些社团治史时不我待。因此，本套丛书担当着关键时段、恰当时机、以专业方式进行存史的重要责任。

在资政方面，为中国现代教育社团修史是一项十分有现实意义的工作。中国教育改革除了依靠政府，更需要更多的专业教育社团发展起来，建立良性的教育评价和管理体系，并在社会中发挥更大的作用。社团是一个社会中多种活力的凝结和显示，一个保存了多样性社团的社会才是组织性良好的社会，才是活力充足的社会。当时的各个教育社团定位于各自不同的职能，如专业咨询、管理、评价等，在社会和教育变革中以协同、博弈等方式发挥出巨大的作用。它们的建立和发展，既受到中国现代新式教育发展的制约，又影响了中国现代新式教育发展的进程。研究它们无疑会加深我们对那个时期中国新式教育发展过程中各种得失的宏观认识，有助于从宏观层面认识整个新式教育的得失，进而促进教育质量和品质的提升。现今的教育社团发展不是在一张白纸上画画，1900年后在中国产生的各种教育社团是它们的先声。为中国现代教育社团修史将会为当下及未来各个社团的建立发展和教育智库建设提供真实可信而又准确细致的历史镜鉴。

做好这项研究需要有独特的史识和对教育发展与改革实践的深刻洞察，本丛书充分运用主编及团队三十余年来从事历史、实地调查与教育改革实践研究的专业积累。在启动本研究之前，丛书主编就从事与教育社团相关的研究，又曾做过一定范围的资料查找，征集国内各地教育史专业工作者意见，依据当时各社团的重要性和历史影响，以及历史资料的可获取性，采用既选好合适的主题，又选好有较长时期专业研究的作者的“双选”程序，以保障研究的总体质量，使这套丛书不仅分量厚重，质量优秀，还有自己的特色。

本丛书的“现代”主要指社团具有的现代性，这样的界定与中国教育现代化进程相吻合。以历史和教育双重视角，对中华教育改进社等具有现代性的30余个教育社团的历史资料进行系统的查找、梳理和分析。对各社团发展的整体形态做全面的描述，在细节基础上构建完整面貌，对其中有歧义的观点依据史实客观论述，尽可能显示当时全国教育社团发展的原貌和全貌，也尽可能为当下教育社团与教育智库的建立和发展提供有益的历史镜鉴。

为此，我们明确了这套丛书的以下撰写要求：

全套丛书明确史是公器，是资料性著述的定位，严格遵循史的写作规范，以史料为依据，遵守求真、客观、公正、无偏见的原则，处理编撰中的各类问题。

力求实现四种境界：信，所写的内容是真实可靠的，保证资料来源的多样性；简，表述的方式是简明的，抓住关键和本质特征经过由博返约的多次反复，宁可少一字，不要多一字；实，记述的内容是有实际意义和价值的，主要体现为内容和文风两个方面，要求多写事实，少发议论，少写口号，少做判断，少用不恰当的形容词，让事实本身表达观点；雅，尽可能体现出艺术品位和教育特性，表现为所体现的精神、风骨之雅，也表现为结构的独具匠心，表达手法的多样和谐、图文并茂。

对内容选取的基本标准和具体要求如下：

（1）对社团的理念做准确、完整的表述，社团理念在其存续期有变化的要准确写出变化的节点，要通过史料说明该社团的活动是如何在其理念引导下开展的。

（2）完整地写出社团的产生、存续、发展过程，完整地陈述社团的组织结构、活动规模、活动方式、社会影响，准确完整地体现社团成员在社团中的作用、教育思想、教育实践，尽可能做到“横不缺项，纵不断线”。

（3）以史料为依据，实事求是，还原历史，避免主观。客观评价所写社团对社会和教育的贡献，不有意拔高，也不压低同时期其他教育社团。关键性的评价及所有叙述要有多方面的史料支撑，用词尽可能准确无歧义。

（4）凸显各单册所写社团的独特性，注意铺垫该社团所在时代的社会与教育背景，避免出现违背历史事实的表述。

(5)根据隔代修史的原则，只记述中华人民共和国成立之前的历史。对后期延续，以大事记、附录的方式处理，不急于做结论式的历史判定。

(6)各书之间不越界，例如江苏教育会与全国教育会联合会之间，江苏教育会与中华教育改进社之间，详略避让，避免重复。

写法要求为：立意写史，但又不写成干巴、抽象、概念化的历史，而是在掌握大量资料的基础上，全面、深刻理解所写社团的历史细节和深度，写出人物的个性和业绩，写出事件的情节和奥秘，尽可能写出有血有肉、有精气神的历史，增强可读性。写法上具体要求如下：

(1)在全面了解所写社团基础上，按照史的体例，设计好篇目、取舍资料、安排内容、确定写法。在整体准确把握的基础上，直叙历史，不写成专题或论文，语言平和，逻辑清晰。

(2)把社团史写得有教育性。主要通过记叙社团发展过程中的人和事展示其具有的教育功能；通过社团具有的专业性对现实的教育实践发生正向影响，力求在不影响科学性、准确性的前提下尽量写得通俗。

(3)能够收集到的各社团的活动图片尽可能都收集起来，用好可用的图，以文带图，图文互补，疏密均匀。图片尽可能用原始的、清晰的，图片说明文字(图题)应尽量简短；如遇特殊情况，例如在正文中未能充分展开的重要事件，可在图题下加叙述性文字做进一步介绍，作为一个独立的知识点。

(4)关键的史实、引文必须加注出处。

据统计，清末至民国时期教育社团或具有教育属性的社团有一百多个，但很多社团因活动时间不长、影响不大，或因资料不足等，难以写成一本史书。本丛书对曾建立的教育社团进行比较全面的梳理，从中精心选择一批存续时间长、影响显著、组织相对健全、在某一专业领域或某一地区具有代表性、典型性的教育社团进行深入研究，在此基础上做出尽可能符合当时历史原貌和全貌的整体设计，整体上能够充分完整地呈现所在时代教育社团的整体性和多样性特征，依据在中国教育现代化进程中所发挥的作用大小选择确定总体和各部分的研究内容，依据史实客观论述，准确保留历史信息。本丛书的基本框架为一项总体研究和若干项社团历史个案研究。以总体研究统领各个案研究，为个案研究确定原则、方法、背景和思路；个案研究为总体研究提供史实和论证依据，各个案研究要有全面性、系统性、真实性、准确性、权威性、实用性，尽量写出历史的原貌和全貌，以及其背后盘根错节的关系。

入选丛书的选题几经增减，最终完稿的共30册：

《中国现代教育社团发展史论》《中华教育改进社史》《中华平民教育促进会史》《生活教育社史》《中华职业教育社史》《江苏教育会史》《全国教育会联合会史》《中国教育学会史》《无锡教育会史》《中国社会教育社史》《中国民生教育学会史》《中国教育电影协会史》《中国科学社史》《通俗教育研究会史》《国家教育协会史》《中华图书馆协会史》《少年中国学会史》《中华儿童教育社史》《新安旅行团史》《留美中国学生联合会史》《中华学艺社史》《道德学社史》《中华教育文化基金会史》《中华基督教教育会史》《华法教育会史》《中华自然科学社史》《寰球中国学生会史》《华美协进社史》《中国数学会史》《澳门中华教育会史》。

本丛书力求还原并留存中国各现代教育社团的历史原貌和全貌，对当时各教育社团的发展历程、重要事件、关键人物进行系统考察，厘清各社团真实的运作情况，从而解决各社团历史上一些有争议的问题，为教育学和历史学相关领域的发展提供一定的帮助，拓展出新的领域，从而传承、传播教育先驱的精神，为当今教育改革和发展提供历史借鉴和智慧资源，为今后教育智库的发展提供有中国实践基础的历史参考，在拓展教育发展的历史文化空间上发挥其他著述不可替代的作用。在写作过程中严格遵守史的写作规范，以史料为依据，遵守求真、客观、公正、无偏见的原则，处理编撰中的各类问题。

这是一项填补学术空白的研究。这个研究领域在过去70多年仅有零星个别社团的研究，在史学研究领域对社团的研究较多，但对教育社团的研究严重不足；长期以来，在教育史研究领域没有对教育社团系统的研究；对民国教育的研究多集中于一些教育人物、制度，对曾发挥不可替代作用的教育社团的研究长期处于不被重视状态。因此，中国没有教育社团史的系列图书出版，只有与新安旅行团、中华职业教育社相关的专著，其他教育社团则无专门图书出版，只是在个别教育人物的传记等文献中出现某个教育社团的部分史实，浮光掠影，难以窥其全貌。但是教育社团对当时教育的发展发挥了倡导、引领、组织、管理、评价等多重功能，确实影响深远，系统研究中国现代教育社团是此前学术界所未有过的。该研究可以为洞察民国教育提供新的视角，在今后一段时期内具有标志性意义，发挥其他著述不可替代的作用。

这是一项高难度的创新研究。它需要从70多年历史沉淀中钩沉，需要在教育学和史学领域跨越，在教育历史与现实中穿梭，难度系数很高、角度比较独特，20多年前就有人因其难度高攻而未克。研究过程中我们将比较厚实的历史积累和对当下教育问题比较深入的洞见相结合，以史为据，以长期未能引起足够重视的教育社团为研究对象，梳理出每个社团的产生、发展、作用、地位。

这是一项促进教育品质提升的研究。中国当下众多教育问题都与管理和评价体制相关。因此，我们决定研究中国现代教育社团史，对中国教育现代化进程中发挥过重要作用的诸多教育社团的历史进行抢救性记述、研究，对中国教育体系形成的脉络进行详尽的梳理，记录百年中国教育现代化进程中教育社团所起的重大作用，体现教育现代化过程中的“中国智慧”，为构建中国教育科学话语体系铺垫史料、理论基础，探明1898到1949年间教育社团在中国教育现代化发展中的作用，为改善中国教育提供组织性资源。

这是一项未能引起足够重视的公益性研究。本研究旨在还原并留存各教育社团的历史原貌和全貌，传承、传播教育先驱的精神，为当今教育改革和发展提供历史借鉴和智慧资源，拓展教育发展的历史文化空间，需要比较厚实的历史积累和对当下教育问题比较深入的洞见。本研究长期处于不被重视状态，但是其对教育的发展确实影响深远，需要研究的参与者具有对历史和现实的使命感。

这个研究项目在设计、论证和实施过程中得到业内专家的大力支持、高度关注和评价。中国教育学会教育史分会原会长田正平先生热心为丛书写了推荐信，又拨冗写了总序，认为：“说到底，这是当代中国教育改革的需要和呼唤。教育是中华民族振兴的根基和依托，改革和发展中国教育，让中国教育努力赶上世界先进水平，既是中央政府和各级政府义不容辞的职责，也必须依靠广大教育工作者的自觉参与和担当。从这个意义上讲，中国近代教育会社团体与中国教育早期现代化研究，既是一个有丰富内涵的历史课题，更是一个极具现实意义的重大问题。”中国现代教育社团史的课题，“从近代以来数十上百个教育社团中精心选择一批有代表性、典型性、产生过重大影响的教育社团，列为专题，分头进行了深入的研究。我相信，读者诸君在阅读这些成果后所收获的不仅仅是对教育社团的深入理解和崇高敬意，也可能从中引发出一些关于当代中国教育改革的更深层次的思考”。

北京师范大学教育学部原部长、清华大学教育学院院长石中英教授在推荐中道：“对那些历史上有重要影响的教育社团进行研究，既具有非常重要的学术价值，也具有非常强烈的现实意义。”“当前，我国改革开放正在逐步地深入和扩大，激发社会组织活力，在整个社会治理体系建设中具有重要作用。现代教育治理体系的建设，也迫切需要发挥专业的教育社团的积极作用。在这个大背景下，依据可靠的历史资料，回溯和评价历史上著名教育社团的产生、发展、组织方式和活动方式等，具有现实意义和社会价值。”“总的来说，这个项目设计视角独特，基础良好，具有较高的学术价值、实践价值和出版价值。”

1990年代，中央教育科学研究所张兰馨等多位前辈学者就意识到这一选题的重要性，曾试图做这一研究并组织编撰工作，终因撰写团队难以组建、资料难以查找搜集等各种条件限制而未完成。当我们拜访80多岁的张兰馨先生时，他很高兴地拿出了当年复印收藏的一些资料，还答应将当年他请周谷城先生题写的书名给我们使用，既显示这一研究实现了学者们近30年未竟的愿望，也使这套书更具历史文化内涵。

西南大学出版社是全国百佳图书出版单位、国家一级出版社、全国先进出版单位，承担了多项国家重大文化出版工程项目、国家出版基金资助项目、重庆市出版专项资金资助项目，具有丰富的国家、省市重点项目出版与管理经验。该社出版的多项国家级项目受到各级主管部门、学界、业内的一致好评。西南大学的学术优势为本书的出版提供了学术支撑。

本项目30余位作者奉献太多。他们分别来自中国人民大学、北京师范大学、华东师范大学、中山大学、首都师范大学、浙江师范大学等多所高校和研究机构，他们长期从事相关领域的研究，具有极强的学术责任感，具备了较好的专业基础，研究成果丰硕，有丰富的写作经验。在没有启动经费的情况下，他们以社会效益为主，把这项研究既当成一项工作任务，又当成一项对精湛技术、高雅艺术和完美人生的追求，以高度的历史使命感和现实的使命感投入研究，确保研究过程和成果具有较高的严谨性。他们旨在记录中国教育现代化过程中教育社团所起的重大作用，体现教育现代化过程中的“中国智慧”，写出理论观点正确、资料翔实准确、体例完备、文风朴实、语言流畅，具有资料性、科学性、思想性，经得起历史检验的，有灵魂、有生命、能传神的现代教育社团史。

这套丛书邀约的审读委员主要为该领域的专家，他们大多在主题确定环节就参与讨论，提供资料线索，审读环节严格把关，有效提高了丛书的品质。

本人为负起丛书主编职责，采用选题与作者“双选”机制确定了撰写社团和作者，实行严格的丛书主编定稿制，每本书都经过作者拟提纲—主编提修改意见—确定提纲—作者提交初稿—主编审阅，提出修改意见—作者修改—定稿的过程，有些书稿从初稿到定稿经过了七到八次的修改，这些措施有效地保障了这套丛书的编撰质量。尽管做了这些努力，仍难免有错，敬希各位不吝赐正。

十分感谢国家出版基金资助。本丛书有重大的出版价值，投入也巨大，但市场相对狭窄。前期在项目论证、项目启动、资料收集、组织编写书稿中投入了大量的人力、物力。多位教育专家和史学专家经过八年的努力，收集了大量的资料，研究的深度和广度都大大超出此前这一领域的研究。各位作者收集了大量的历史资料，走访了全国各大图书馆、资料室，完成了约一千万字、数百幅图片的巨著。前期的资料收集、研讨成本甚高，而使用该书的主要为教育研究者、教育社团和教育行政人员。即便丛书主编与作者是国内教育学、教育史学领域的权威专家，即便丛书经过精心整理、撰写而成，出版后全国各地图书馆、研究院所会有一定的购买，有一定的经济效益，但因发行总数量有限，很难通过少量的销售收入实现对大量经费投入的弥补，国家出版基金资助是保障该套丛书顺利出版的关键。

教育在实现中华民族伟大复兴中发挥着不可替代的作用。完整、准确、精细地回顾过去方能高瞻远瞩而又脚踏实地地展望未来，将优秀传统充分挖掘展现、利用方能有效创造未来，开创教育发展新时代。在中国教育现代化进程中众多现代教育社团是促进者。中国人坚定的自信是建立在5000多年文明传承基础上的文化自信。中国现代教育社团的发起者心怀中华，在中华民族处于危亡之际奔走呼号，立足弘扬中华优秀文化传统提倡革新。本丛书深层次反映了当时中国仁人志士组织起来，试图以教育救国的真实面貌，其中涉及几乎全部的教育界知名人物，对当年历史的还原有利于挖掘中华优秀传统文化的强大生命力和在民族危亡关头的强大凝聚力，弘扬中华优秀传统文化，为构建中华优秀传统文化传承发展体系添砖加瓦。研究这段历史，对于推动中华优秀传统文化创造性转化、创新性发展，对于促进教育智库建设，发展中国教育事业，发挥教育在促进中华民族伟大复兴中的作用具有重要意义。

愿我们所有人为此的努力在中国教育现代化进程中生根、发芽、开花、结果。

储朝晖